Die Apparatfärberei

der Baumwolle und Wolle

unter Berücksichtigung der Wasserreinigung und
der Apparatbleiche der Baumwolle

Von

E. J. Heuser

Mit 191 in den Text gedruckten Figuren

Berlin

Verlag von Julius Springer

1913

ISBN-13: 978-3-642-89845-7   e-ISBN-13: 978-3-642-91702-8
DOI: 10.1007/978-3-642-91702-8
Softcover reprint of the hardcover 1st edition 1913
Universitäts-Buchdruckerei von Gustav Schade (Otto Francke)
Berlin und Bernau.

Vorwort.

Die Apparatfärberei gehört zu den modernen Errungenschaften
der Neuzeit, und wie jede technische Neuerung, welche die Handarbeit
zu ersetzen berufen ist, so hat auch die Apparatfärberei bei ihrer Einführung zu kämpfen gehabt, um sich durchzusetzen. Erst nach manchen
Mißerfolgen ist es der rastlosen gemeinsamen Tätigkeit von Fach-
leuten der Maschinenindustrie und der Färbereibranche gelungen,
Färbeapparate zu schaffen, welche nicht allein für die Praxis brauchbare
Färberesultate liefern, sondern auch gegenüber der Handfärberei wesentliche Vorteile bieten.

Dem Zuge der Zeit folgend, hat es sich auch die Farbenindustrie
in dankenswerter Weise angelegen sein lassen, Farbstoffe von besonders
leichter Löslichkeit und gutem Egalisierungsvermögen auf den Markt
zu bringen, welche sich speziell für die Apparatfärberei eignen. Dieser
Umstand hat wesentlich dazu beigetragen, das Färben auf Apparaten
zu erleichtern und diesem jungen Färbereizweig die Wege zu ebnen.

Die bedeutenden ökonomischen Vorteile, d. h. Ersparnisse an
Arbeitslohn, an Dampf, Farbstoffen und Chemikalien einerseits, die
Schonung des Materials, d. h. bessere Spinnfähigkeit, kein Verwirren
und Verfilzen feiner Garne andererseits, haben zur Folge gehabt, die
Apparatfärberei gegenüber der bisher üblichen Handfärberei auf der
Barke oder dem Kessel populär zu machen. Zudem ist es erst durch die
Apparatfärberei möglich geworden, Garn in Form von Cops, Kreuz-
spulen und Kettenbäumen zu färben; und diese außerordentliche
Erleichterung für die spätere Verarbeitung in der Weberei sowie die
damit verbundenen wesentlichen Ersparnisse dürften dieser neuzeitigen
Arbeitsweise einen hervorragenden Platz im Färbereibetrieb für alle
Zeiten sichern.

Fast in jeder größeren Färberei findet man heutzutage Färbeapparate der einen oder anderen Konstruktion, und von einem modern
gebildeten Färber wird verlangt, daß er nicht nur auf der Barke oder
im Kessel, sondern auch auf Apparaten zu färben versteht. Dem an
sich schon viel geplagten Färber hat sich damit ein weiteres Gebiet
für die Betätigung seines Könnens eröffnet, welches für manchen vollständiges Neuland ist und ein spezielles Einarbeiten erfordert.

Infolge veränderter Färbeweise, mangelnder Übung der mit der Bedienung des Apparates beauftragten Arbeiter, zum Teil auch infolge Nichterfüllung zu hoch geschraubter Erwartungen bleiben Mißerfolge und Mißvergnügen — besonders in der ersten Zeit — selten aus. Sehr häufig bildet daher der Apparat das Schmerzenskind des Färbers; denn in weit höherem Maße — als dies schon in der Bottichfärberei der Fall — ist auf die färberische Eigenart der Farbstoffe in der Apparatfärberei Rücksicht zu nehmen. Des weiteren erfordert das Färben des Materials in gepacktem Zustande sowie in Form von Wickeln erhöhte Aufmerksamkeit; und endlich ist bei der Verschiedenheit der maschinellen Einrichtungen ein eingehendes Studium der Wirkungsweise der Apparate nötig.

Es war daher eine dankenswerte Aufgabe, welche Dr. Ullmann erfüllte, indem er durch Herausgabe seines Werkes „Die Apparatefärberei" seine Beobachtungen und Erfahrungen auf diesem Gebiete der Allgemeinheit zugänglich machte; und ich gestehe offen, daß ich während meiner Tätigkeit in der Praxis diesem Buche manche Anregung und Belehrung verdanke.

Wenn ich nun auch den Wert des Dr. Ullmannschen Werkes, dessen Herausgabe im Jahre 1905 erfolgte, voll und ganz anerkenne, so dürfte doch der Aufschwung, den der Apparatebau im Laufe der letzten Jahre genommen hat, das Bestreben rechtfertigen, die Kenntnis dieser Neuerungen Interessenten durch ein praktisches Nachschlagebuch zu vermitteln. Der Vollständigkeit halber mußten natürlich auch Apparate älteren Systems, soweit sie sich bis heute bewährt haben, oder in ihrer Konstruktion verbessert wurden, aufgenommen werden,

Das vorliegende Buch soll aber nicht allein diesem Zweck dienen, ich verbinde damit gleichzeitig die Absicht, allen sich für dieses Gebiet Interessierenden auf Grund meiner langjährigen persönlichen Erfahrungen und unterstützt durch Beiträge bewährter Fachkollegen eine möglichst eingehende Beschreibung aller Vorgänge in der Apparatfärberei zu geben und diejenigen Momente hervorzuheben, auf deren Beobachtung es zur Erzielung befriedigender Resultate vor allem ankommt.

Da ich für das Gelingen jedweder Apparatfärbung, sei es auf Baumwoll- oder Wollmaterial, der Beschaffenheit des verwendeten Wassers eine große Bedeutung beimesse, so soll dieses zunächst den Gegenstand meiner Betrachtungen bilden. Ich werde sodann vom Standpunkt des praktischen Färbers die Apparatfärberei der Baumwolle einschließlich Bleiche und die Apparatfärberei der Wolle getrennt behandeln, dann zum Schluß noch einige Apparate beschreiben, welche den Trockenprozeß des gefärbten Materials vermitteln.

Abbildungen und Erläuterungen der jeweilig in Frage kommenden Apparate und Maschinen finden sich, um die Orientierung zu erleichtern, dem Texte eingefügt.

Ich habe absichtlich nur solche Färbeapparate in den Kreis meiner Besprechungen gezogen, von denen mir bekannt ist, daß sie in der Praxis tatsächlich Verwendung finden, während ich die Erwähnung von Apparaten unterlassen habe, deren Weiterbau von den Konstrukteuren aufgegeben wurde, oder deren Existenz mir nur durch die Patentschriften bekannt geworden ist.

Sollte ich mich in dem einen oder anderen Punkte meiner Abhandlung im Gegensatz zu anderen Anschauungen befinden, so bin ich für den Nachweis von Irrtümern stets dankbar; vielleicht ist es mir vergönnt, in einer neuen Ausgabe Berichtigungen zu bringen und Versäumtes nachzuholen.

Meine Freunde aus der Praxis, welche mir durch Erteilung von Auskünften behilflich waren, sowie die Herren Maschinenfabrikanten, welche mir freundlichst Prospekte und Klischees ihrer Apparate überließen, seien an dieser Stelle meines wärmsten Dankes versichert. Desgleichen möchte ich nicht verfehlen, Herrn Geh. Reg.-Rat Dr. Lehne meinen besten Dank auszusprechen, welcher mir die Anregung zur Abfassung meines Buches gegeben und dessen Herausgabe gütigst gefördert hat.

Möge das Buch eine freundliche Aufnahme und eine nachsichtige Beurteilung in Interessentenkreisen finden.

Höchst a. M., im Frühjahr 1913.

E. J. Heuser.

Inhalt.

Erster Teil

Das Wasser in der Apparatfärberei.

Einen außerordentlich wichtigen Faktor, mit welchem gemeinhin zu wenig gerechnet wird, der aber nur zu häufig eine ausschlaggebende Rolle in der Apparatfärberei spielt, bildet die Beschaffenheit des Wassers.

Während man beim Färben im Kessel oder auf der Barke schon sehr zufrieden ist, wenn man Flußwasser zur Verfügung hat, müssen für die Apparatfärberei höhere Ansprüche an die Reinheit des Wassers gestellt werden. Das Prinzip des ruhenden Materials und der kreisenden Flotte, nach welchem alle Pack- und Aufsteckapparate konstruiert sind, bedingt es, daß das Material als Filter für die durchströmenden Flüssigkeiten wirkt; infolgedessen lagern sich alle im Wasser enthaltenen Verunreinigungen, wie Schlammteilchen sowie Niederschläge der Kalk- Magnesia- und Eisensalze, auf dem Material ab und verursachen sehr unliebsame Fleckenbildungen. Um diesem Übelstande zu begegnen, verwende man zum Färben möglichst weiches, von mechanischen sowie chemischen Verunreinigungen freies Wasser. Ist ölfreies Kondenswasser, wie solches beispielsweise aus den Dampfleitungen in Trockenräumen, Trockenmaschinen, Appreturmaschinen, Färbeapparaten, Hochdruckkochkessels etc. abgeschieden wird, in genügender Menge vorhanden, so sammelt man dieses mittels Rückspeiser-Apparate in einem hochstehenden Bassin, um es von dort aus je nach Bedarf den Apparaten oder Flottenansatzbehältern mittels Schlauch- oder Rohrleitung zuführen zu können.

Ölhaltiges Kondenswasser, aus Abdampf von Dampfmaschinen herrührend, wie sich solches beispielsweise in Einspritz- und Oberflächenkondensatoren findet, muß einem entsprechenden Reinigungsverfahren unterzogen werden, wenn es für die Apparatfärberei benutzbar sein soll, da es zu abreibenden Färbungen Veranlassung gibt, und auch die Wandungen der Apparate sich mit einer abschmierenden Öl-Farbstoff-Komposition bedecken.

Da das gleiche Wasser außer für die Apparatfärberei zur Speisung der Dampfkessel häufig verwendet wird, so möchte ich gleichzeitig auch darauf hinweisen, daß im Kondenswasser enthaltenes Öl eine große Gefahr für den Dampfkesselbetrieb in sich birgt. Das in solchem

Heuser, Apparatfärberei.1

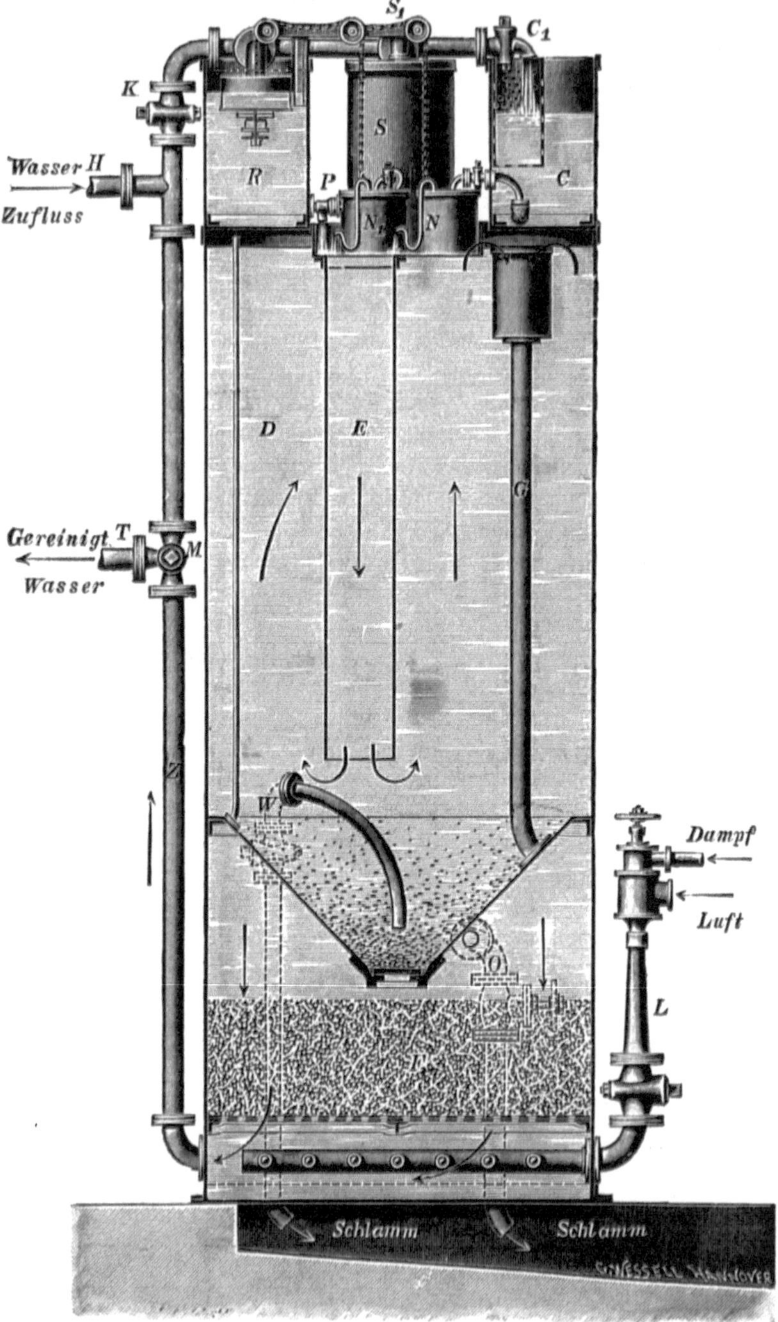

Fig. 1. Selbsttätiger Wasserreinigungsapparat zur Entölung von Kondenswasser, System Reisert.

Kesselspeisewasser, teils auf der Oberfläche schwimmende, teils in innige
Mischung mit den Ausscheidungen des Wassers übergegangene Öl
lagert sich an den Feuerplatten usw. in Form eines zähen Schlammes ab
und hat schon häufig Durchglühen der Bleche, Einbeulungen und auch
Explosionen verursacht. Ölablagerungen im Kessel sind meistens ge-
fährlicher noch als Kesselsteinbildungen.

Ein Apparat, welcher vorzugsweise dazu dient, das als Emulsion
in sonst weichem Kondenswasser enthaltene Öl zu entfernen und, wenn
nötig, gleichzeitig das erforderliche Zusatzwasser weich zu machen,
wird von der Firma Hans Reisert, Köln-Braunsfeld, gebaut. Der
Apparat, in Fig. 1 veranschaulicht, liefert ein vollkommen klares und
ölfreies, weiches, also durchaus geeignetes Wasser und hat sich in der
Praxis bestens bewährt. Auch dient dieser Apparat zur Klärung und,
wenn nötig, Weichmachung trüber oder stark schlammiger Wasser.
Der Apparat besteht aus einem Verteilungsbehälter für die Wasser-
regulierung nebst Behälter für die Chemikalienlösungen, einem Reaktionsraum und einem Reisertschen Kiesfilter.

Die Wirkungsweise des Apparates beruht darauf, daß das emul-
gierte Öl durch in Lösung zugegebene Klärmittel, die dem Wasser kontinuierlich in gleichmäßiger Dosierung zugeführt werden, eingehüllt bzw.
abgeschieden und filtrationsfähig gemacht wird; die Wirkungsweise des
Apparates ist also eine vollständig selbsttätige.

Die Bedienung des Apparates gestaltet sich äußerst einfach und
besteht darin, daß täglich einmal ein bestimmtes Gewichtsquantum der
Chemikalien aufgelöst, das Filter ausgewaschen und der Schlamm aus
dem Reaktionsraum abgelassen wird.

Soll das Filter gereinigt werden, so wird der Hahn K im Rohr H
geschlossen, während der Dreiweghahn M so gestellt wird, daß das
Wasser aus dem Rohr H durch Rohr Z unter das Filter gelangt. Gleichzeitig wird der Schlammhahn O geöffnet, und das Wasser kann nunmehr
in der der gewöhnlichen Betriebsrichtung entgegengesetzten Richtung
das Filter durchströmen. Da die Rückströmung des Wassers allein
zum Losreißen des Schlammes von dem Filtermaterial nicht genügt,
wird jetzt noch der Dampfluftdruckapparat L in Tätigkeit gesetzt, und
die Reinigung des Filters ist innerhalb weniger Minuten vollendet; der
Betrieb kann sofort weitergehen, nachdem die Hähne K, M und O
wieder in ihre ursprüngliche Stellung gebracht worden sind. Zweckmäßig ist es, nach Absperrung des Luftdruckapparates das Wasser noch
eine oder zwei Minuten allein rückströmen zu lassen.

Die Einführung von Luft in verteilter Weise unter das Filtermaterial
ist unbedingt notwendig. Durch den Auftrieb der Luft wird das Filtermaterial gehörig aufgewirbelt und der Schlamm gewaltsam losgerissen,
unter gleichzeitiger Rückströmung des Wassers; letzteres führt den

Schlamm durch den geöffneten Hahn O ab, während die Luft durch ein nach oben führendes Rohr entweicht.

Der Firma Halvor Breda G. m. b. H., Charlottenburg, ist durch D.R.P. Nr. 171 277 ein Verfahren geschützt, welches auf der Eigenschaft des durch ölhaltiges Kondenswasser geleiteten elektrischen Stromes beruht, die Ölemulsion zu zerstören, wodurch sich das Öl zu schaumigen Flocken zusammenballt, so daß diese durch eine mechanische Trennung aus dem Wasser entfernt werden können. Zur Ausführung dieses in jeder Hinsicht einfachen und praktischen Verfahrens dient ein hölzerner Wasserbehälter, in dem eine Anzahl eiserner Platten als Elektroden untergebracht ist. Das ölige Wasser wird an diesen Elektroden vorübergeführt, und der elektrische Strom durchdringt die Wasserschichten, um die Emulsion zu trennen und das Öl in Flockenform überzuführen. Nachdem diese Vorbehandlung erfolgt ist, wird das Wasser noch durch ein Kiesfilter geleitet, in dem alle Unreinigkeiten zurückgehalten werden; Das Wasser fließt vollkommen ölfrei und kristallklar zur weiteren Verwendung ab.

Um das Wasser für den elektrischen Strom besser leitend zu machen, wird ein kleiner Prozentsatz harten Wassers (gewöhnliches Brunnen- oder Flußwasser) zugesetzt. Die in diesem gelösten Kalk- und Magnesiasalze stellen das Leitungsvermögen her. Der Zusatz ist so gering, daß er für die Kesselspeisung nicht in Betracht kommt, also nicht schädlich wirken kann. Das gereinigte Wasser hat nur 1,5—2,5 deutsche Härtegrade. Es genügt, diesen Zufluß von hartem Wasser mittels eines kleinen Hähnchens beim Einlauf des Ölwassers einzuleiten.

Es empfiehlt sich, die Entölung vorzunehmen, solange das Wasser noch heiß ist; bei höherer Temperatur vollzieht der Vorgang sich schneller als bei kaltem Wasser, wodurch die Anschaffungskosten der Anlage, da sie kleiner werden kann, geringer ausfallen.

Der Stromverbrauch — es ist Gleichstrom notwendig, der bei Gegenwart anderer Stromarten jederzeit durch Umformung geschaffen werden kann — beträgt je nach dem Ölgehalt des Wassers ca. 0,15—0,2 Kilowatt per 1 cbm Wasser. Danach betragen die Kosten der elektrolytischen Entölung bei eigener Stromerzeugung, wobei man das Kilowatt mit ca. 7 Pf. bewerten kann, und nicht zu starkem Ölgehalt ca. einen Pfennig per Kubikmeter Wasser, ein Betrag, der gar nicht in Betracht kommen kann gegenüber den großen Vorteilen, die aus der Reinheit des Wassers erwachsen.

Eine besondere Bedienung oder Beaufsichtigung ist bei diesen Apparaten nicht nötig, sie arbeiten völlig selbsttätig. Es ist nur nach Verlauf einiger Tage durch einen an der Schalttafel vorgesehenen Stromwechsler die Stromrichtung zu wechseln, damit der in den Elektroden anhaftende Ölschlamm sich ablöst und nach oben steigt, wo er durch

Abschöpfen entfernt werden kann, und ferner ist nach Bedarf das Filter zu waschen, um es von den aufgenommenen Rückständen zu befreien und dauernd aufnahmefähig zu erhalten. Diese Arbeiten sind aber stets in ca. 10 Minuten zu bewirken und können demnach von dem Maschinenwärter nebenbei besorgt werden. Nachstehende Abbildungen (Fig. 2 u. 3) veranschaulichen den für das Verfahren benötigten höchst einfachen Apparat.

Auch Regenwasser ist für die Apparatfärberei recht gut verwendbar; es darf natürlich nicht durch Abfließen von Dächern mit Schlamm oder Sand verunreinigt sein, oder diese Verunreinigungen müssen entsprechend abfiltriert werden.

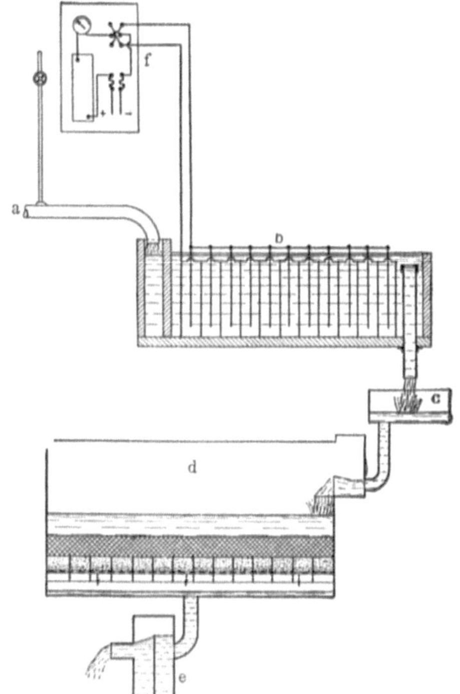

Fig. 2. Schnittzeichnung.

Fig. 3. Gesamtansicht.

Apparat zur Entölung von Kondenzwasser mittels elektrischen Stromes, System Halvor Breda.

Ist eine diesem Zweck dienende größere Anlage nicht vorhanden und der Bedarf an Wasser nicht groß, so genügt eine einfache Filteranlage, bestehend aus einem über einem Bottich angebrachten Gestell, in welchem übereinander eine Anzahl runder oder viereckiger Siebe mit ca. 25 cm hohem Holzrand und mit feinmaschigem, verzinkten Eisendraht überzogen angeordnet sind. Diese Siebe werden mit gerauhtem Filtertuch ausgelegt. Man läßt das Regenwasser, welches man in einem hochstehenden Bassin gesammelt hat, der gleichmäßigen Verteilung wegen zweckmäßig durch eine Brause in das oberste Sieb einfließen. Durch Filtration von einem Sieb in das andere werden die Schlammteilchen auf den Filtertüchern abgelagert, und das Wasser fließt gereinigt aus dem untersten Sieb in den Sammelbottich ab. Durch Auswaschen in heißem Wasser, eventuell unter Zusatz von etwas Soda, reinigt man ab und zu die Filtertücher.

Flußläufe nehmen eine Art Selbstreinigung ihres Wassers vor, und zwar durch einen chemischen Umwandlungsprozeß der Bestandteile.

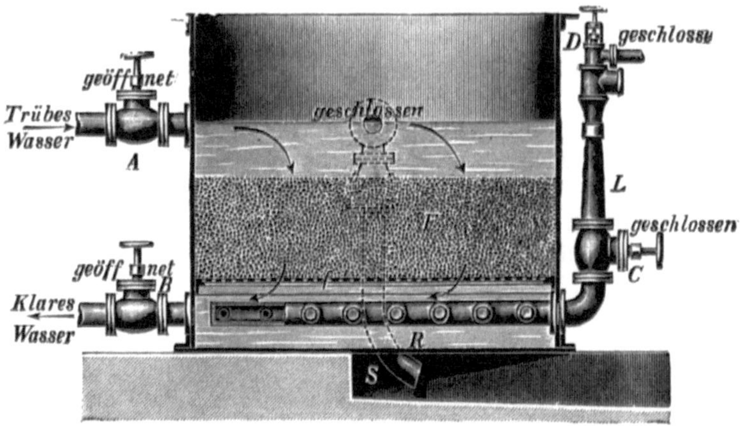

Fig. 4. Kiesfilter System Reisert während des Betriebes.

Kalziumbikarbonat verliert einen Teil der Kohlensäure und fällt als Karbonat aus, Eisenbikarbonat als Hydrat. Diese Ausscheidung geht, solange das Verhältnis der löslichen Substanzen zu der Menge des Flußwassers nicht gar zu sehr ansteigt, auf einer überraschend kurzen Strecke des Flußlaufes vor sich.

Soll Flußwasser zur Apparatfärberei benutzt werden, so müssen die vorgenannten Niederschläge sowie die organischen Verunreinigungen durch Filtration abgeschieden werden. Die einfachste und billigste Reinigungsmethode für Flußwasser bildet die Filtration mittels Kiesfilter. Einige Apparate dieser Art seien nachstehend beschrieben.

In Fig. 4, 5 und 6 sind Kiesfilter „System Reisert" dargestellt, und zwar wird dieser Filtrations-Apparat entweder mit geschlossenem oder offenem Behälter von zylindrischer oder prismatischer Form gebaut.

In dem Behälter ist auf einem Sieb f aus gelochtem Blech und Drahtgeflecht feiner Perlkies F von gleichmäßiger Körnung gelagert.

Fig. 4 zeigt den Apparat im gewöhnlichen Betrieb. Das trübe Wasser
strömt durch das Ventil A ein, durchdringt den Kies und fließt durch
das Ventil B klar ab. Ist das Filtermaterial so weit verschlammt, daß die
Leistung merklich abzunehmen beginnt, so muß das Filter ausgewaschen
werden. Man schließt hierzu das Ventil A, öffnet dagegen das Schlamm-
abflußventil E (Fig. 4) und bei geschlossenen Filtern das Lufthähnchen X.
Desgleichen öffnet man das Ventil C (Fig. 5) und setzt mittels des Dampf-

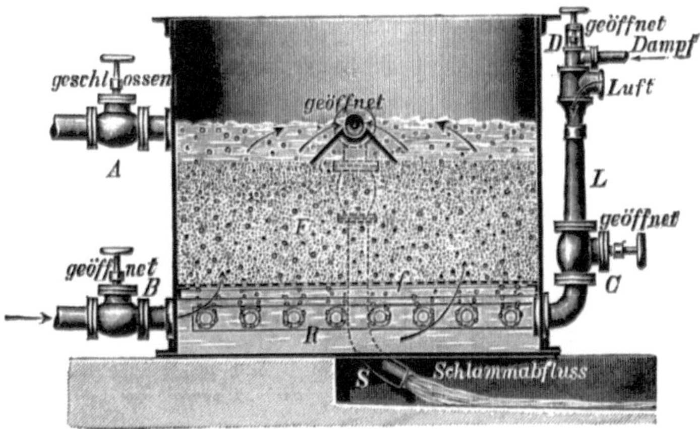

Fig. 5. Kiesfilter System Reisert während des Auswaschens.

ventils D den Luftkompressor L in Tätigkeit. Die in das Rohrsystem R
gepreßte Luft strömt durch eine Anzahl kleiner Öffnungen unter das
Filtermaterial und in dasselbe hinein und wühlt es unter gleichzeitiger
Rückströmung des Wassers, welches durch das Ventil B oder einen besonderen Stutzen zugeführt wird, energisch auf. Der Schlamm wird
hierdurch losgerissen und fließt durch das Ventil E ab, während die Luft
durch den Hahn X entweicht. Nach wenigen Minuten stellt man den
Luftkompressor L wieder ab und läßt das Wasser noch 2 bis 3 Minuten
rückströmen, damit so alle Luft aus dem Kies entfernt und letzterer
völlig rein wird. Hierauf werden die Ventile wieder in die ursprüngliche
Lage (nach Fig. 4) gestellt. Das Auswaschen erfordert etwa 5 Minuten.

Die Leistungsfähigkeit der Filter ist naturgemäß von der Beschaffenheit des Wassers abhängig, doch kann man durchschnittlich für 8 cbm
in der Stunde 1 qm Filterfläche annehmen. Wenn Wasser in seiner natürlichen Beschaffenheit sich nicht klar genug filtrieren läßt, so ist es notwendig, ein geeignetes Niederschlagmittel anzuwenden, welches dem zu
filtrierenden Wasser in Lösung kontinuierlich zugefügt wird. Dieses

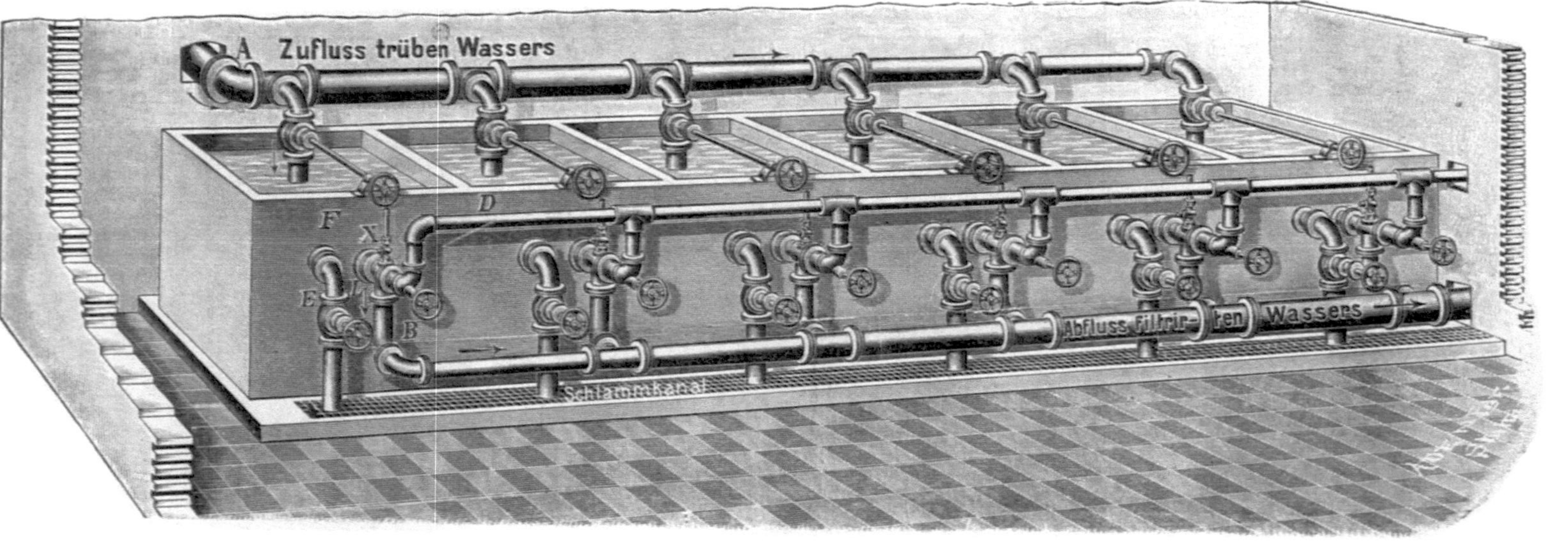

Fig. 6. Offene Filteranlage von 8500 cbm Leistung in 24 Stunden, System Reisert.

Niederschlagmittel sowie die Vorrichtungen zu seiner gleichmäßigen
Einführung lassen sich nicht im voraus bestimmen, sondern hängen
von der Beschaffenheit des Wassers beziehungsweise von den gegebenen
Umständen ab.

Fig. 6 stellt eine größere Filteranlage für 8500 cbm in 24 Stunden dar.

Für eine ganze Batterie, welche in Beton oder ganz in Eisen ausgeführt ist, genügt hier ein Luftdruckapparat.

Fig. 7 illustriert ein auswaschbares Quarzsandfilter der Firma
L. & C. Steinmüller, Gummersbach.

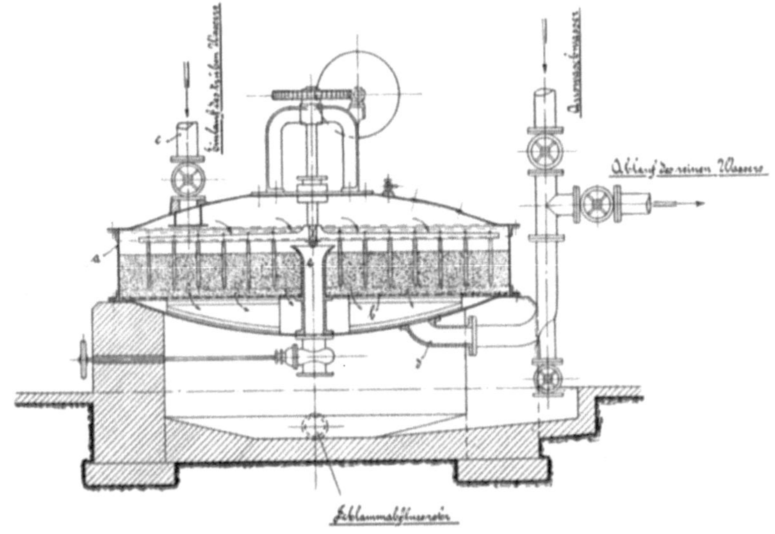

Fig. 7. Auswaschbares Quarzsandfilter, System Steinmüller.

Der Filtrationsapparat besteht aus einem geschlossenen Behälter,
in welchem ein Boden aus gelochtem Blech mit Drahtgeflecht eingebaut ist. Auf diesem befindet sich die Filtermasse, bestehend aus entsprechend gesiebtem und gewaschenen Quarzkies.

Das zu reinigende Wasser wird durch die vertikale Rohrleitung
zugeführt, ergießt sich über die Kiesschicht und durchdringt diese
von oben nach unten. Alle ihm anhaftenden Schmutzstoffe lagern sich
auf der Oberfläche der Kiesschicht ab, und das klare Wasser verläßt das
Filter durch einen Stutzen. Ist das Filtermaterial verschlammt, so daß
nicht mehr genügend Wasser geklärt durchläuft, so muß das Filter ausgewaschen werden. Es geschieht dies durch Rückströmung des Wassers,
und werden zu diesem Zwecke nur die entsprechenden Hähne umge-

schaltet, so zwar, daß das Rohwasser aus der Zuflußleitung das Filter von unten nach oben durchströmt. Gleichzeitig wird das Rührwerk in Tätigkeit gesetzt, welches bei kleineren Apparaten mittels Handkurbel, hingegen bei größeren Apparaten auch mittels Transmission angetrieben werden kann.

Unter dem Drucke des Wasserzulaufs und der Wirkung der mechanischen Bearbeitung gibt die Filtermasse schnell allen in sich auf-

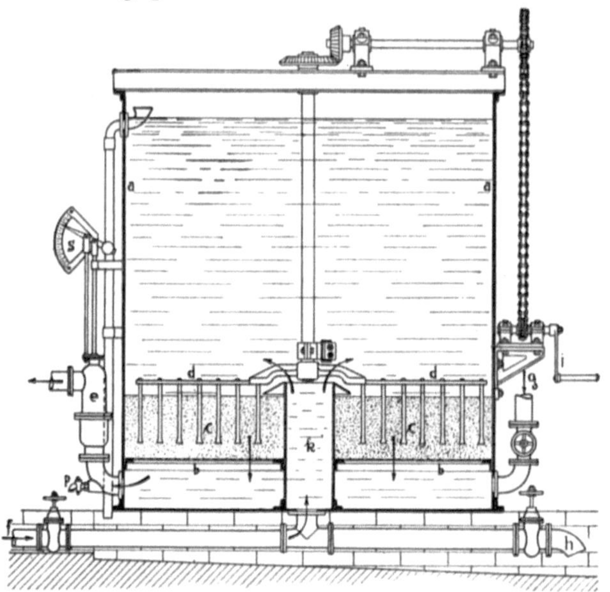

Fig. 8. Offenes Kiesfilter, System Breda.

genommenen Schlamm ab, der dann durch die Überlaufstutzen ablaufen kann. Der Kies wird auf diese Weise in immer brauchbarem Zustand erhalten und braucht nie erneuert zu werden.

Damit sich keine Luft im Filter ansammelt, ist auf diesem ein Entlüftungsrohr angebracht.

Fig. 8, 9 u. 10 zeigen Kiesfilter-Anlagen von Halvor Breda G. m. b. H., Berlin-Charlottenburg.

Die Kies-Filter „System Breda" werden je nach den örtlichen und Betriebsverhältnissen offen oder geschlossen ausgeführt; das Filtrat kann entweder frei abfließen oder in geschlossener Leitung hochgeführt werden. Das Filtermaterial ist reingesiebter, scharfkantiger Quarzkies.

In nebenstehender Fig. 8 ist ein offenes Filter mit Eisenmantel dargestellt. In dem zylindrischen, oben offenen Behälter a befindet sich der mit einem Bronzedrahtgewebe bespannte Siebboden b, auf dem die filtrierende Kiesschicht lagert. Das trübe Wasser steigt durch Ventil f und Rohr k in den oberen Teil des Filters, verbreitet sich über die Kiesschicht, durchdringt diese, die Unreinigkeiten auf der Oberfläche zurücklassend, und fließt durch den Leistungsregler e ab.

Der Leistungsregler, eine empfehlenswerte Einrichtung eines Filters, bewirkt einen gleichmäßigen Durchfluß des Wassers, unabhängig von der Reinheit oder Verschlammung der Kiesschicht. Dadurch wird vermieden, daß das Filter nach dem Waschen des Kieses, also bei größerer Durchlässigkeit, überlastet wird. Ferner begünstigt der Regler die Bildung einer gleichmäßigen Filterhaut, ermöglicht also eine Reinhaltung des unteren Teils der Kiesschicht und ein schnelles und leichtes Auswaschen.

Zum Auswaschen des Filters dient Druckwasser entweder von einem Hochbehälter oder einer Pumpe, das durch das Rohr g zugeleitet wird. Der Wasserstrom durchdringt den Kies von unten, wäscht ihn aus und fließt mit Schlamm beladen durch Rohr k und Schieber h ab. Gleichzeitig wird das Rührwerk durch die Kurbel i, bei größeren Anlagen auch durch maschinellen Antrieb in Umdrehung versetzt und so ein durchaus gleichmäßiges Auswaschen erzielt.

Die Waschung dauert nur wenige Minuten bei geringem Wasserverbrauch, und das Rührwerk ebnet die Kiesschicht wieder ein, so daß die Bildung der neuen Filterhaut erleichtert wird.

Das Filter ist, während es filtriert, ganz mit Wasser gefüllt. Dies hat den großen Vorteil, daß Strömungen und Wirbelungen, die den Effekt beeinträchtigen könnten, vermieden werden.

Bei größeren Anlagen kann die eiserne Ummantelung durch Mauerwerk oder Eisenbeton ersetzt werden, um die Herstellungskosten zu verringern.

Die Filter werden bis zu 5 m im Durchmesser für 100 cbm stündliche Leistung ausgeführt; für größere Wassermengen wird eine Anzahl Filter aneinander gereiht.

Geschlossene Filter sind für solche Betriebe geeignet, in denen nur eine Pumpe Wasser ansaugen und durch die Filter auf einen Hochbehälter drücken soll. Sie müssen zu diesem Zweck ganz geschlossen und stark genug gebaut sein, dem Druck des Hochbehälters zu widerstehen.

Nebenstehendes Bild (Fig. 9) zeigt die Anordnung. In den aus zwei gewölbten Böden und zylindrischem Mantel gebildeten Kessel a ist die Filterschicht C mit Rührwerk d eingebaut. Das trübe Wasser fließt bei f zu, durchdringt die Kiesschicht c und den Kiesboden b, um durch eine am Boden angebrachte Rohrleitung und deren Fortsetzung e nach dem Hochbehälter aufzusteigen.

Das Waschen des Filters erfolgt nach Abschluß des Schiebers f und Öffnen des Abflußrohres h dadurch, daß das Wasser aus dem Hoch-

behälter in entgegengesetzter Richtung durch den Kies strömt und ihn
auswäscht, wobei diese Arbeit durch das Rührwerk d und Handkurbel i
unterstützt wird; bei großen Filtern wird maschineller Antrieb vorgesehen. Nach Umstellen der Ventile läßt man das erste etwas trübe Filtrat

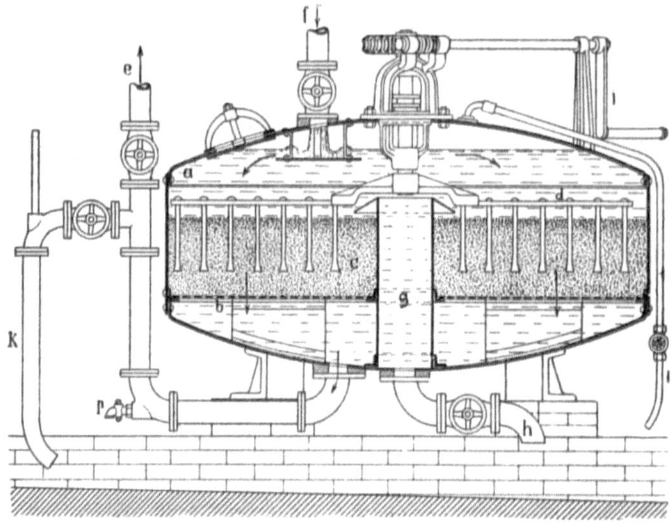

Fig. 9. Geschlossenes Kiesfilter, System Breda.

durch das Rohr k abfließen, ehe man den Schieber nach dem Hochbe-
hälter wieder öffnet. Der Hahn p dient zum Entleeren des Filters, das
Ventilchen l zum zeitweisen Ablassen der Luft, die sich oft aus dem
Wasser abscheidet.

Geschlossene Filter werden mit einem Höchstdurchmesser von 3 m
ausgeführt; die normale Mengenleistung eines solchen mit einer Filterschicht beträgt 35—40 cbm, eines Doppelfilters 70—80 cbm stündlich.
Für größere Leistungen werden mehrere Filter aneinander gereiht.

Flußwässer führen bei Hochwasser oft erhebliche Mengen Schlamm
mit sich, der, aus lehmigem oder tonigem Untergrund herrührend, so
feinkörniger Natur ist, daß eine einfache Filtration nicht ausreicht,
ihn aus dem Wasser zu entfernen. Hier muß eine chemische Vorbehandlung durch schwefelsaure Tonerde vorgenommen werden, die den
Erfolg hat, durch Bildung von voluminösem Tonerdehydrat mit den
trübenden Bestandteilen Flocken zu bilden, die leicht vom Wasser zu
trennen sind.

Da die chemische Umsetzung der Tonerde einer gewissen Zeit bedarf, ist es notwendig, einen Zwischenbehälter zu schaffen, in dem das
Wasser nach dem Zusetzen des Chemikals sich 2—4 Stunden aufhält,
ehe es auf die Filter gelangt.

Nachstehende Fig. 10 zeigt eine solche Anlage, „System Breda" aus
Eisenbeton hergestellt. Das Rohwasser wird zunächst in einem kleinen
Häuschen mit der nötigen Menge schwefelsaurer Tonerde — meistens
genügen 40 g per cbm, die ca. ¼ Pf. kosten — vermengt und dann in

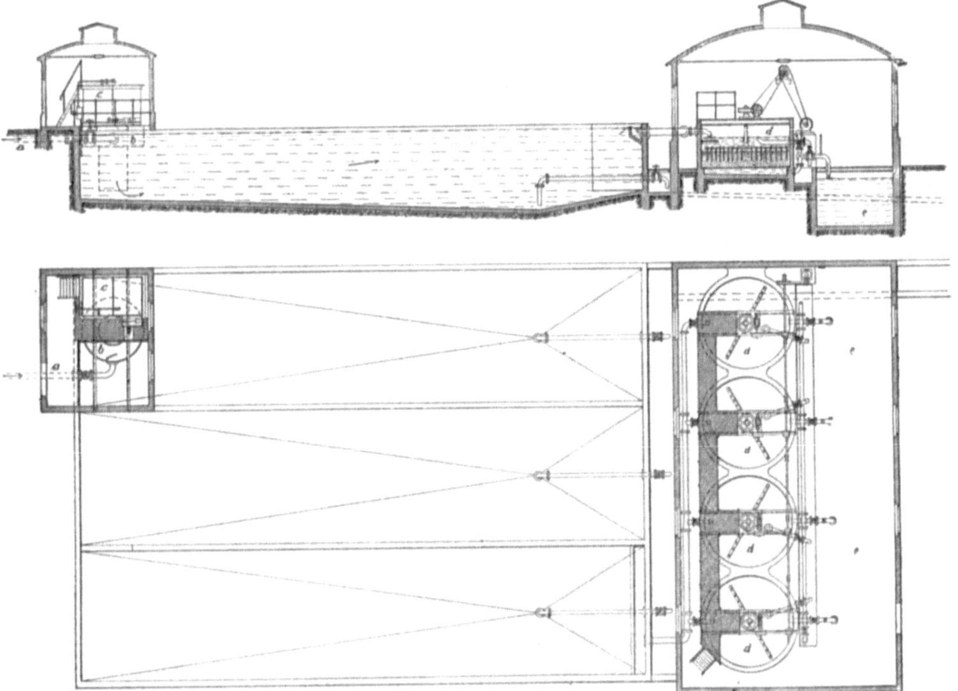

Fig. 10. Filteranlage mit chemischer Vorbehandlung, System Breda.

die Klärbecken geleitet, wo sich schon ein großer Teil der Niederschläge
ablagert. Danach geht das Wasser durch die Filter, um sich hinter
diesen in einem Behälter zu sammeln. Diese Filter aus Eisenbeton haben
die gleiche Einrichtung, wie sie vorstehend unter „Offene Filter"
beschrieben ist.

Fig. 11 veranschaulicht ein Patent-Sandsäulenfilter der Firma
Schumann & Co., Leipzig-Plagwitz.

Durch die eigenartige Konstruktion ist bei diesem Patent-Sandsäulenfilter in einem kleinen Raum eine große Filterfläche erzielt worden,
da sich der Kies in einer kegelförmigen Schicht ablagert. Die konzentrisch
treppenförmig angeordneten Ringe, welche die innere Begrenzung der
Filterschicht bilden, verhindern ein Eindringen des Kieses in den Innenraum, so daß das zu filtrierende Wasser gleichmäßig von hier aus durch
den Kiesmantel fließen kann; es sammelt sich, nachdem die Verunreini-

gungen festgehalten worden sind, in dem durch den Kegel gebildeten äußeren Raum und verläßt das Filter durch das Steigrohr.

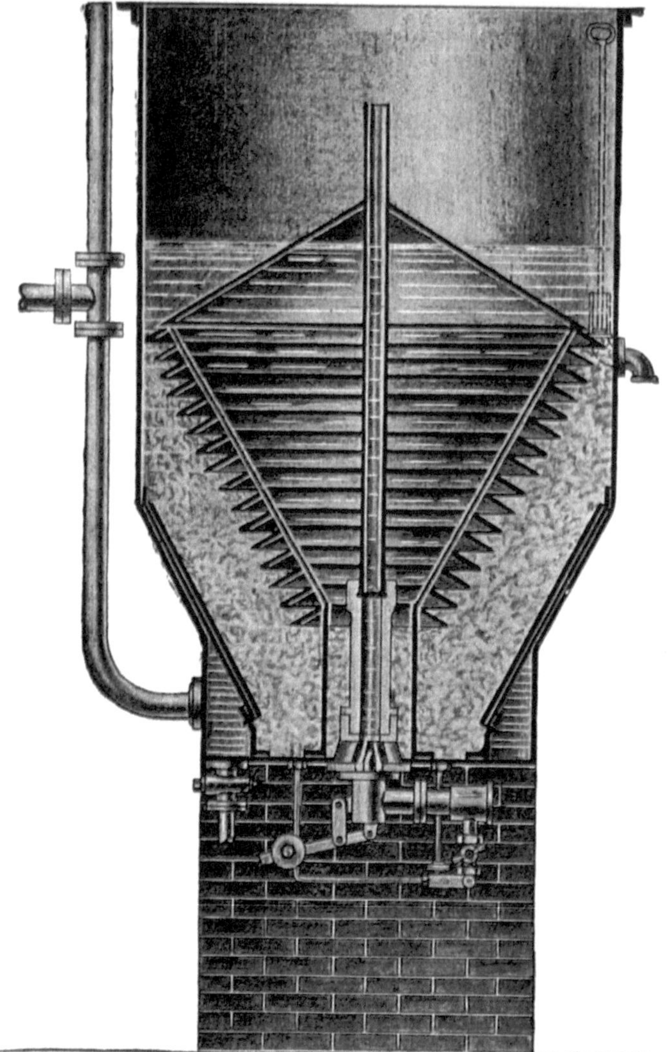

Fig. 11. Patent-Sandsäulenfilter, System Schumann.

Sobald die Filterschicht undurchlässig geworden ist, wird die am Boden befindliche Strahldüse in Tätigkeit gesetzt, und zwar durch eine Pumpe oder, sobald mehr als 1,5 Atm. Druck zur Verfügung stehen, durch Wasser aus einem Hochwasserbassin. Der Kies wird durch die Strahlpumpe angesaugt, in dem in der Mitte angebrachten Rohr hochgeschleudert, fällt auf ein konisches Rutschblech, von welchem er sich wieder in den für ihn bestimmten ringförmigen Hohlraum ablagern kann: seitlich angeordnete Spülrohre unterstützen den Waschprozeß.

Das überschüssige schmutzige Wasser wird durch den Spülwasser-abfluß abgeleitet. Ein am Boden angeordneter Hahn dient zum voll-

Fig. 12. Kiestrommelfilter, System Schuhmacher.

ständigen Ablassen des Filters nach beendeter Waschperiode. Die Reinigung des Filtermaterials wird meist alle 1 bis 2 Tage vorgenommen, so daß eine Betriebsstörung nicht damit verbunden ist.

Fig. 12 zeigt ein Kiestrommelfilter mit Rückspülvorrichtung von Ww. Joh. Schuhmacher, Köln.

Die Filtration erfolgt auch bei diesem Apparat durch scharfen Quarzsand oder Kies, dessen Feinheit sich nach der jeweiligen Beschaffenheit des zu filtrierenden Wassers richtet.

Zur Filtration wird das unreine Wasser so in den Filter geleitet, daß es den Kies in der Richtung von oben nach unten durchströmt und als vollkommen klares Filtrat verläßt. Zum Zwecke der Reinigung des Filters leitet man durch einfaches Umstellen der entsprechenden Wasserschieber, Wasser (in der Regel unfiltriertes Wasser) in der der Filtriervorrichtung umgekehrten Richtung, d. h. von unten nach oben durch das

Filter, während gleichzeitig das ins Filter eingebaute Wühlwerk langsam in Tätigkeit gesetzt wird. Hierdurch wird das Filtermaterial in wenigen Minuten nicht nur vollkommen wieder gewaschen und gebrauchsfertig, sondern durch das mechanische Wühlwerk werden auch alle Hohlräume oder die durch das rückspülende Wasser etwa erzeugten Gänge im Filtermaterial zugestrichen.

Der Antrieb des Wühlwerkes erfolgt bei Filtern bis zu einem Durchmesser von 2 m ohne Anstrengung von Hand mittels Schnecke oder Schneckenräder, kann aber sehr wohl auch durch Riemen oder Elektromotor bewirkt werden.

Die vorstehende Zeichnung veranschaulicht ein geschlossenes Kiesfilter dieser Firma mit flach gekrempten Böden, bei welchem die Betätigung des Antriebs des Wühlwerkes für den Fall unzugänglicher Aufstellung durch Kette und Kettenrad vorgesehen ist.

Wie oft ein Filter rückgespült werden muß, läßt sich ohne genaue Kenntnis des Wassers nicht sagen. Gewöhnlich ist eine Rückspülung nach 3 bis 8 Tagen erforderlich.

Die vorbeschriebenen Filter finden auch Anwendung in Verbindung mit einem Rieselturm bei Enteisenungsanlagen sowie namentlich zur mechanischen Reinigung des in einem sogenannten Wasserreiniger bereits auf chemischem Wege aufbereiteten Wassers.

Bei Verwendung von Bach-, Quell- oder Brunnenwasser tut man gut, dieses auf seine Härte zu untersuchen. Die Härte des Wassers wird durch die Gegenwart gewisser Salze, hauptsächlich durch Kalk-, Magnesia-, seltener durch Eisensalze hervorgerufen. Man unterscheidet zwischen vorübergehender und bleibender Härte. Die erstere wird bedingt durch den Gehalt an Bikarbonaten, welche im Wasser in löslicher Form enthalten sind und durch Abkochen desselben infolge Verlustes an Kohlensäure als unlösliches Kalziumkarbonat gefällt werden. Die Sulfate, Chloride und Nitrate des Kalziums und Magnesiums, welche durch Abkochen nicht ausgefällt werden, bewirken die bleibende Härte. Die Summe der vorübergehenden und der bleibenden Härte stellt die Gesamthärte eines Wassers dar und wird in Härtegraden ausgedrückt. Die Härtebestimmung des Wassers kann nach verschiedenen Methoden vorgenommen werden. Die bekanntesten und dem Praktiker am bequemsten sind die ältere Härtebestimmung vermittels einer Normalseifenlösung und die Methode nach Wartha durch Titration mit Normalsalzsäure.

Es würde über den Rahmen dieses Buches hinausgehen, die Härtebestimmung des Wassers einer eingehenden Besprechung zu unterziehen; Interessenten finden Näheres darüber in dem Werke „Blücher, Das Wasser", Verlag von Otto Wigand, Leipzig.

Hartes Wasser ist für die Apparatfärberei ganz und gar ungeeignet, die in demselben in Form von löslichen Bikarbonaten enthaltenen Kalk-, Magnesia- und Eisensalze werden durch die in der Färberei zur Verwendung kommenden Alkalien und Säuren gefällt und sind auch ihrerseits imstande, Farbstoffausfällungen herbeizuführen. Diese Ablagerungen setzen sich dann auf dem Material fest, stören die gleichmäßige Flottenzirkulation und geben Anlaß zu helleren Stellen im Inneren des Fasergutes oder zu bronzierenden und abreibenden Flecken an den nach außen lagernden Schichten.

Außerdem verursachen die im Material abgelagerten Ausfällungen von Kalk- und Magnesia-Salzen eine Trübung der Nuancen und ein starkes Stäuben der Färbungen. Es ist daher zur Erzielung einwandfreier Färbungen auf Apparaten unbedingt erforderlich, hartes Wasser vor der Verwendung zu korrigieren und die entstehenden Niederschläge durch Filtration oder durch Absitzenlassen zu entfernen. Für Bedarf in kleinerem Umfang bedient man sich zu diesem Zwecke eines höher als der Färbeapparat und der Flottenansatzbehälter stehenden Bottichs von entsprechender Größe, an welchem ungefähr 15—20 cm über dem Boden ein Ablaßhahn angebracht ist. Die Entkalkung des Wassers, soll dieses für die Baumwollfärberei benutzt werden, geschieht zweckmäßig durch Zusatz von Soda, und zwar genügen zumeist 200 g kalz. Soda pro 1000 l Wasser. Man läßt nach erfolgtem Aufkochen ca. 1 Stunde stehen, damit sich die Salze zu Boden setzen, und zieht alsdann die klare Flüssigkeit durch den oben erwähnten Ablaßhahn ab. Ein anderes Verfahren, welches dem gleichen Zwecke dient, besteht darin, daß man das Wasser in dem Flottenansatzbehälter vor Zugabe des Farbstoffes unter Zusatz von Seife aufkochen läßt. Die sich bildende Kalkseife schwimmt an der Oberfläche und läßt sich leicht abschöpfen. Es muß so viel Seife zugesetzt ewrden, bis sich keine Kalkseife mehr bildet und das Wasser schäumt. Dieses Verfahren ist einfacher, aber etwas teurer als das erste. Ein geringer Überschuß an Alkali schadet nichts beim Färben mit substantiven, Schwefel- oder Küpenfarbstoffen; beim Arbeiten mit basischen Farbstoffen oder bei Metallsalzbehandlungen usw. ist das überschüssige Alkali mit Essigsäure zu neutralisieren. Soll das Wasser für die Wollfärberei Verwendung finden, so wird, um den Kalk zu entfernen, je nach Härte des Wassers pro 1000 l 300—600 g oxalsaures Ammoniak in dem oben beschriebenen Behälter unter Umrühren zugesetzt. Nach Absitzenlassen des Niederschlages kann man das entkalkte, klare Wasser mittels des über dem Boden angebrachten Hahnes abziehen. Das oxalsaure Ammoniak stellt man her durch Neutralisieren von Oxalsäure mit Ammoniak, und zwar benötigt man für 300 g Oxalsäure ca. 400 ccm Ammoniak.

Viele Wässer, besonders Grund und Brunnenwasser, enthalten in ihrem natürlichen Zustande Eisen in Lösung, und zwar in der Regel in

Form von doppeltkohlensaurem Eisenoxydul. Sobald das Wasser einige Zeit mit der Luft in Berührung kommt, fällt das Eisen als flockiger Niederschlag, als Eisenoxydhydrat aus. Derartiges Wasser muß daher unbedingt einem Klärprozeß unterzogen werden, bevor es für Apparatfärberei Verwendung finden kann.

Ganz besonders störend wirkt die Gegenwart von Eisensalzen beim Bleichprozeß der Baumwolle, weil die Ausfällung dieser Salze zur Bildung von Rostflecken Veranlassung gibt, welche das gebleichte Material vollständig unbrauchbar machen. Ist man trotzdem gezwungen, derartiges Wasser zu verwenden, so muß es vor dem Gebrauch einem Enteisenungsverfahren unterzogen werden; die Wirkungsweise dieses Verfahrens besteht im wesentlichen darin, daß das Wasser in fein verteiltem Zustand der Einwirkung des Luftsauerstoffes ausgesetzt wird, wodurch die Eisensalze gefällt werden — d. h. die löslichen Ferroverbindungen in unlösliche Ferrihydrate übergehen. Die Klärung des Wassers von dem Niederschlag erfolgt sodann mittels eines Kiesfilters.

Wässer, die auf moorigem Untergrund entspringen oder auch moorige, sumpfige Gegenden durchlaufen, andererseits auch solche, welche auf ihrem Laufe Fäulnisherde passieren und hierbei ihren gelösten Sauerstoff abgeben, enthalten vielfach das Eisen an undefinierbare organische Substanzen (Humussäuren) gebunden, die das Eisen hartnäckig zurückhalten und es unter gewöhnlichen Umständen durch eine einfache Belüftung nicht ausscheiden.

Nur durch lange andauernde Belüftung in dünnen Schichten ist solchen Wässern ein Teil des Eisens zu entziehen, und zwar nur in dem Maße, als die organische Substanz durch den Sauerstoff der Luft allmählich oxydiert wird.

Ein weiterer Übelstand bei Benutzung von Wässern, welche Fäulniserreger enthalten, macht sich besonders in der Baumwollfärberei und ganz speziell in der Apparatfärberei der Baumwolle bemerkbar, indem die in Wässern geschilderter Art enthaltenen Fäulnisprodukte Schwefelwasserstoff entwickeln, welcher zersetzend auf die meisten substantiven Farbstoffe einwirkt. Durch entsprechende Regeneration mittels Luftzuführung und Abfiltrieren des Schlammes in dafür geeigneten Apparaten kann auch dieses Wasser für die Apparatfärberei benutzbar gemacht werden.

Ich will bei dieser Gelegenheit nicht unterlassen, darauf hinzuweisen, daß sich Fäulniserreger auch in den Farbbädern bilden können. Sie stammen dann nicht aus dem Wasser, sondern rühren von Rückständen aus dem gefärbten Material her.

In alten Farbbädern häufen sie sich derart an, daß sie zersetzend auf substantive Farbstoffe wirken. In diesem Falle verbietet sich ein Weiterarbeiten auf alter Flotte, und man tut gut, sofort ein frisches Farbbad anzusetzen.

Nachstehend seien einige Apparate beschrieben, welche speziell der Enteisenung des Wassers dienen und diese durch Zuführung eines Luftstromes zu erreichen suchen. Außerdem sei auf das Enteisenungsverfahren der Permutit Filter Co. auf Seite 39 verwiesen.

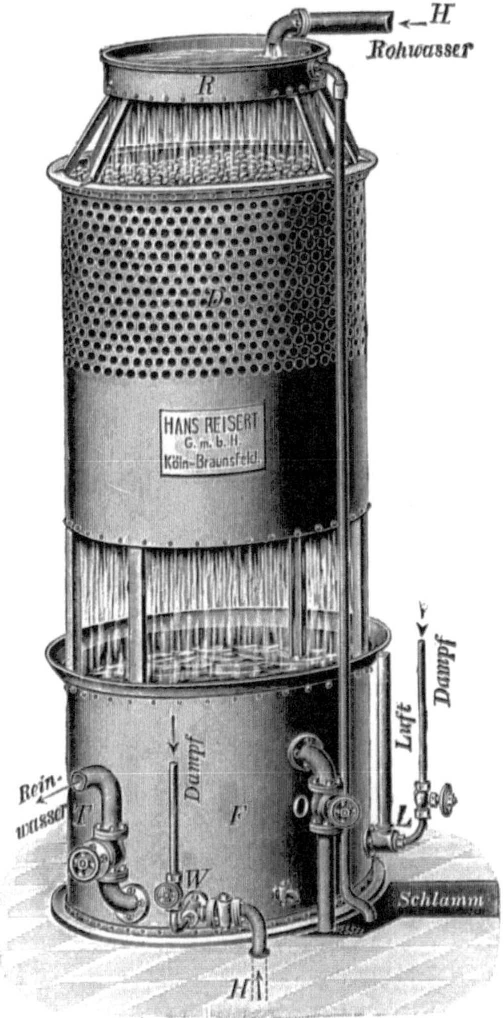

Fig. 13. Offener Enteisenungsapparat, System Reisert.

In Fig. 13, 14 und 15 sind Enteisenungsapparate der Firma Hans Reisert G. m. b. H., Köln-Braunsfeld, veranschaulicht.

Diese Enteisenungsapparate werden in 2 Haupttypen ausgeführt, und zwar in offener Konstruktion (Fig. 13) und in geschlossener, unter Druck arbeitender Konstruktion (Fig. 14 und 15).

Die Apparate verursachen keine besonderen Betriebskosten, sind kompendiös gebaut, so daß sie sehr wenig Raum einnehmen, und ihre Bedienung ist eine äußerst einfache. Das Filtermaterial braucht nicht erneuert zu werden, da es durch Luftauswaschung auf einfache Weise jederzeit gereinigt werden kann.

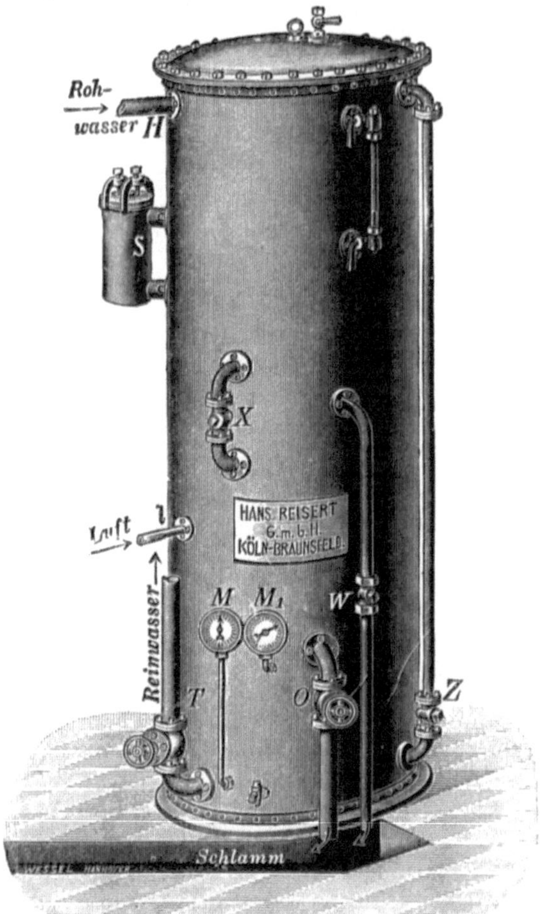

Fig. 14. Geschlossener Enteisenungsapparat, System Reisert.

Der offene Enteisenungsapparat, Fig. 13, besteht in der Hauptsache aus dem Verteiler R, dem Koksberieseler D und dem Kiesfilter mit Luftauswaschung F.

Das zu enteisenende Wasser wird dem Apparat durch das Rohr H zugeführt. Es rieselt aus dem Verteilungsapparat, dessen Boden mit sehr feinen Löchern versehen ist, in Regenform fein verteilt, auf die

Koksschicht herab. Schon auf diesem Wege wird das Wasser mit Luft gemischt, und der aufgenommene Sauerstoff leitet das Ausfallen des Eisens ein. In dünnen Strahlen rieselt dann das Wasser durch die hohe Koksschicht hindurch. Es vollzieht sich hier die vollkommene Ausscheidung des Eisens.

Die erforderliche Luft wird von allen Seiten zugeführt, da der Mantel des Koksbrieslers aus perforiertem Blech besteht. Der Koks überzieht sich schon nach kurzer Zeit mit Eisenoxydhydrat, und wird auch hierdurch die Umsetzung des gelösten Eisens beschleunigt. Nach dem Verlassen des Koksberieselers gelangt das Wasser wiederum in Regenform in das Kiesfilter. Hier wird nunmehr das ausgefallene Eisen auf dem Filtermaterial zurückgehalten, und das Wasser verläßt durch das Rohr T das Filter eisenfrei und kristallklar.

Die Reinigung des Filters erfolgt in der Weise, daß nach Öffnen des Schlammhahnes O mittels eines Luftdruckapparates L oder aus einem Luftkessel Luft unter das Filtermaterial gepreßt wird unter gleichzeitigem Unterführen von Wasser.

Das Wasser kann entweder aus einer Leitung ent-

Fig. 15. Geschlossener Enteisenungsapparat, System Reisert.

nommen oder aber, wie es auf der Abbildung Fig. 13 dargestellt ist, mittels eines kleinen Dampfejektors aus einem Reservoir zurückgesaugt werden. Die Waschung ist eine außerordentlich energische, sie dauert nur wenige Minuten. Das über dem Filtermaterial sich ansammelnde Schlammwasser fließt durch die Schlammleitung ab. Sofort nach entsprechender Umschaltung ist das Filter wieder gebrauchsfertig. Je nach dem größeren oder geringeren Gehalt an Eisen erfolgt das Auswaschen täglich oder 2—3 mal in der Woche.

Der geschlossene Enteisenungs-Apparat wird in 2 Konstruktionen ausgeführt. Er kann direkt in die Druckleitung eingeschaltet werden.

Abbildung Fig. 14 und 15 geben die beiden Ausführungen wieder. Dem Wesen nach beruhen sie auf demselben Prinzip wie der offene Apparat, nur wird bei den geschlossenen Apparaten die zur Oxydation erforderliche Luft entweder hineingepumpt, wie bei Fig. 14, oder aber in die Saugleitung der Pumpe durch ein Schnüffelventil eingesogen. Dies ist bei Fig. 15 der Fall. Beiden Apparaten ist eigentümlich, daß das Wasser im Innern der Apparate in Regenform durch einen Luftraum fällt, ähnlich wie es bei dem offenen Apparat geschieht. Die Luft im Luftraum wird stets erneuert. Es wird durch die innige Berührung mit der Luft die Umsetzung des gelösten Eisens beschleunigt.

Nach Passieren eines Reaktionsraumes und eines Grobfilters wird schließlich das Wasser ebenso wie bei der offenen Konstruktion durch ein Feinfilter filtriert. Es verläßt eisenfrei und kristallklar den Apparat.

Die Auswaschung des Feinfilters wird in der gleichen Weise wie bei der offenen Konstruktion bewirkt.

An den Manometern M und M' kann man erkennen, wann das Filter so stark verschlammt ist, daß ein Auswaschen notwendig ist.

Die für die Auswaschung erforderliche Luft wird entweder direkt dem oberen Teil des Apparates entnommen, oder sie wird mittels eines Luftdruckapparates, wie bei den offenen Apparaten, untergepreßt.

Es hängt vor allen Dingen von den Betriebsverhältnissen und von dem zur Verfügung stehenden Raum, event. auch von dem Verwendungszwecke ab, ob eine offene oder geschlossene Anlage am Platze ist.

Nach dem Prinzip ausgiebigster Belüftung des Wassers zwecks Enteisenung sind auch die Apparate der Firma Halvor Breda G. m. b. H. Berlin-Charlottenburg gebaut, und zwar sowohl in offener Konstruktion, welche das Wasser in möglichst feiner Verteilung mit Luft in Berührung bringt, wie auch in geschlossener Konstruktion, bei welcher die Luftzufuhr in der Weise bewirkt wird, daß man das erforderliche Luftquantum vermittelst Kompression in das Wasser einbläst.

In den offenen Apparaten läßt man das Wasser entweder durch Brausen fein verteilt durch die Luft einige Meter herunterfallen oder man verteilt das Wasser mittels Rinnen gleichmäßig auf mit Koks oder Ziegelstücken angefüllte Behälter, in welchem es langsam nach unten rieselt und so eine genügende Belüftung erfährt. Hierbei wird die Einwirkung der Luft noch unterstützt durch den auf den Koksstücken sich mit der Zeit ablagernden Eisenschlamm, der durch Katalyse den chemischen Vorgang beschleunigen soll. Das belüftete Wasser sammelt sich dann unten in einem Behälter, aus welchem es in das Filter übertritt, um das ausgeschiedene Eisen zurückzulassen und klar und eisenfrei den Verbrauchsstellen zuzufließen.

Fig. 16 zeigt eine Ausführungsform eines solchen offenen Enteisenungs-Apparates. Die Belüftung geschieht innerhalb des hohen Behälters, in welchem Siebbleche mehrfach übereinander angeordnet sind, welche

das nach unten fallende Wasser zerteilen und verschiedentlich wieder
mischen. Auf den Siebblechen befindet sich je eine Lage von Koks-

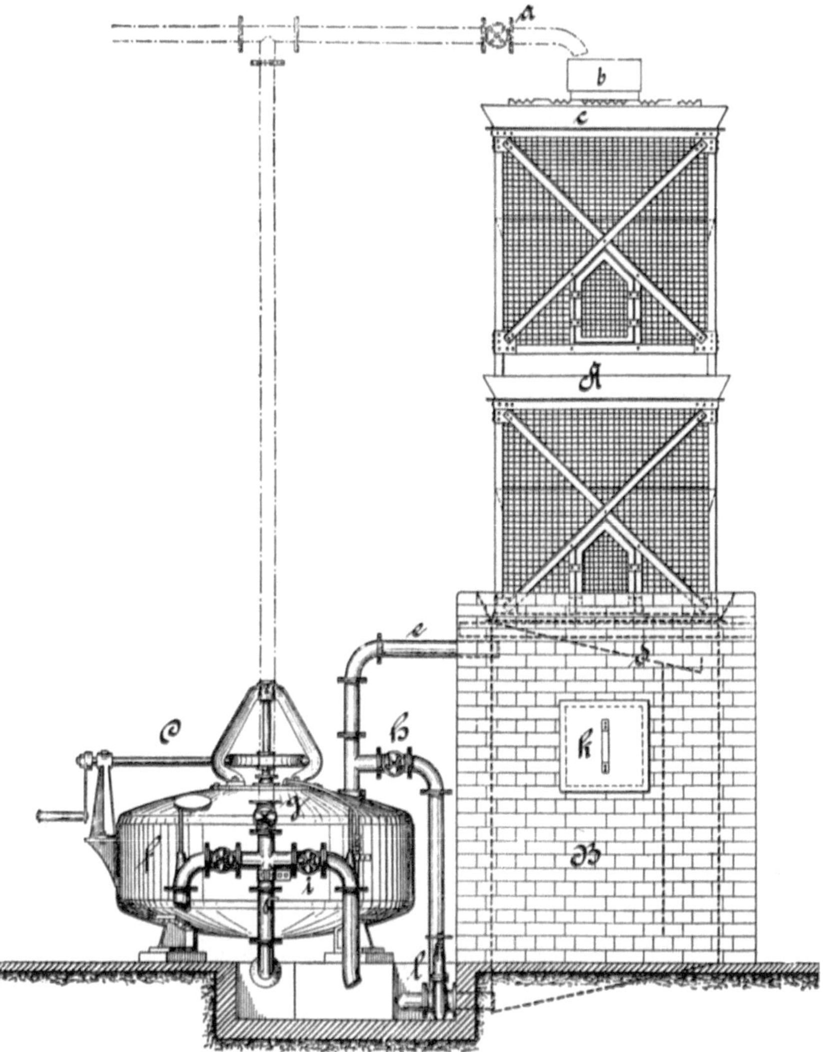

Fig. 16. Offener Enteisenungsapparat, System Breda.

stücken, so daß diese Einrichtung eine Verbindung der beiden vorstehend
beschriebenen Verfahren darstellt.

Die geschlossenen Enteisenungsapparate Fig. 17 werden in die
Druckleitung der Wasserpumpe eingeschaltet, welche das Wasser aus
dem Brunnen hebt und auf einen Hochbehälter drückt. Sie stehen

also unter dem Druck, der in der Wasserleitung herrscht und müssen dementsprechend stark ausgeführt werden.

Die Luft wird mittels eines Luftkompressors in das Rohr hineingepumpt, durch welches das Wasser in den Apparat eintritt, und Wasser

Fig. 17. Geschlossene Wasser-Enteisenungsanlage, System Breda.

und Luft gelangen dann zunächst in einen Mischtopf, in dem Düsen und Stoßplatten angebracht sind, um eine ausgiebige Durchwirbelung und Vermischung zu erzielen. Darauf tritt das Gemisch in den großen Behälter, welcher in seinem oberen Teil mit einer Masse gefüllt ist, die einen besonderen Bestandteil des Bredaschen Verfahrens bildet. Diese Masse hat die Eigenschaft, durchaus steril und, weil anorganischer Natur, niemals fäulnisfähig zu sein. Sie ist ferner sehr porös und scharfkantig, so daß sie dem Wasser viel Fläche bietet und eine kräftige Oberflächenwirkung ausübt.

Durch diese Masse zieht das Gemisch von Wasser und Luft langsam von unten nach oben hindurch. Oben trennt die Luft sich vom Wasser und entweicht durch ein selbsttätiges Ventil ins Freie, und das Wasser zieht durch das zentrale Rohr nach unten, um das im unteren Teil befindliche Feinkiesfilter zu durchdringen und den Eisenschlamm auf diesem zurückzulassen. An Stelle des eingebauten Filters kann auch ein selbständiges Filter daneben gestellt werden; ein solches bietet den Vorteil, mit einem mechanischen Rührwerk zum Waschen versehen zu sein, wodurch die Arbeit des Reinigens abgekürzt wird.

Der Eisenschlamm lagert sich teils im Kontaktbehälter und teils auf dem Filter ab; beide müssen von Zeit zu Zeit gereinigt werden, was jedoch nur durch Spülung geschieht, eine Auswechselung der Füllmaterialien ist niemals nötig, weil keinerlei Abnutzung eintritt. Der Apparat liefert gleichmäßig ohne besondere Betriebskosten ein Wasser, welches klar filtriert und so weit von Eisen befreit ist, daß es sich auch nach längerem Stehen an der Luft nicht mehr trübt und keinen Niederschlag bildet.

Die ärgsten Gefahren für die Färberei überhaupt, wie für Apparatfärberei im besonderen, birgt die Entnahme von Wasser aus Bächen oder Flüssen in sich, welche durch gewerbliche Abwässer verunreinigt sind, zumal der Grad dieser Verunreinigungen je nach der Jahreszeit und der Höhe des Wasserstandes schwankt. Auch die chemische Zusammensetzung und die Quantität der Abwässer können selbst im Laufe eines Tages derart verschieden sein, daß sich in solchem Falle auch die beste Wasserreinigungsanlage als nicht zuverlässig erweist. Im Interesse eines gleichmäßigen Ausfalls der Färbungen ist daher von der Benutzung derart verunreinigten Wassers nach Möglichkeit abzusehen. Jedenfalls erfordert die Nutzbarmachung desselben für Färbereizwecke unter Berücksichtigung aller jeweilig mitsprechenden Faktoren fachmännisch ausgeführte Kläranlagen.

Im allgemeinen ist der Wasserverbrauch in der Apparatfärberei nicht so groß als in der Bottich- oder Kesselfärberei, da man mit verhältnismäßig kurzen Flotten arbeitet und zumeist diese Flotten zwecks Aufbewahrung nach dem Färben in geeignete Flottenbehälter zurückpumpt, um sie je nach Bedarf wieder benutzen zu können. Für Betriebe mit größerem Wasserbedarf und zumal für solche, welche kalkfreies Wasser zwecks Vermeidung von Kesselsteinbildung auch zur Speisung der Dampfkessel verwenden wollen, empfiehlt sich die Installierung einer Wasserreinigungsanlage.

Die meisten dieser Anlagen zur Weichmachung und Klärung des Wassers arbeiten nach dem Prinzip, in geeigneten kombinierten Apparaten zunächst die Härtebildner durch Zusatz von Chemikalien in eine schlammförmige Masse überzuführen, die spezifisch schwerer als Wasser ist.

Wie bereits erwähnt, besteht die temporäre Härte des Wassers aus Bikarbonaten. Sättigt man das zweite Molekül Kohlensäure dieser Bikarbonate mit irgend einem Alkali ab, dann fällt die temporäre Härte je nach Reaktionsdauer und Temperatur des Wassers mehr oder minder vollständig aus.

Als billigstes Alkali hat sich in der Praxis Kalkwasser erwiesen, das bei den meisten Wasserreinigungsverfahren der Hauptsache nach verwendet wird. Man rechnet im allgemeinen pro Grad deutscher Härte und cbm Wasser ca. 18—20 g Kalk. Zur Entfernung der bleibenden Härte, also der durch Sulfate des Kalks und der Magnesia hervorgerufenen, wird hauptsächlich Soda verwendet, und rechnet man pro Grad bleibender Härte und cbm Wasser 20 g Soda calc. zur Fällung erforderlich.

Die Reinigung von Wasser nach dem Kalk-Soda-Verfahren ist aus nachstehendem Schema ersichtlich.

	Die im Wasser gelösten Härtebildner	werden gefällt mit	Es scheidet aus als unlöslich. Salz	Das gereinigte Wasser enthält
Karbonathärte temporäre Härte vorübergehende Härte	$Ca(HCO_3)_2$ dopp. kohlens. Kalk	$+ Ca(OH)_2$ Aetzkalk	$= 2\,Ca\,CO_3$ kohlens. Kalk	$+ 2\,H_2O$ Wasser
	$Mg(HCO_3)_2$ dopp. kohlens. Magnesium	$+\, 2\,Ca(OH)_2$	$= Mg(OH)_2$ Magnesiumhydroxyd	nicht gefällte Härtebildner neben dem verwendeten Überschuß an Fällungsmitteln
			$2Ca\,CO_3$	$2H_2O$
Nichtkarbonathärte bleibende Härte Sulfathärte Gipshärte	$Ca\,SO_4$ schwefels. Kalk	$+ Na_2\,CO_3$ Soda	$= Ca\,CO_3$	$+ Na_2\,SO_4$ Glaubersalz
	$Mg\,SO_4$ schwefels. Magnesia Gips	$+ Na_2\,CO_3$	$= Mg\,CO_3$ kohlens. Magnesia	$+ Na_2\,SO_4$ Glaubersalz, daneben kohlens. Magnesia, welche z. T. in Wasser löslich ist

Im Interesse der Apparatfärberei erscheint es geboten, bei Anwendung des Kalk-Soda-Verfahrens nicht über ein durch die Erfahrungen festgestelltes Maß der Enthärtung, welche sich jeweilig nach der Beschaffenheit des Wassers richtet, hinauszugehen, da solches alsdann eine die Färbungen beeinträchtigende Alkalität erreichen würde.

Es verbleiben dann allerdings noch wenige Härtegrade, die indessen nicht von Bedeutung sind und auf den Verwendungszweck keinerlei nennenswerten Einfluß ausüben. Als normal dürfte bei Anwendung des Kalk-Soda-Verfahrens eine Enthärtung bis auf ca. 4 deutsche Härtegrade für die Zwecke der Apparat-Bleiche- und Färberei zu gelten haben. Auch bei dieser nicht ganz vollständigen Enthärtung wird das Wasser noch schwach alkalisch reagieren, jedoch wird diese geringe Alkalität in den meisten Fällen belanglos sein, oder sich erforderlichenfalls durch Essigsäure leicht neutralisieren lassen.

Die weitere Aufgabe der Wasserreinigungsapparate besteht nun darin, die Fällungsprodukte sowohl wie die dem Wasser mechanisch bei-

gemengten Verunreinigungen auszuscheiden, um ein vollkommen klares
und weiches Betriebswasser zu erhalten. Dies wird in der Regel dadurch

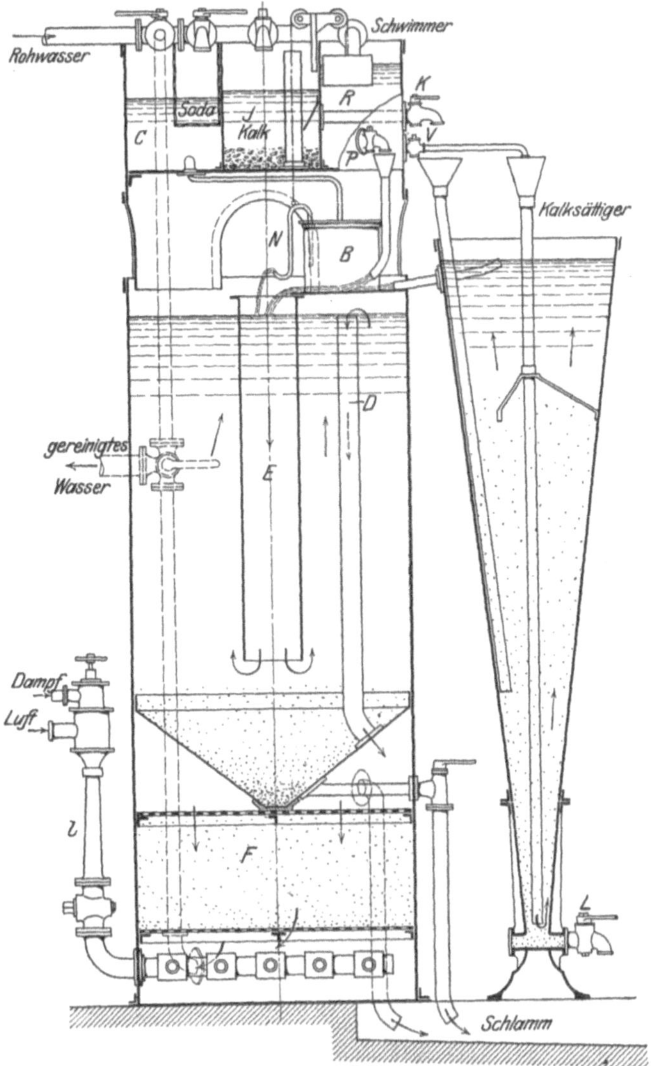

Fig. 18. Wasserreinigungsapparat, System Reisert-Dervaux.

erreicht, daß man das Wasser durch angeschlossene Kiesfilter passieren
läßt, auf welchen sich die Schlammteile absetzen.

Das vorbeschriebene Reinigungsverfahren kann natürlich auch zur
Entölung von Kondenswasser sowie zur Enteisenung eisenhaltigen

Wassers Verwendung finden. Das im Wasser enthaltene Eisen wird durch den Kalkzusatz mit ausgefällt und nach der chemischen Aufbereitung beim Passieren des Filters von diesem zurückgehalten.

Die Konstruktion und Wirkungsweise einiger in der Praxis bewährter Wasserreinigungsapparate veranschaulichen folgende Abbildungen und Erläuterungen.

Fig. 18 zeigt einen selbsttätigen Wasserreinigungsapparat „System Reisert-Dervaux".

Dieses Apparatsystem, welches von der Firma Hans Reisert G. m. b. H., Köln-Braunsfeld gebaut wird, arbeitet nach dem Kalk-Soda-Verfahren und ist mit einem Dervauxschen Kalksättiger ausgerüstet, welcher der Eigenschaft des Kalkes Rechnung trägt, sich in einem ganz bestimmten Verhältnis 1 : 778 im Wasser zu lösen.

Auf dieser Grundlage basierend bildet der Dervauxsche Kalksättiger das wichtigste Element dieses Apparates und liefert stets klares, gesättigtes Kalkwasser bei vollständiger Ausnutzung des Kalkes.

Der Apparat besteht im wesentlichen aus einem aufrechtstehenden konischen Gefäß S, dessen engster Querschnitt sich unten befindet. Durch den Hahn K und das darunter befindliche Rohr mit Trichter wird die vor einer Arbeitsschicht (durch Ablöschen und Verdünnen des Kalkes im Behälter J) bereitete Kalkmilch ganz unten in den Kalksättiger eingeführt, nachdem man unmittelbar vorher die ausgelaugten Kalkreste durch den Hahn L entfernt hat. Eine genau eingestellte Wassermenge fließt aus dem Regulierbehälter R durch das Ventil V und das Rohr v unter die vorher eingeführte Kalkmilch und wirbelt diese stets auf. Das Wasser nimmt den Kalk mit in die Höhe, bis die Wassergeschwindigkeit infolge der zunehmenden Querschnittserweiterung so gering wird, daß die Kalkteilchen, weil schwerer, nicht mehr folgen. Das Kalkwasser verläßt, nachdem es sich vollständig mit dem Kalk gesättigt hat, geklärt den Kalksättiger durch das Rohr U. Die zurückfallenden Kalkteilchen werden stets wieder von der Wasserströmung erfaßt und bis zur völligen Erschöpfung ausgelaugt.

Aus dem Sättigungsapparat tritt das Kalkwasser in das Mischrohr E im Reaktionsraum D.

In dieses Mischrohr fließt noch aus dem Abteil C des Verteilungsapparates durch Vermittlung des Syphons N die Sodalösung und aus dem Abteil R durch den Hahn P das Rohwasser. In diesem Reaktionsraum setzt sich ein Teil des ausgefallenen Schlammes nieder, und dieser wird von Zeit zu Zeit durch den Hahn W abgelassen. Im übrigen steigt das Wasser im Raum D in die Höhe und fließt von oben durch ein Überfallrohr in das Reisertsche Kiesfilter F, um darauf durch Rohr Z und den Dreiweghahn M den Reinigungsapparat völlig klar zu verlassen und durch Abzugsrohr T abgeführt zu werden. Das Filtermaterial braucht nie erneuert zu werden. Das Reinigen (Auswaschen) desselben beansprucht nur wenige (ca. 5) Minuten und hat je nach Schlammenge etwa alle Tage ein- bis zweimal oder eventuell noch seltener zu geschehen. Man verfährt dabei auf folgende Weise. Zunächst öffnet man den Schlammhahn O und stellt die beiden Dreiweghähne M und M^1 so um, daß das dem Apparat zufließende Wasser anstatt in den Verteilungsapparat durch das Rohr Z und unter das Filter gelangt; alsdann setzt man den Luftdruckapparat 1 durch Öffnen des Dampfventils d in Tätigkeit. Während nun die verteilt durch das Filter gedrückte Luft das Filtermaterial gründlich aufwühlt und den Schlamm losreißt, nimmt das rückströmende Wasser denselben mit und führt ihn zum Schlammabzug fort. Nach etwa 2 bis 3 Minuten stellt man den Luftdruckapparat 1 wieder ab und läßt das Wasser noch so lange nachströmen, bis es aus dem Schlammhahn O nicht mehr schlammig austritt. Schließlich setzt man die Dreiweghähne M und M^1 wieder in die ursprüngliche Stellung zurück, so daß das Wasser wieder in den Verteilungsapparat strömt.

Die Apparate haben sich zur Reinigung aller, besonders harter und auch in ihrer Zusammensetzung häufig wechselnder Wässer ausgezeichnet bewährt, vor allem auch zur Reinigung von Wasser für den Färbereibetrieb. Öl und Eisen wird in den Apparaten mit ausgeschieden.

Fig. 19 veranschaulicht einen automatischen Wasserreiniger von L. & C. Steinmüller, Gummersbach.

Dieser Apparat, ebenfalls nach dem Kalk-Soda-Verfahren arbeitend, besteht im wesentlichen aus Wasserverteiler A, Vorwärmer B, Kalksättiger C, Behälter für Sodalösung D, Klärbehälter E.

Das Rohwasser fließt an der höchsten Stelle in den Wasserverteiler A und wird in dem Verteilungsüberlauf a durch stellbare Zungenschieber in drei Ströme b, c und d geteilt.

Der Hauptstrom c fließt, nachdem er einen Vorwärmer B passiert hat, in die Mischschale e des Klärbehälters.

Der zweite, kleinere Strom d fließt durch das Rohr f in die untere Spitze des Kalksättigers C. Durch die eigenartige Form der Einführung wird mit diesem Wasserstrom fortwährend ein Quantum Luft eingeführt, welches den Zweck hat, den durch den Siebboden g zerteilten und am Boden des Kalksättigers lagernden Kalkbrei energisch aufzurühren, damit er von dem gleichzeitig eintretenden Wasserstrom besser ausgelaugt werden kann.

Durch das Rohrstück h und das eingeführte Luft- und Wassergemisch wird in dem unteren Teile des Kalksättigers eine Zirkulation erzeugt, die ebenfalls die Auslaugung des Kalkes begünstigt.

Da nun aber durch den Kohlensäuregehalt der atmosphärischen Luft ein großer Teil des Ätzkalkes für die Zwecke der Wasserreinigung unbrauchbar gemacht würde, so muß bei andauernder Zuführung von

frischer Luft die Kalkmenge sehr oft erneuert werden, wodurch die
Kosten der Wasserreinigung naturgemäß sich steigern und das Kalkwasser Schwankungen unterworfen ist.

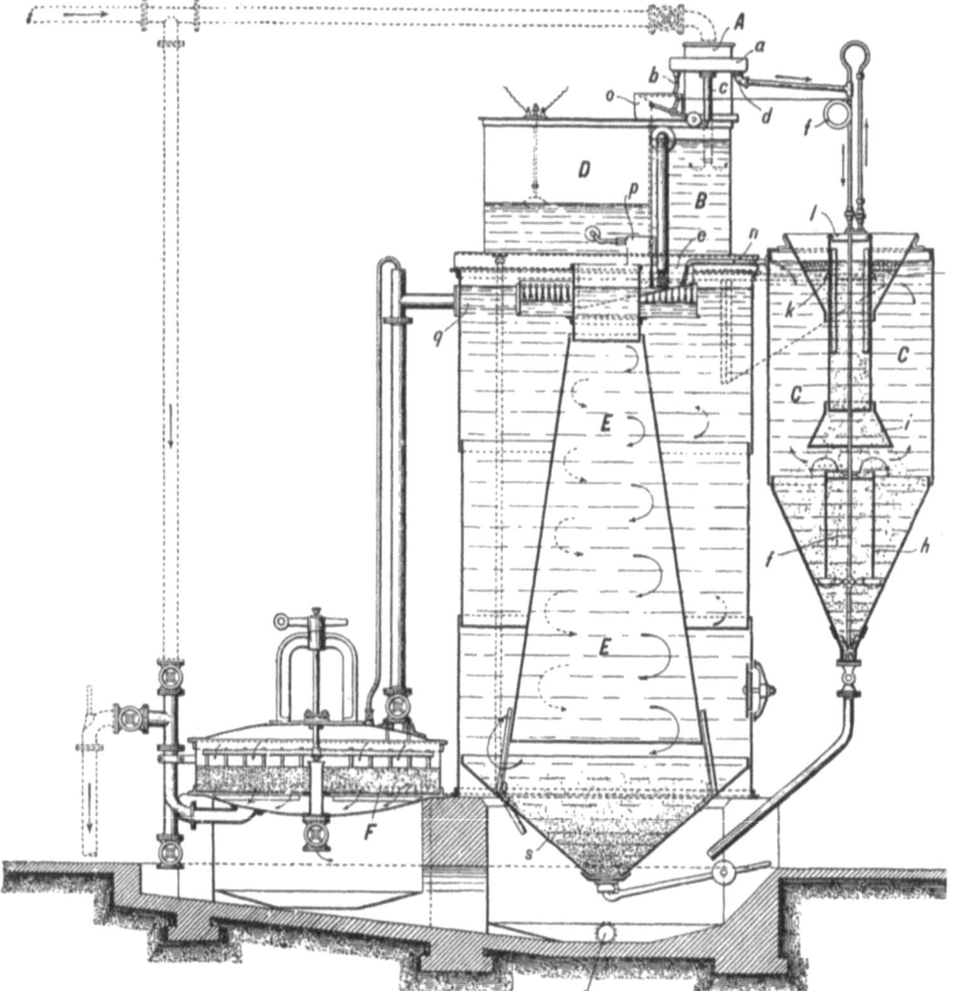

Fig. 19. Automatischer Wasserreiniger, System Steinmüller.

Der Steinmüller-Apparat sucht diesen Übelstand folgendermaßen
zu beseitigen. Die einmal durch den Kalk gedrückte und durch Berührung mit diesem kohlensäurefrei gemachte Luft entweicht nicht, sondern
wird durch die Schirme i und k aufgefangen, sammelt sich in der Glocke l

und wird durch den Rohrstrang m immer wieder von neuem dem Kalkbrei zugeführt.

Auf diese sehr einfache Weise stellt sich dieser Wasserreiniger die nötige kohlensäurefreie Luft selbst her und sichert dadurch einen überaus sparsamen Betrieb.

Das gesättigte und klare Kalkwasser strömt durch das Rohr n ebenfalls in die Mischschale e. Der dritte, kleinere Strom b fließt in eine Kippschale o, die einen Meßbecher p zum Zwecke der Zuführung der Sodalösung betätigt, welche, für mehrere Tage ausreichend, in dem Behälter D angerührt wird und in Verbindung mit dem Meßbecher p steht. — Durch diese einfache Verteilungsvorrichtung werden die Chemikalienzuflüsse derart genau zugemessen, daß sie stets proportional dem gesamten Wasserstrom sind, einerlei, ob dem Apparat mehr oder weniger Wasser zugeführt wird.

Ein Zuviel oder Zuwenig an Chemikalien ist daher nicht möglich.

Die aus dem Meßbecher p fließende Sodalösung strömt nun gleichfalls in die Mischschale e. In letzterer wird das Rohwasser mit den Chemikalien gründlich gemischt, worauf die kesselsteinbildenden Salze usw. in großen Flocken sich ausscheiden. — Das nun schlammige und trübe Wasser wird in tangentialer Richtung in den inneren Hohlkonus des Klärbehälters E eingeführt und durchfließt diesen auf schneckenförmigem Wege, wodurch der ganze Inhalt des Behälters in langsam rotierende Bewegung gerät.

Da erfahrungsgemäß rotierende Flüssigkeiten sich bedeutend schneller klären als in gerader Richtung fließende, übt die Rotation einen günstigen Einfluß auf das Absetzen des Schlammes aus; auch verteilt sich infolgedessen der Gesamtwasserstrom auf den ganzen Querschnitt des Klärbehälters. Durch die eigenartige innere Form des letzteren wird die Geschwindigkeit der durchfließenden Wassermenge vom Einlauf zum Ablauf hin stets geringer, und da alle Umkehrkanten und sonstigen Widerstände vermieden sind, haben selbst die feinsten Schlammteile Zeit und Ruhe, sich vollständig abzulagern. Das weiche, kesselstein- und schlammfreie Wasser verläßt den Apparat bei q.

Wenn das zu reinigende Wasser eine große Menge organischer Substanzen enthält, die erfahrungsgemäß das Absetzen der feinsten Schlammteilchen verhindern, ist eine Filtration durch ein auswaschbares Quarzsandfilter erforderlich, welches dann in einfacher Weise mit einem automatischen Wasserreiniger kombiniert wird.

Die Auswaschung bzw. Reinigung dieser Filter geschieht durch Umstellung einiger Hähne und nimmt nur wenige Minuten in Anspruch. Die Filter brauchen nicht geöffnet und das Filtermaterial nicht erneuert zu werden.

Da es in fast allen Fällen vorteilhaft ist, das Wasser bei der Reinigung anzuwärmen, weil im warmen Wasser die chemischen Reaktionen
schneller und auch intensiver verlaufen als im kalten, so hat die Firma
auch dieses berücksichtigt und versieht auf Wunsch ihre Apparate mit
einem Vorwärmer, entweder für Frisch- oder für Abdampf. In ersterem
Falle geht die aufgewandte Wärme keineswegs verloren, sondern kommt
den Färbeapparaten für den Ansatz der Farbbäder oder den Dampfkesseln als warmes Speisewasser wieder zugute; in letzterem Falle wird
die Abdampfwärme vollständig ausgenutzt und dadurch allein schon
eine recht wesentliche Kohlenersparnis erzielt.

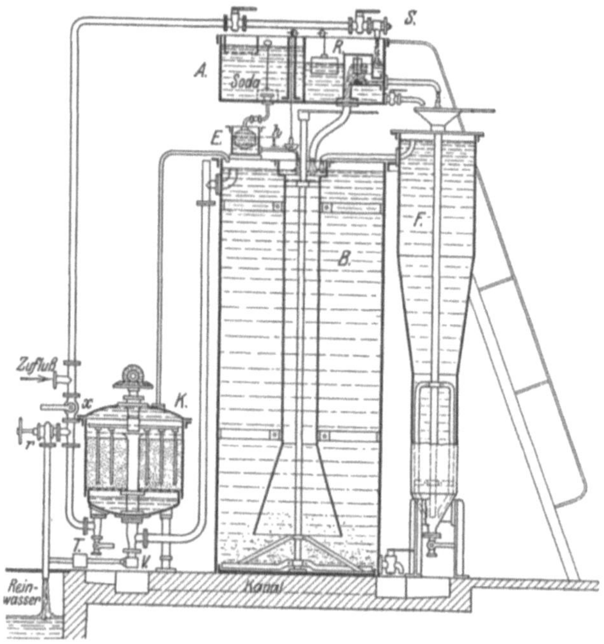

Fig. 20. Wasserreinigungsapparat, System Dehne.

In Fig. 20 ist ein Wasserreinigungsapparat der Firma A. L. G.
Dehne, Halle a. S., illustriert.

Dieser Wasserreiniger besteht aus folgenden Apparaten:

    A dem Verteilungsapparat, mit angebautem Sodalaugebehälter,

    B dem Klärbehälter,

    F dem Kalkwassersättiger,

    E dem Sodareguliergefäß,

    K dem separaten Kiesfilter.

Das zu reinigende Wasser fließt, durch ein durch Regulierschraube
einstellbares Absperrorgan vom Hochbehälter etc. kommend, in den
Verteilungsapparat A.

Die stündliche Maximalleistung wird durch die am Absperrorgan angebrachte Regulierschraube S eingestellt, wobei das Wasserniveau im Wasserverteiler die Wasserstandsmarke berühren muß. Das Wasserniveau steigt zunächst bis zur Unterkante des im Wasserregler R sitzenden Schlitzes und fängt dann an, durch den Schlitz überzulaufen.

Je höher der Wasserstand steigt, desto mehr Wasser fließt naturgemäß durch den Schlitz ab. Der ablaufende Wasserstrom wird durch eine im Wasserregler angebrachte Scheidewand geteilt, so daß ein Teil nach dem Kalksättiger und der andere nach dem Klärbehälter geführt wird.

Die Einstellung der Schlitzbreiten richtet sich nach dem Kalkwasserbedarf, und dieser wird nach der Analyse des Wassers ermittelt.

Das Wasser zum Kalksättiger wird durch ein Trichterrohr nach unten geführt, wo es die dort lagernde Kalkmilch durchdringt und so Kalk im Überschuß aufnimmt. Dieser Überschuß fällt durch das langsame Steigen des Wassers wieder nach unten, so daß das Kalkwasser gesättigt und von allen mechanisch beigemengten Ätzkalkpartikelchen befreit nach dem Klärzylinder B überfließen kann, wo es sich mit dem übrigen Teil des Rohwassers mischt.

Der Wasserstand im Wasserverteiler ist vom Zulauf des Rohwassers abhängig. Läuft kein Wasser hinein, so stellt sich der Wasserstand auf Schlitzunterkante. Der im Verteilungsapparat sitzende Schwimmer hebt bei diesem Wasserstand die Ablaufschale des Laugereguliergefäßes E so hoch, daß keine Lauge abfließt. Beim Wasserzulauf hebt sich der Wasserstand im Verteilungsapparat A, und damit hebt und senkt sich die vom Schwimmer beeinflußte Sodalaugeablaufschale, wodurch ein Sodalaugeabfluß nach dem Klärbehälter B stattfindet, und zwar immer mehr, je höher der Wasserstand im Verteilungsapparat steigt. Der Stand der Sodalauge im Reguliergefäßt E wird durch Zufluß vom Sodabehälter mittels Schwimmerventil immer auf gleicher Höhe gehalten.

Im Einsatzrohr des Klärbehälters B fällt das mit Zusätzen vermischte Wasser nach unten, steigt darauf langsam im Klärzylinder nach oben, läuft durch das Überlaufrohr nach dem Kiesfilter, durchdringt die Kiesschicht von oben nach unten und verläßt sie vollständig gereinigt und geklärt, um nach dem Reinwasserreservoir weitergeleitet zu werden.

Bei voller Leistung ist der Laugebehälter alle Tage frisch aufzufüllen.

Der Kalksättiger ist täglich mit frischem Kalk zu versehen, welcher als dickflüssige Kalkmilch mittels Eimer in das Trichterrohr des Kalksättigers eingegossen wird. Bevor der Kalkzusatz erfolgt, hat man durch den Ablaufhahn des Kalksättigers allen Schlamm abzulassen, bis klares Wasser austritt. Bei jedesmaliger Inbetriebnahme des Apparates soll man das mit Rührwerk versehene Einsatzrohr des Kalksättigers einigemal hin und her bewegen.

Der Ablaßhahn des Klärbehälters ist täglich nach Bedarf unter Betätigung des Rührwerks zu öffnen und das Schlammwasser abzulassen.

Das Kiesfilter hat eine 40 cm hohe Quarz-Kiesschicht.

Der Kies muß sauber gewaschen und gesiebt in das Filter eingebracht werden.

Indem das vom Klärbehälter B kommende Wasser die Kiesschicht von oben nach unten durchdringt, lagert sich Schlamm auf der Kiesschicht ab, wobei nach und nach die Höhe der Schlammschicht sich vergrößert. Die Folge davon ist, daß die Leistung des Filters nach längerem Gebrauch nachläßt, oder auch ein Trüblaufen erfolgt.

Um dieses zu vermeiden, muß das Filter je nach Bedarf, aber mindestens jeden Tag einmal ausgewaschen werden.

Beim Auswaschen des Kiesfilters verfahre man folgendermaßen. Zuerst schließe man das Reinwasserabschlußventil r, öffne das Schlammventil v und dann den Hahn der Auswaschleitung x. Nachdem sich durch kräftiges Rückspülen des Rohwassers die Kiesschicht gelockert hat, wobei diese von unten nach oben durchdrungen wird, setze man das Rührwerk in Bewegung. Hierdurch wird der gesamte Kies aufgewirbelt, der Schlamm aufgewühlt und läuft durch das Schlammventil V in den Kanal.

In ca. 5 Minuten fließt nur noch klares Wasser ab, ein Zeichen, daß die Auswaschung beendet ist.

Es ist darauf zu achten, daß kein Kies beim Auswaschen herausgespült wird, in diesem Falle ist der Hahn x der Auswaschleitung zu drosseln.

Ist die Auswaschung beendet, so schließt man den Hahn x der Auswaschleitung und das Schlammventil V, öffnet den Trüblaufhahn T und setzt den Wasserreiniger in Betrieb.

Tritt klares Wasser aus dem Trüblaufhahn T, so schließe man diesen und öffne den Reinwasserabfluß r, hierdurch ist das Filter bzw. der gesamte Apparat wieder in normale Tätigkeit gesetzt.

Wasserreinigungsapparate, deren Konstruktion den vorbeschriebenen sehr ähnlich sind und dem gleichen Zwecke dienen, werden von den Firmen:

    Halvor Breda G. m. b. H., Berlin-Charlottenburg,

    Schumann & Co., Leipzig-Plagwitz,

    Wwe. Joh. Schumacher, Köln,

    Maschinenbau-Anstalt Humboldt, Köln-Kalk,

    P. Kyll, Köln a. Rh., u. a. m.

hergestellt.

Während die vorbeschriebenen Wasserreinigungs-Apparate sämtlich nach dem Kalk-Soda-Verfahren arbeiten und sich nur in der Konstruktion einzelner Teile voneinander unterscheiden, ist das von der Firma

Permutit-Filter Co. Berlin, nach dem Patent von Prof. Dr. Gans ausgeführte Permutit-Wasserreinigungsverfahren auf anderen Grundlagen aufgebaut. Das gen. Verfahren, welches in erster Linie ebenfalls die Enthärtung von Wasser bezweckt, beruht darauf, daß gewisse künstlich hergestellte Zeolithe d. h. basische Aluminiumsilikate, die von genannter Firma unter dem Namen „Permutit" fabriziert werden, die Fähigkeit besitzen, ihre basischen Bestandteile gegen andere umzutauschen, so daß beim Filtrieren harten Wassers durch Natriumpermutit ein Austausch des härtebildenden Kalks und der Magnesia durch Natron stattfindet. Das Filtrat enthält alsdann die entsprechenden Mengen von doppelkohlensaurem und schwefelsaurem Natron, hat also seine Härte verloren.

Die Enthärtung von Wasser nach dem Permutit-Verfahren erhellt am deutlichsten aus folgendem Schema:

Die im Wasser gelösten Härtebildner	bei der Filtration über	bindet sich das Permutit zu	das gereinigte Wasser enthält
$Ca(HCO_3)_2$ doppelt kohlens. Kalk	$P-Na_2$ Natrium—Permutit	$P-Ca$ Permutit—Kalk	$2\,(Na\,HCO_3)$ doppelt kohlens. Natrium
$Mg(HCO_3)_2$ doppelt kohlens. Magnesia	$P-Na_2$	$P-Mg$ Permutit—Magnesium	$2\,(Na\,HCO_3)$ doppelt kohlens. Natrium
$CaSO_4$ schwefels. Kalk	$P-Na_2$	$P-Ca$	$+\ Na_2SO_4$ Glaubersalz

Wenn Permutit seinen gesamten Natrongehalt durch die Kalk- und Magnesiumverbindungen des Wassers ausgetauscht hat und nicht mehr enthärtet, wird es durch Überleiten einer Kochsalzlösung wieder in Natriumpermutit zurückverwandelt und ist dann wieder gebrauchsfähig. Die Regeneration des erschöpften Filtermaterials mittels Kochsalz ist aus folgender Gleichung ersichtlich

$$P - Ca(Mg) + 2\,NaCl = P - Na_2 + CaCl_2(MgCl_2)$$

Kochsalz   Chlorkalzium
fließt während
der Regeneration
v. Filter ab.

Eine zu sparsame Verwendung von Salz für die Regeneration ist jedoch nicht angebracht und beeinträchtigt nur die Leistungsfähigkeit des Filters. Da überdies das zur Regeneration verwendete Kochsalz mehr oder minder mit Kalk oder Magnesia verunreinigt ist und andererseits Kalk wesentlich leichter vom Permutit aufgenommen wird als Natrium, so folgt daraus, daß für die Regeneration wesentlich mehr Kochsalz erforderlich ist, als obiger Gleichung entspricht. Man wird daher gut tun, je nach dem Härtegrad des Wassers 6—8 mal soviel Kochsalz zu

verwenden als CaO vom Permutit gebunden worden ist. Außerdem wird es
sich empfehlen, alle 3—4 Wochen einmal das Doppelte des oben berechneten Quantums Salz zur Regeneration zu verwenden. Die geringen
Unkosten werden hierbei aufgewogen durch die erhöhte Leistungsfähig-

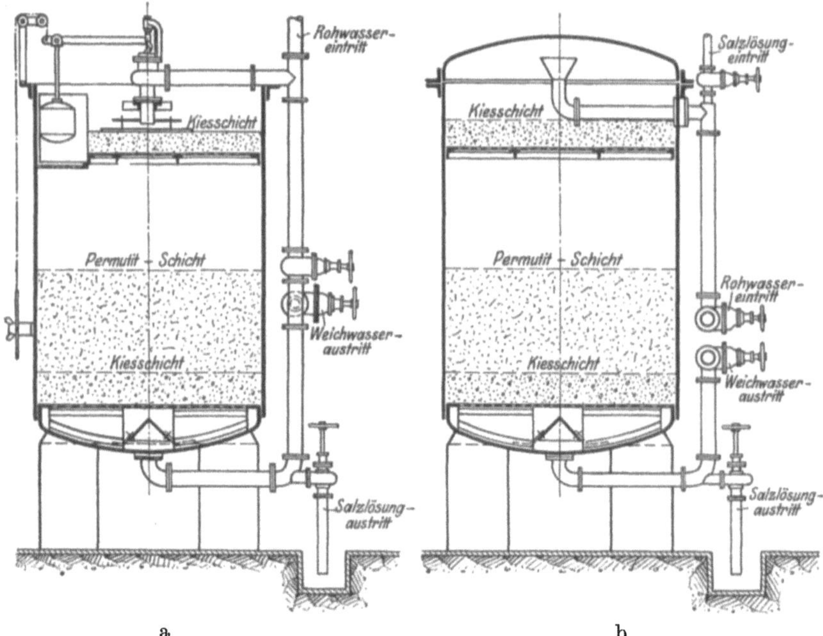

Fig. 21 a, b. Permutit-Filterapparate.

keit des Filters. Die Regenerationsfähigkeit des Permutits ist unbe-
grenzt, da dasselbe an das Wasser keine löslichen Bestandteile abgibt
und sich an dem ganzen Austauschprozeß nur vermittelst seiner Basen-
radikale beteiligt. Ein mechanischer Verschleiß des Permutits findet
lediglich durch Rückspülung statt, dürfte aber 5 % im Jahre selbst bei
starker Inanspruchnahme des Filters nicht übersteigen.

Die Konstruktion der Permutitfilterapparate ist durch nebenstehende Figuren 21 illustriert, von denen a eine offene Konstruktion
mit oberem Schwimmventil, b eine geschlossene Konstruktion darstellt.

Da das Permutit nicht nur oberflächlich, sondern infolge seiner
Porosität auch durch das Korn hindurch seine Wirkung ausübt, so sind,
um eine Verschlammung des Permutits zu vermeiden, im oberen Teil
der Apparate Kiesfilter angeordnet, welche die mechanischen Verunreinigungen des Wassers absorbieren; das Wasser gelangt sodann in die
in der Mitte der Apparate eingelagerte Permutitschicht und passiert zu-
letzt im unteren Teile der Apparate nochmals eine Kiesschicht, um

völlig klar filtriert zu werden. Die verschiedenen Filtrationsschichten sind auf Siebe aufgelagert und durch diese von einander getrennt.

Die Filtration des Wassers von oben nach unten durch die Permutitschicht hat sich erfahrungsgemäß besser bewährt als die in umgekehrter Richtung von unten nach oben.

Behufs Füllung eines Apparates schließt man ihn zunächst an die betreffende Wasserleitung an, hierauf schüttet man auf den unteren Siebboden eine Kiesschicht von ca. 30 cm und breitet diese gleichmäßig aus. Nunmehr läßt man langsam, und zwar von unten nach oben, Wasser ins Filter eintreten und schüttet in dem Maße als das Wasser hochsteigt, das vorgesehene Quantum Permutit ins Filter. Ist alles eingefüllt, so wird kräftig von unten nach oben so lange gespült, bis das Spülwasser annähernd klar abläuft. Dadurch wird Schmutz und Staub aus dem Filter entfernt und zu gleicher Zeit eine gleichmäßige Schichtung des Materials erzielt. Erst nach erfolgter Klarspülung der Filtermasse kann die Filtration und Reinigung des Wassers von oben her durch den Apparat beginnen.

Die Filtrationsgeschwindigkeit anlangend sei erwähnt, daß je langsamer das Wasser durch die Permutitmasse fließt, um so besser der Austausch stattfinden wird. Praktisch haben sich Geschwindigkeiten von 3—4 cbm in der Stunde als am geeignetsten erwiesen, um bei verhältnismäßig niedrigen Schichthöhen gute Resultate zu erzielen.

Nach erfolgter Erschöpfung des Filters, d. h. sobald in dem abfließenden Wasser durch Ammonoxalat bzw. Seifenlösung wieder Härte nachzuweisen ist, muß das Filtermaterial regeneriert werden.

Bevor man jedoch die Regeneration mittels Salzlösung vornimmt, ist es notwendig, durch kräftiges Spülen von unten nach oben die Filtermasse zu lockern. Es empfiehlt sich sowohl für die Spülung wie für die Regeneration weiches Wasser zu verwenden.

Das die Salzlösung enthaltende Bassin befindet sich oberhalb des Apparates, damit die Salzlösung dem Filter zufließen kann.

Die Regeneration erfolgt am besten über Nacht, verläuft automatisch und ohne besondere Aufsicht.

Ein weiteres Verwendungsgebiet der Zeolithe, bei welchem diese nicht direkt zur Geltung gelangen, sondern nur indirekt, als Zwischenträger bestimmter Reaktionen eine wichtige Rolle spielen, ist die Enteisenung des Wassers.

Genau wie die Härtebildner wird auch das Eisen durch Austausch aus dem Wasser entfernt.

Hierbei ist aber zu berücksichtigen, daß unter dem Einfluß des Luftsauerstoffes das Eisen allmählich oxydiert wird und in unlöslicher Form im Filtermaterial selbst zur Ausscheidung gelangen kann. Um dieser Unannehmlichkeit zu entgehen, wurde eine andere Eigenschaft der Zeolithe zur Entfernung des Eisens und Mangans in Anwendung gebracht. Filtriert man beispielsweise über einen beliebigen Zeolith die wässerige Lösung eines Mangansalzes, so entsteht durch Wechselwirkung ein Manganzeolith, der in seiner äußeren Beschaffenheit sich von dem ursprünglichen Zeolith nicht unterscheidet. Filtriert man aber über einen solchen Zeolith eine verdünnte Permanganatlösung, so wird das Permanganat sofort vom Zeolith aufgenommen. Unter Austausch der Basen und Oxydation des Manganelementes entsteht ein sauerstoffreiches Produkt, das in Gegenwart von reduzierenden Stoffen seinen Sauerstoffgehalt leicht abgibt. Durch wiederholte Reduktion und Wiederoxydation kann man in dieser Weise große Mengen Sauerstoff im Filter aufspeichern und zur Entfernung von Eisen- und Manganverbindungen aus dem Wasser verwerten.

Dasselbe Gesetz der Massenwirkung, das bei der Enthärtung die vollständige Entfernung der Härtebildner infolge eines enormen Überschusses an Fällungsmaterial gestattet, diktiert auch den Enteisenungsvorgang.

Das Eisen scheidet sich hierbei, wie schon erwähnt, in unlöslicher Form aus, durchsetzt die Filterschicht und muß von Zeit zu Zeit durch eine kräftige Rückspülung aus dem Filter entfernt werden.

Die Regeneration der erschöpften Filtermasse kann vermittelst Kalium bzw. Kalziumpermanganatlösung erfolgen.

Fig. 22 zeigt ein Permutit-Enteisenungsfilter mit Rührwerk zwecks Entfernung des im Manganpermutit abgeschiedenen Eisenschlammes. Die Arbeitsweise gestaltet sich wie bei Kiesfiltern, woselbst der Eisenschlamm ebenfalls durch Rührwerk und Rückspülung entfernt wird.

Überall da, wo es sich um möglichst vollständige Enteisenung stark eisenhaltigen Wassers handelt, wird die Aufstellung eines Manganpermutit-Filterapparates zu erwägen sein. Desgleichen wird sich eine derartige Anlage zur Vorbehandlung stark eisenhaltigen Wassers empfehlen, welches später behufs Enthärtung einen Permutit-Filterapparat passieren soll, um eine Verschlammung der Permutit-Filtermasse durch Eisensalze, die die Leistungsfähigkeit des Filters beeinträchtigen würde, zu vermeiden.

Die Verwendungsmöglichkeit des durch Permutit gereinigten Wassers für Kesselspeisung wie für Apparat-Bleiche und Färberei soll nachstehend noch etwas näher erörtert werden. Das Verfahren, besitzt unstreitig einige Vorteile gegenüber dem Kalk-Soda-Verfahren, und zwar sind einerseits die Einfachheit der Konstruktion der Apparate, ihre geringe Platzbeanspruchung und leichte Unterbringung, anderseits die Verwendung eines einheitlichen, die chemische Umsetzung der Härtebildner bewirkenden, ständig regenerierbaren Filtermaterials Eigenschaften, die zugunsten des Permutit-Reinigungs-Verfahrens sprechen.

Auch die Gewähr, selbst sehr hartes Wasser bereits in kaltem Zustand auf 0° enthärten zu können, verleiht dem Permutit-Verfahren eine gewisse Überlegenheit gegenüber dem Kalk-Soda-Verfahren, mit welchem eine vollkommene Enthärtung des Wassers nicht möglich ist. Endlich

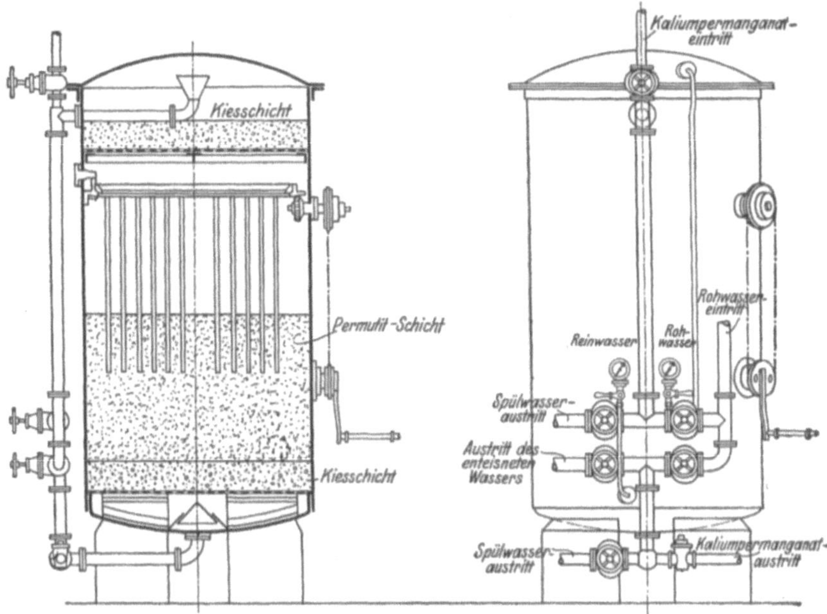

Fig. 22. Permutit-Enteisenungsfilter.

ist nicht ohne Belang speziell für Kesselspeisung, daß bei Anwendung des Kalk-Soda-Verfahrens Magnesium in geringerem Grade gefällt wird als Kalk. Infolgedessen besteht die im gereinigten Wasser verbleibende Härte zu $2/3$ aus Magnesiumsalzen, welche in Verbindung mit Gips harte Kesselsteinansätze bzw. Korrosionen hervorrufen. Speziell gilt letzteres für Magnesiumchlorid, durch dessen Zersetzung freie Salzsäure entsteht.

Bei der Permutation des Wassers ist dies ausgeschlossen, da ja sämtliche Härtebildner aus dem gereinigten Wasser entfernt sind.

In Betrieben, in denen die Enthärtung des Gebrauchswassers zur Kesselspeisung sich als notwendig erweist, dürfte daher die Anschaffung eines Permutit-Filter-Apparates gegenüber einer nach dem Kalk-Soda-Verfahren arbeitenden Anlage stets in Berücksichtigung zu ziehen sein.

Was nun die uns hier am meisten interessierende Verwendung permutierten Wassers für Apparat-Bleiche und Färberei anlangt, so möchte ich erläuternd noch folgendes bemerken.

Wie wir gesehen haben, wird die durch den Kalzium- bzw. Magnesiumbikarbonatgehalt bedingte temporäre Härte des Wassers, und zwar nur diese, in Natriumbikarbonat umgesetzt.

Durch Kochen wird bekanntlich das Natriumbikarbonat in Soda verwandelt, und da es speziell für die Zwecke der Bleicherei und Färberei von Wichtigkeit ist, den Soda- bzw. Bikarbonatgehalt des Wassers zu kennen, so sei diese Frage an einem Beispiele näher erläutert.

Angenommen, ein Wasser besitzt 10 deutsche temporäre Härtegrade, d. h. 100 g Kalziumoxyd in einem cbm. Da nun 1 Molekül $Ca(HCO_3)_2$ (Kalziumbikarbonat) $= 162$ Mol. Gew. zwei Moleküle $NaHCO_3$ (Natriumbikarbonat) d. h. $84 \times 2 = 168$ Teile liefert und die Molekulargewichte 162 und 168 annähernd gleich sind, so folgt hieraus, daß ebensoviel Natriumbikarbonat entsteht, wie Kalziumbikarbonat im Wasser ursprünglich vorhanden war. Nun entspricht 1 Mol. CaO (56 Mol. Gew.) $= 1$ Mol. $Ca(HCO_3)_2$ (162 Mol. Gew.), und da letzteres ein annähernd dreimal so großes Molekulargewicht besitzt als das erstere, so folgt daraus, daß man die durch eine beliebige Methode zu ermittelnde temporäre Härte des Wassers nur mit 3 zu multiplizieren braucht, um den Natriumbikarbonatgehalt des permutierten Wassers zu ermitteln.

In dem oben erwähnten Beispiele würden somit 100 g CaO 300 g Natriumbikarbonat entsprechen.

Aus der Gleichung:

$$\frac{Na_2CO_3}{2\,(NaHCO_3)} = \frac{106}{168} = 0{,}63$$

folgt, daß man den gefundenen Wert für Natriumbikarbonat mit 0,63 zu multiplizieren hat, um den durch Kochen des Wassers aus dem Bikarbonat entstehenden Sodagehalt genau zu ermitteln.

Die oben erwähnten 300 g Natriumbikarbonat würden also $300 \times 0{,}63$ g $= 189$ g Soda liefern. Aus der Formel: Temp. Härte mal $3 \times 0{,}63 =$ Sodagehalt läßt sich somit die sich bildende Sodamenge pro cbm ohne weiteres leicht berechnen. In Prozenten ausgedrückt, würde somit ein Wasser von 10 deutschen temporären Härtegraden nach der Permutation 0,0189 % Soda enthalten. Es folgt hieraus der wichtige Schluß, daß der bei der Permutation eines Wassers entstehende Soda- bzw. Bikarbonatgehalt eine konstante Größe ist, abhängig nur von der temporären Härte des Wassers.

Die mit steigender temporärer Härte zunehmende Alkalität des durch Permutit gereinigten Wassers ist für die Apparat-Bleiche der Baumwolle ohne Bedeutung; sie ist ferner ohne Belang beim Färben solcher substantiven Baumwollfarbstoffe, die sich mit Soda färben lassen, sofern die jeweilig zulässige Grenze der Alkalität nicht überschritten wird, und sie ist gänzlich ohne Nachteil beim Färben mit

Schwefel und Küpenfarbstoffen, die ja bekanntlich in stark alkalischen Bädern gefärbt werden müssen.

Dagegen wird es sich empfehlen, beim Färben der Baumwolle mit basischen Farbstoffen, sowie speziell beim Färben der Wolle mit Farbstoffen, die in saueren Bädern, seien es schwefelsaure oder essigsaure Bäder, gefärbt werden, das enthärtete Wasser bis zur neutralen Reaktion anzusäuern, ehe man es in Benutzung nimmt.

Die Sulfathärte, also die bleibende Härte des Wassers, wird durch die Filtration über Permutit bekanntlich in Natriumsulfat umgewandelt. Da aber Glaubersalz in fast allen Farbbädern zur Verwendung kommt und auch in dem geringen im gereinigten Wasser enthaltenen Prozentsatz auf den Bleichprozeß der Baumwolle kaum einen nachteiligen Einfluß auszuüben imstande ist, so folgt daraus, daß Wässer von großer bleibender und geringer temporärer Härte, also sehr gipsreiche Wässer, durch die Reinigung über Permutit eine besonders gute Eignung für Färberei und Bleicherei auf Apparaten erlangen.

Unstreitig ist die Beschaffung geeigneten Wassers in genügender Menge eine der wichtigsten Fragen, welche gelöst werden sollte, bevor man an die Anlage einer Apparatfärberei herantritt. Sie ist die notwendige Vorbedingung zur Erzielung einwandfreier Färbungen, und ihre Nichtbeachtung zeitigt sehr oft die unliebsamsten Überraschungen beim Färben auf Apparaten.

Nicht selten geht mit der Lösung dieser Frage die der Verhütung des Kesselsteinansatzes in Dampfkesseln Hand in Hand. Ich möchte daher nicht unterlassen, an dieser Stelle kurz auf die Vorteile hinzuweisen, die die Verwendung gereinigten weichen Wassers für den Dampfkesselbetrieb mit sich bringt. Diese Vorteile bestehen in der Hauptsache:

1. im Wegfall der zeitraubenden und häufigen Kesselreinigung, die fester Steinansatz bedingt, denn mit gut gereinigtem Wasser gespeist, brauchen die Dampfkessel nur ein- bis zweimal im Jahre geöffnet zu werden, und es genügt dann, sie mittels eines Wasserstrahles auszuspülen, um die vorhandenen geringen Schlammengen zu entfernen;

2. in besserer Ausnutzung der Betriebskraft, die naturgemäß durch häufiges Stilliegen der Kessel während der Reinigung vermindert wird; in vielen Anlagen kann ein Reservekessel gespart werden;

3. in Kohlenersparnis, welche dadurch erzielt wird, daß die Heizfläche rein bleibt und der Wärmedurchgang nicht erschwert wird. Kesselstein und Schlamm sind bekanntlich schlechte Wärmeleiter, deren Vorhandensein das Kohlenkonto stark belastet. Schlamm und Schaum im Kesselwasser verursachen außerdem Dampfnässe und vermindern die Arbeitsleistung der Dampfmaschine. Diese Übelstände sind bei Speisung mit reinem Wasser ausgeschlossen;

4. in Verringerung der Kesselreparaturen, denn bei kesselsteinbelegten Heizflächen wird die Kesselwandung übermäßig erhitzt und es entstehen Spannungen, denen die Festigkeit der Nieten und der Bleche oft nicht gewachsen ist. Hierdurch werden Undichtigkeiten, Beulen in den Feuerplatten und erfahrungsgemäß die meisten Kesselexplosionen verursacht. Werden die Kessel dagegen mit gereinigtem Wasser gespeist, so erfahren die Wandungen nur die normale Beanspruchung, der sie auf die Dauer gewachsen sind, so daß ihre stete Betriebssicherheit gewährleistet ist. Hieraus ergibt sich von selbst eine erhöhte Lebensdauer der Kessel auf die doppelte bis dreifache Zeit.

Die Kosten der Wasserreinigung sind so gering, daß sie gegenüber den Vorteilen, die die Reinheit des Wassers mit sich bringt, gar nicht ins Gewicht fallen. Es läßt sich sogar in allen Fällen nachweisen, daß die Wasserreinigung mittels guter geeigneter Apparate durchaus rentabel ist, so daß die Anlagekosten in verhältnismäßig kurzer Zeit verdient werden.

Die richtige Auswahl der für das zu behandelnde Wasser passenden Chemikalien, ebenso die Feststellung der hierfür geeigneten Konstruktion des Apparates, wird immer Aufgabe des durch langjährige Erfahrung gebildeten Chemikers und Ingenieurs bleiben, da es kaum ein veränderlicheres Bild der Chemie und Ingenieurwissenschaft gibt als die Frage der Wasserreinigung.

Bei Anschaffung eines Wasserreinigungsapparates hüte man sich deshalb vor allen Konstruktionen, die ohne vorherige genaue wissenschaftliche Untersuchung des in Frage kommenden Wassers angeboten werden.

Für diesen Zweck gibt es keine sogenannten Normalapparate oder -mittel, sondern jeder Apparat muß genau den chemischen Eigenschaften des Wassers, namentlich auch seiner Klärfähigkeit, angepaßt werden, wenn mit demselben ein guter Erfolg erzielt werden soll. Ferner ziehe man nur Apparate in Frage, die mit absoluter Sicherheit automatisch wirken, d. h. solche, welche die anzuwendenden Chemikalien in stets richtiger, gleichbleibender Menge dem Wasser zuführen, und bei denen diese wichtige Aufgabe nicht durch unzuverlässige Organe geschieht, wodurch oft der ganze Erfolg illusorisch wird.

Es dürfte sich daher stets empfehlen, vor Anschaffung eines Wasserreinigungs-Apparates einen tüchtigen Wasseranalytiker mit der Untersuchung des in Frage kommenden Gebrauchswassers zu betrauen.

Desgleichen ist der ständigen Kontrolle des Gebrauchswassers die größte Aufmerksamkeit zu schenken, da in Abhängigkeit von den Niederschlagsmengen jedes natürliche Wasser mehr oder minder starken Veränderungen unterworfen ist. Es genügt daher nicht, durch einmalige Analyse die für die Reinigung des Wassers erforderlichen Mengen von

Reagentien festzustellen, es empfiehlt sich vielmehr, eine Analyse des öfteren vorzunehmen, und zwar zwecks Kontrolle der Zusammensetzung des Rohwassers sowohl, wie zur Orientierung über den Erfolg der Reinigung. Besonders in Betrieben, in welchen die Anlage einer Wasser-

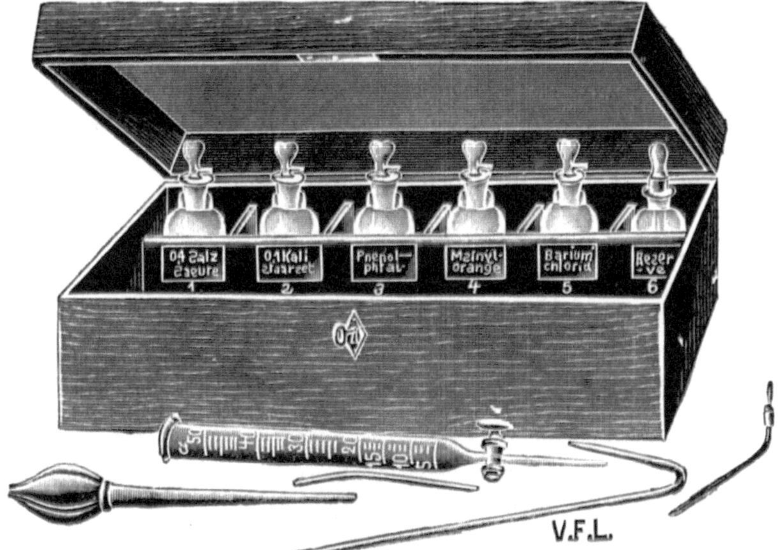

Fig. 23. Wasserprüfer nach Prof. Blacher.

reinigung im Interesse sowohl der Apparatfärberei wie der Speisung der Dampfkessel geboten erscheint, ist die Kontrolle sehr anzuraten, um sich dadurch einen klaren Einblick in die Art und den Umfang der vor sich gehenden Prozesse zu verschaffen und sich einerseits vor Störungen im Färbereibetrieb, andererseits vor Bildung von Kesselstein und damit zusammenhängender Explosionsgefahr oder doch schnellem Verschleiß der Kesselbleche und Packungen zu schützen. Ein der ständigen Kontrolle der Wasserreinigung dienender handlicher und praktischer Apparat ist von Prof. C. Blacher zusammengestellt worden und wird von den Vereinigten Fabriken für Laboratoriumsbedarf, Stützerbach i. Th., mit den nötigen Anleitungen versehen, in den Handel gebracht. Derselbe ist durch nebenstehende Abbildung Fig. 23 veranschaulicht und sei an dieser Stelle Interessenten empfohlen.

Zweiter Teil

Das Bleichen und Färben der Baumwolle auf Apparaten.

I. Die Apparatbleiche.

Das Bleichen von Baumwollmaterial wird teils als Selbstzweck, teils als Vorbehandlung für besonders helle Farben ausgeführt.

Das Bedürfnis nach Verbilligung der Gestehungskosten für gebleichtes Material hat in diesem mit der Färberei in engstem Zusammenhang stehenden Betriebszweig sehr bald den Wunsch rege werden lassen, Apparate zum Bleichen zu verwenden und dadurch an Arbeitslohn zu sparen. Da nun die verschiedenen Operationen zur Erzielung eines guten Bleicheffektes eine ziemlich lange Zeitdauer erfordern, so benutzt man, um die Produktion damit in Einklang zu bringen, Apparate von möglichst großem Fassungsraum. Es hat dies außerdem noch den Vorteil für sich, daß man große einheitliche Bleichpartien erhält.

Besonders gut eingeführt hat sich die Apparatbleiche in Feinspinnereien zum Bleichen amerikanischer Baumwolle und aus dieser hergestellten Kardenbänder. Für genanntes Material ist neben der Erzielung eines schönen reinen Weiß die Erhaltung guter Spinnfähigkeit Haupterfordernis, es darf daher durch den Bleichprozeß nicht angegriffen werden. Diese beiden Bedingungen werden durch die Apparatbleiche in bester Weise erfüllt.

Die Vorteile der Apparatbleiche sind aber auch auf anderen Gebieten ausgenutzt worden, so zum Bleichen von Verbandwatte, Baumwollabfällen der verschiedensten Art, Stranggarn, Cops, Kreuzspulen und Kettbäumen.

Die vorzunehmenden Bleichoperationen setzen sich bekanntlich zusammen aus dem Abkochen mit Alkalien, der Behandlung mit bleichenden Agentien (in der Hauptsache wird Chlorkalk oder Chlorsoda hierfür verwendet) und dem Absäuern. Zwischen und nach diesen Operationen muß das Bleichgut jedesmal gut gespült werden. Der gute Ausfall der Bleiche hängt in erster Linie von der Bearbeitung des Bleichgutes während des Kochprozesses ab; daher wählt man, besonders wenn es sich um loses Material handelt, welches in nassem Zustand ungemein fest zusammensinkt, mit Vorteil solche Apparate, die infolge ihrer Konstruktion ein rasches und gleichmäßiges Durchdringen der Abkochflotte durch das eingepackte Material ermöglichen.

Ein Apparat, welcher sich in dieser Beziehung recht gut bewährt, ist der doppelwandige Sektions-Bleich-Kochkessel der Firma Fr. Gebauer, Berlin. Fig. 24 zeigt die äußere Gestaltung

Fig. 24. Sektions-Bleichkochkessel, System Gebauer.

des Apparates. Dieser besitzt durch Verwendung eines perforierten verzinnten Innenmantels einen mit Lauge gefüllten, das Bleichgut vollkommen umgebenden Raum, der durch zweckmäßig angebrachte Ringsegmente in verschiedene Abteilungen (Sektionen) geteilt ist. Ein perforiertes Absaugerohr und ein perforierter Siebboden vervollständigen die innere Einrichtung des Kessels. Das Absaugerohr ist direkt mit einer stark wirkenden Präzisions-Räder-Pumpe verbunden, welche die Lauge zwingt, von der Peripherie des Kessels horizontal das Bleichgut nach der Mitte zu durchdringen. Diese horizontale Zirkulation der Lauge ist außerordentlich intensiv, da sowohl die Angriffsfläche der Lauge auf das Bleichgut eine bedeutend größere, wie auch der Weg bei horizontaler Zirkulation ein weit kürzerer als bei vertikaler ist. Hieraus resultiert eine bedeutende Abkürzung der Kochdauer.

Fig. 25. Hochdruckkochkessel mit äußerer Flüssigkeitszirkulation,
System Pornitz.

Infolge der kräftigen Zirkulation ist auch eine schnelle und vollkommene Entlüftung möglich, da durch die große Zirkulationsoberfläche die Luft leicht und schnell entweichen kann. Die Entlüftung selbst geht ohne jede Komplikation vor sich. Besonderer Wert ist auf die Ausführung der zur Erzielung der Zirkulation dienenden Präzisions-Räder-Pumpe gelegt. Ferner ist zwischen Pumpe und Kochkessel ein Flottenüberhitzer (Röhrenvorwärmer) eingebaut, in dem die vermittelst der Pumpe zugeführte Lauge gleichmäßig durch indirekten Dampf erhitzt wird.

Fig. 26. Hochdruckkochkessel mit äußerer Flüssigkeitszirkulation, Pumpe und Vorwärmer; U. Pornitz & Co., Chemnitz.

Diese Anordnung ermöglicht es, die Konzentration der Lauge während der Dauer des Kochprozesses konstant zu erhalten. Um das Bleichgut dem Kessel bequem zuführen zu können, ist dieser mit einem Mannloch von möglichst großem Durchmesser versehen, dessen Deckel zur leichten Bedienung in Scharnieren drehbar angebracht ist.

Dem gleichen Zweck, das Material für den eigentlichen Bleich-prozeß vorzubereiten, dienen die Hochdruckkochkessel der Firma U. Pornitz & Co., Chemnitz. Fig. 25 stellt einen Auskochkessel dieser Firma mit innerer Flüssigkeitszirkulation dar. In diesem steigt die Flotte, welche durch die am Boden des Apparates liegende Dampfschlange zum Kochen gebracht wird, durch ein in der Mitte befindliches Rohr in die Höhe und übergießt die Ware gleichmäßig. Der Dampf wirkt durch eine geschlossene Schlange erwärmend auf die Lauge, gibt also seine Wärme lediglich durch Strahlung an die Kochflüssigkeit ab. Es wird hierdurch vermieden, daß sich die Kochlauge infolge Kondensates ver-dünnt, Das in der Schlange kondensierende Wasser wird durch den Kondenswasserableiter entfernt. Die Ausführung Fig. 25 empfiehlt sich besonders für Stranggarn, Kreuzspulen, lose Baumwolle, Baumwollab-fälle usw., und werden diese Kessel in allen Größen von 100—1200 Kilo Fassung ausgeführt.

Der Verschluß des Deckels wird durch äußerst stabile Klauenschrau-ben bewirkt. Die Kessel bis 300 kg Inhalt werden mit Deckel, im Scharnier drehbar, eingerichtet und letztere durch Gegengewicht ausbalanziert. Die größeren Kesel werden meistens mit Kran gebaut, wie die Abbildung zeigt, können aber auch den Deckel im Scharnier drehbar erhalten, nur tritt dann an Stelle des bei kleinen Kesseln üblichen Gegengewichtes eine an der Wand befestigte Winde zum Hochheben des Deckels.

Fig. 26 zeigt einen Kochkessel der gleichen Firma mit äußerer Flüssigkeitszirkulation und nebenstehendem Vorwärmer für die Lauge. Eine Zentrifugal- oder rotierende Pumpe sorgt für die Zirkulation der Flotte durch das Material. Die Pumpe kann für Vor- und Rückwärtsgang eingerichtet werden, so daß die Laugenzirkulation abwechselnd in zwei Richtungen erfolgen muß. Der Vorwärmer ist mit einem Rohrsystem zur indirekten Erwärmung der Kochlauge ausgerüstet.

Um die Kessel bequem beschicken zu können, ist am Deckel ein Mannloch in entsprechender Größe vorgesehen, um bequem in den Kessel gelangen zu können. Der Deckel des Mannloches wird durch Klapp-schrauben hermetisch verschlossen, und ist der Kessel mit kompletter Armatur ausgerüstet. Diese Kessel werden hauptsächlich in den Größen über 1000 kg Fassung ausgeführt.

Fig. 27 veranschaulicht einen Kochkessel derselben Firma mit innerer Flüssigkeitszirkulation, welche durch eine Rotationspumpe her-vorgebracht wird, und ist der Kessel außerdem mit einer geschlossenen Heizschlange unter dem Siebboden versehen. Die Anordnung der Koch-schlange unter dem Siebboden hat dem Vorwärmer gegenüber den Vor-zug, daß keine Wärmeverluste eintreten können, wie durch den Mantel des Vorwärmers. Der Kochkessel kann sowohl für loses Material als auch für Stranggarn, Kreuzspulen usw. verwendet werden; die gangbarsten Größen werden für 600—1500 kg Fassung konstruiert. Zum Hochheben des Deckels können die gleichen Vorrichtungen getroffen werden, die bei dem Kessel laut Fig. 25 anwendbar sind.

Hochdruckkessel nach demselben Prinzip und für den gleichen Zweck wie die vorerwähnten werden auch von der Firma C. G. Haubold jr,

Fig. 27. Hochdruckkochkessel mit innerer Flüssigkeitszirkulation, Pumpe und Dampfschlange unter dem Siebboden. U. Pornitz & Co., Chemnitz.

G. m. b. H. in Chemnitz hergestellt, die ich an dieser Stelle nicht unerwähnt lassen möchte und wenigstens durch einige Abbildungen veranschaulichen will. So zeigt beispielsweise Fig. 28 einen Hochdruckkochkessel dieser Firma mit innerer Flottenzirkulation durch Dampfinjektor nebst Heizschlange, während Fig. 29 einen Hochdruckkochkessel der gleichen Firma mit innerer Flottenzirkulation durch Pumpe sowie indirekter Flottenheizung mittels Heizschlange veranschaulicht.

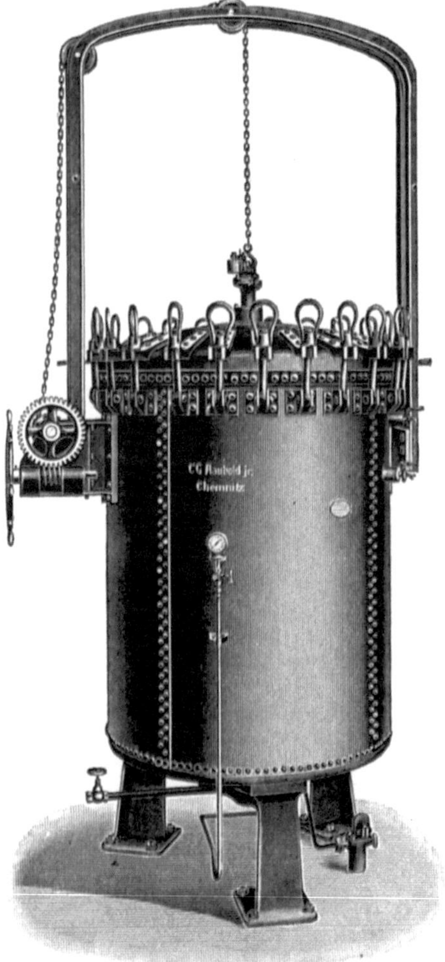

Fig. 28. Hochdruckkessel. C. G. Haubold jr., G. m. b. H., Chemnitz.

Die Beschickung und Inbetriebsetzung all dieser Auskochapparate wird derart vorgenommen, daß man die lose Baumwolle, wie diese aus den Ballen kommt, nur mit Hand etwas aufgerissen in den Kochkessel einpackt; Stranggarn und Kreuzspulen werden gleichmäßig verteilt fest eingeschichtet.

Die zum Abkochen nötige Lauge setzt man zweckmäßig in einem eisernen, höher stehenden Behälter an und läßt sie nach erfolgtem Einpacken des Materials in den Kochkessel einströmen. Nachdem die Luft aus dem Apparat und dem Material vollständig verdrängt ist und die Laugenflüssigkeit das Material mindestens um Handbreite überdeckt, schließt man den Deckel des Kessels luftdicht ab und kocht während vier bis sechs Stunden unter Druck von 2—2,5 Atm., wobei die Lauge durch das Material zirkuliert.

Für die Zusammensetzung der Abkochbäder lassen sich für alle Fälle gültige, ziffernmäßige Verhältnisse nicht angeben. Die Konsistenz dieser Bäder richtet sich nach der Beschaffenheit des zu bleichenden Materials und nach dem gewünschten Bleicheffekt. Der alte Grundsatz der Bleicher: „gut gekocht ist halb gebleicht" hat jedenfalls seine volle Berechtigung. Zum Lockern der Schalen sowie zum Lösen des Baumwollharzes und anderer dem Material anhaftender Fremdkörper und Verunreinigungen benutzt man ein Abkochbad, welches 3—5% kalz. Soda

Fig. 29. Hochdruckkochkessel. C. G. Haubold jr., G. m. b. H., Chemnitz.

oder 2—3% Ätznatron vom Gewicht der Ware gut gelöst enthält. Für besonders unreines Material empfiehlt sich ein zweimaliges Abkochen.

4*

Unmittelbar nach Beendigung des Kochprozesses muß gut gespült werden, und zwar läßt man zweckmäßig schon Spülwasser zulaufen, wenn man den Ablaßhahn des Abkochkessels öffnet, so daß das Material ständig von Flüssigkeit bedeckt ist, damit sich durch Einwirkung der Luft auf das mit Alkalien getränkte Material keine Oxyzellulose bilden kann.

Nachdem durch intensives Spülen das Alkali aus dem Material entfernt ist, wird dieses aus den Kochkesseln herausgenommen und zwecks weiterer Bleichbehandlung in geeignete Bleichapparate gebracht, von welchen einige typische Konstruktionen nachstehend beschrieben seien:

Die Sektionsbleichkufe Pat. Fried. Gebauer besteht aus einem hölzernen Bassin, das mit starkem Bleimantel ausgeschlagen ist und in dem sich ein innerer, perforierter Mantel mit Sektionseinteilung, sowie ein zentrales, perforiertes Absaugerohr befindet. Ferner ist ein perforierter Siebboden vorgesehen; es wird hier, wie im Sektions-Bleichkochkessel Pat. Fried. Gebauer, eine energische, horizontale und vollkommen gleichmäßige Zirkulation durch eine kräftig wirkende Zentrifugalpumpe aus Phosphorbronze bewirkt. Das in die Bleichkufe eingelegte Bleichgut wird, ohne daß irgendein Umpacken deshalb notwendig ist, nacheinander der Wirkung der

Fig. 30. Sektionsbleichkufe Pat. Fried. Gebauer.

Chlor- und Säurelösung unterzogen und einer energischen Spülung unterworfen. Sämtliche Rohrleitungen und Armaturen bestehen aus Hartblei, die Zentrifugalpumpe aus Phosphorbronze. Der Wechsel der einzelnen Manipulationen wird durch einfaches Umstellen von Hähnen, die in die Rohrleitung eingeschaltet sind, hergestellt.

Die Firma U. Pornitz & Co., Chemnitz, baut einen hermetisch verschließbaren Bleichapparat, in welchem die Zirkulation der Bleich- und Säurebäder mittels Evakuierung des Apparates bewirkt wird.

Die Gesamtanlage besteht in der Hauptsache aus dem hermetisch mittels Gummidichtung verschließbaren Vakuumkessel (dessen Größe sich nach dem zu bleichenden Materialquantum richtet) und einer Ventilluftpumpe, welche dem Kessel die Luft entzieht. Infolge dieser Evakuierung werden die Bleichflüssigkeiten nach Öffnen eines Ventils aus den unterhalb des Apparates liegenden Zisternen in den Bleich-

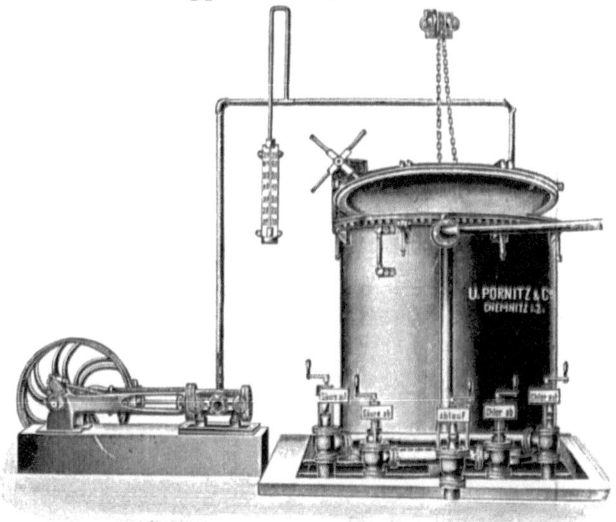

Fig. 31. Vakuum-Bleich-Apparat, System Pornitz.

kessel gehoben. Die Luftpumpe enthält je nach Wunsch direkt gekuppelten Motor, Riemenantrieb, oder wird als Dampfpumpe ausgebildet.

Die nach diesem System vorzunehmende Arbeitsweise ist ungefähr folgende.

Zunächst bringt man das gut ausgekochte Material in den Kessel, welcher aus einem starken, eisernen Zylinder besteht und im Innern, um die eiserne Kesselwandung gegen den Einfluß der Chemikalien zu schützen, mit einem starken Bleiausschlag versehen ist. Letzterer wird durch eine Holzbekleidung vor mechanischen Beschädigungen bewahrt, auch wird durch den Holzmantel vermieden, daß das Bleichgut in direkte Berührung mit dem Blei kommt.

Nachdem der Apparat mit dem Material gefüllt und der Kessel fest geschlossen ist, tritt die Luftpumpe in Funktion. Die sich bildende Luftleere wird durch ein Quecksilber-Vakuummeter angezeigt.

Durch die in die Verbindungsleitungen zwischen Zisternen und Apparat eingeschalteten Ventile, welche aus einer säurebeständigen Komposition bestehen, wird nacheinander Chlor, dann Spülwasser, Säure und wieder Wasser in den Apparat gehoben und gleichmäßig über das zu bleichende Material verteilt. Chlor und Säure können nach Gebrauch in die betreffenden Zisternen zurückgelassen und verstärkt für die nächste Operation verwendet werden.

Durch ein öfteres Einsaugen und Wiederablassen der Bleichflüsigkeiten wird bewirkt, daß die in der Bleichflotte enthaltenen Chemikalien gründlich und vollständig ausgenutzt werden, sowie daß das Bleichgut in allen seinen Teilen von der Flüssigkeit intensiv durchdrungen wird.

Fig. 32. Bleichapparat mit Flottenlauf nach zwei Richtungen.
C. G. Haubold jr., Chemnitz.

Von der Firma C. G. Haubold jr., Chemnitz, wird ein Bleichapparat Fig. 32 empfohlen, dessen Flottenzirkulation mittels Zentrifugalpumpe bewirkt wird und ein Wechseln des Flottenkreislaufes durch Umschalten eines in die Flottenleitung eingebauten Vierweghahnes gestattet.

Das Umpacken des Materials zwischen dem Abkochen und der Behandlung mit Bleichflüssigkeit ist vielfach als lästig und zeitraubend empfunden worden, obwohl ein besonders der Bleiche der losen Baumwolle sehr förderliches Auflockern des Materials damit verbunden ist. Man hat daher den Versuch gemacht, eiserne, verbleite Apparate zu verwenden, in welchen einschließlich des Abkochens unter Druck sämtliche Bleichoperationen ausgeführt werden können, ohne das Material herauszunehmen. Nun ist zwar Blei sehr widerstandsfähig sowohl gegen Alkalien wie gegen Säuren. Die Verbleiung eiserner Bleichapparate bewährt sich daher ausgezeichnet da, wo nur das Chloren und Säuren des Bleichgutes im Apparat vorgenommen, also nur mit kalten Flüssigkeiten gearbeitet wird. Anders verhält sich die Sache jedoch, wenn das Material in dem gleichen Apparat auch abgekocht werden soll. Die alkalische Abkochflotte an sich übt zwar keine schädigende Wirkung auf die Verbleiung aus, dagegen bewirkt die Erhitzung beim Abkochen und die darauf folgende Abkülung beim Spülen eine wechselnde Ausdehnung und Zusammenziehung der Metalle. Da aber der Ausdehnungskoeffizient von Eisen und Blei sehr verschieden ist, so ist die Folge davon, daß die Verbleiung mit der Zeit Risse bekommt und ihren Zweck, das Eisen vor dem Roste zu schützen, nicht mehr erfüllt, was dann zu Rostfleckenbildung im Material Veranlassung gibt.

Besser als eiserne verbleite Apparate haben sich für den genannten Zweck, alle Bleichoperationen einschließlich des Abkochens ohne Umpacken auszuführen, solche aus Pitchpineholz bewährt; allerdings muß auf ein Abkochen des Materials unter Druck in diesen Apparaten verzichtet werden. Der auch für diese Apparate angeordnete verschließbare eiserne Deckel dient lediglich dazu, das Abkühlen der Auskochflotte zu verhindern und die Brasenbildung in den Bleichräumen zu vermeiden.

Apparate dieser Art zum Bleichen loser Baumwolle und Kardenband mit großer Produktionsmöglichkeit werden von der Firma H. Krantz in Aachen gebaut. Die Zirkulation der Chlor-, Säure- und Spülbäder wird mittels Pumpe bewirkt, und zwar werden die Flüssigkeiten, um ein gleichmäßiges und vollständiges Durchdringen zu ermöglichen, in wechselndem Kreislauf durch das Material gedrückt und gesaugt. Um dem Druck der Flotte genügenden Widerstand leisten zu können, sind die Apparate von außen mit Eisen stark armiert. Fig. 33 veranschaulicht eine solche Bleichanlage.

Der Bleichbehälter kann für eine Fassung von 250, 500 und 1000 kg hergestellt werden. Wenn der Bleichapparat nur mit einem Behälter geliefert wird, dann wird die Pumpe und die Rohrleitung so vorgesehen, daß jederzeit ein zweiter Behälter angeschlossen werden kann, wodurch die Leistung eines Bleichapparates um das doppelte erhöht wird.

Das Material wird in den Bleichbehälter eingepackt und dann ohne Umpacken fertig gebleicht. Nach dem Einpacken wird das Material abgekocht, gespült, gechlort und wieder gespült, endlich gesäuert und fertig gespült bzw. gebläut, dann wird es aus-

Fig. 33. Bleichapparat mit wechselseitigem Flottenkreislauf, H. Krantz, Aachen.

gepackt. Der ganze Prozeß nimmt bei großen Bleichpartien zwei Tage in Anspruch, so daß also bei Anwendung eines Bleichbehälters dessen Fassung in zwei Tagen fertiggestellt wird. Bei Anwendung von zwei Bleichbehältern wird jeden Tag eine Behälterfassung fertig.

Bleichapparate der vorbeschriebenen Konstruktionen werden zumeist für lose Baumwolle angewendet. Ein Abkochen unter Druck empfiehlt sich besonders für Material, welches für die Zwecke der Streichgarn-, Vigogne- und Abfallspinnerei bestimmt ist. Für diese Gespinste verwendet man selten die Baumwolle, wie sie aus den Ballen kommt, gewöhnlich handelt es sich in den genannten Industrien um Abfallmaterialien, Putzereiabfälle, Trommel- und Deckelputz von Karden, Kämmlinge, Strips und Linters, Baumwollen, welche beim Transport durch Seewasser havariert sind oder die schon zu anderen Zwecken, z. B. als Filtermaterial, zur Reinigung von öligem und rostigem Kondenswasser usw., gedient haben, aus denen man also außer den Bestandteilen der Rohbaumwolle noch fremdartige Verunreinigungen, unlösliche Sand-, Staub- und Schmutzteile, Eisen- und Metallstaub von den Maschinen, Schmieröle meist mineralischen Ursprungs, unlösliche Kalk- und Eisenseifen usw. zu entfernen hat. Für derartige Material ist die Kochbleiche, möglichst nach vorherigem Einweichen und Waschen, nicht zu umgehen.

Auch dort, wo man minderwertige Baumwolle behufs Fabrikation einer weißen Watte bleichen will, ist das Abkochen unter Druck anzuraten; desgleichen wenn es sich um die Verwendung von Baumwolle zur Herstellung von Verbandwatte handelt, wo nicht nur eine gute Reinigung der Faser, sondern vor allem deren Hydrophilität verlangt wird. Die Watte muß rasch und leicht netzen und in kaltem Wasser sofort untersinken. Dies erfordert eine möglichst vollständige Entfettung der Faser, die, nachdem ein Extrahieren aus praktischen Gründen meist nicht in Betracht kommt, nur durch sehr energische Alkaliabkochungen zu erreichen ist.

Hochdruckkochkessel wendet man ferner dort an, wo man neben der Bleichung auf eine möglichst weit gehende Reinigung des Materials für eine folgende chemische Verarbeitung Wert legt, wie z. B. zur Fabrikation von Schießbaumwolle, sei es für Sprengstoffe, sei es für die Zwecke der Kollodium-, Zelluloid- und Kunstseidenindustrie, ferner auch der Rohstoffe für Viskose- und Paulyseide.

Für das Bleichen reiner Baumwolle als Spinnfaser ist die Kochung im offenen Bottich meist ausreichend.

Selbstverständlich können auch Stranggarne und Kreuzspulen, wenn dies, wie beispielsweise für Makogarne, für notwendig erachtet wird, unter Druck abgekocht und in den vorgenannten Apparaten gebleicht werden. Da diese Materialien in gepacktem Zustand jedoch bedeutend leichter durchlässig für Flüssigkeiten sind als lose Baumwolle, so genügen für diesen Zweck einfache Übergußapparate. Diese werden des leichteren Einpackens wegen zumeist in viereckiger Form aus starkem Pitchpineholz ausgeführt, mit einem Fassungsraum für 500—1500 kg Kreuzspulen oder Stranggarn. In genau der gleichen Weise können auch zerrissene Fäden (Effilochés) und Trikotagen gebleicht werden.

Dem genannten Zweck dienende Apparate werden u. a. von den Firmen Zittauer Maschinenfabrik A.-G., Zittau i. S., H. Krantz, Aachen, und Wilh. Noll, Düsseldorf, gebaut; ihre Konstruktion ist im wesentlichen dieselbe wie die der durch Fig. 33 erläuterten Apparate. Fig. 34 veranschaulicht die Konstruktion eines derartigen Doppelapparates der Zittauer Maschinenfabrik im Querschnitt. Der Apparat wird aus bestbewährtem, hartem ausländischen Holz hergestellt und paarweise derart angeordnet, daß immer der eine Bleichbottich im Betrieb ist, während der andere entleert und frisch beschickt wird.

Die Beschickung der Apparate mit Stranggarn und Kreuzspulen geht ungefähr folgendermaßen vor sich. Zunächst wird der ganze

Apparat mit Baumwollstoff ausgelegt, um Fleckenbildung des Bleichgutes durch Anliegen an den Wandungen zu verhüten. Kreuzspulen werden unter Benutzung von wenig loser Baumwolle als Ausfüllmaterial für die entsprechenden Lücken zu einem möglichst gleichmäßigen Block vereinigt; Stranggarn wird in kreuzweisen Lagen ebenso sorgfältig eingepackt, damit Gassenbildung der Flotten vermieden wird. Sehr zweckmäßig ist es, Kreuzspulen und Stranggarn zusammen einzupacken, und zwar abwechselnd eine Lage Stranggarn und eine Lage Kreuzspulen übereinander zu schichten, da man auf diese Weise Ausfüllmaterial fast ganz ersparen kann; unten und oben muß je eine Lage Stranggarn zu liegen kommen.

Das Material lagert in diesen Apparaten ohne umgepackt zu werden während des ganzen Bleichprozesses.

Die Apparate sind ähnlich den Zirkulationskesseln eingerichtet und wie diese mit verstellbarem und verschließbarem eisernen Deckel

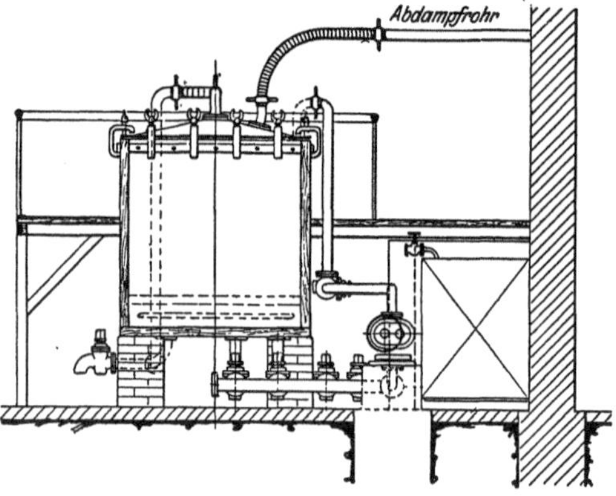

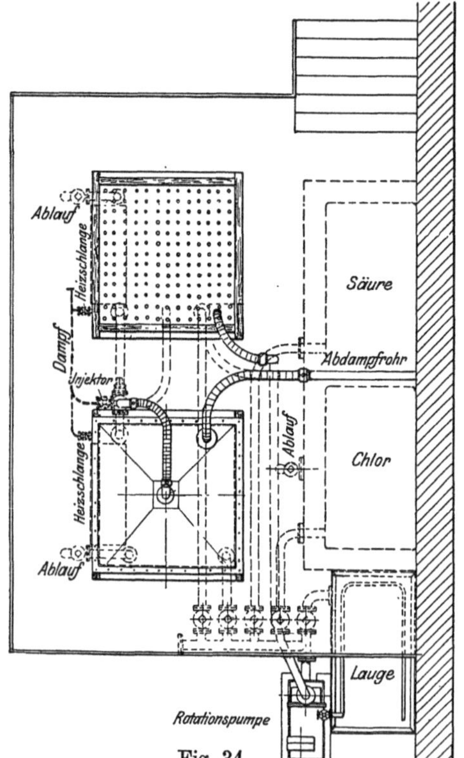

Fig. 34.

Bleichapparat der Zittauer Maschinenfabrik.

versehen. Dieser wird während des Auskochens, welches ohne Druck erfolgt, geschlossen, um das Abkühlen der Lauge und die Brasenentwickelung zu verhindern; auch wird die gleichmäßige Verteilung der Lauge durch eine an der Unterseite des Deckels angebrachte Brausevorrichtung unterstützt. Während der übrigen Bleichoperationen bleibt der Deckel geöffnet. Die Zirkulation der Chlor- und Säurebäder erfolgt mittels Zentrifugalpumpe derart, daß die Flüssigkeiten aus höher oder danebenstehenden Ansatzbehältern dem Apparat zugeführt werden. Diese Flotten durchdringen dann, dem Gesetz der Schwere folgend, das eingepackte Material, fließen aus dem Flottensammelraum unterhalb des Siebbodens der Pumpe zu und werden von dieser wieder oben in den Apparat befördert, wodurch ein stetiger Kreislauf der Flotte durch das Material unterhalten wird. Das Spülen zwischen den einzelnen Bleichoperationen geschieht durch Zuleitung von Wasser von oben in den Apparat.

Das Bleichen der Baumwolle in Copsform bietet bekanntlich den Vorteil, daß das Abspulen des Garnes von den Cops in Strangform, sowie das nochmalige Umspulen des Stranggarnes in Copsform vermieden wird. Die vorgenannten Operationen erfordern nicht nur größere Ausgaben, sondern auch einen nicht unbedeutenden Aufwand an Zeit, sowie auch viel Materialabfall, besonders wenn es sich um feinere Garnnummern handelt. Um eine möglichst große Produktion zu erzielen, hat sich auch für Cops das Packsystem als das vorteilhafteste erwiesen. Man kocht die Cops des besseren Durchbleichens wegen zunächst unter Druck aus. Zu diesem Zweck werden sie in eigens dafür konstruierte eiserne Behälter, welche eine bedeutende Anzahl Cops fassen, daher große Produktion gewährleisten, lose eingeschichtet. Um die Cops vor Deformation zu schützen, werden Holz- oder Ebonitspindeln hindurchgesteckt. Sind die Behälter mit Cops gefüllt, so werden sie in einen dazu passenden, zylindrischen, liegenden Auskochkessel eingebracht und hierin unter Druck mit Sodalauge ausgekocht.

Fig. 35 veranschaulicht einen Hochdruck-Auskochapparat der Firma U. Pornitz & Co., Chemnitz, für Pincops, Warpcops usw.

Der Arbeitsvorgang ist analog demjenigen des bekannten stehenden Hochdruckkessels. Eine kräftig wirkende Zentrifugalpumpe sorgt für lebhafte Zirkulation der Kochflotte, und da der Apparat unter mehreren Atm. Druck steht, so werden die Schalen im Garn vollkommen zerstört, was bekanntlich für eine Vollbleiche Vorbedingung ist. Die Behälter sind mit Rädern versehen und lassen sich auf Schienen in den Kessel einschieben. Außerhalb des Kessels können die Wagen bequem ohne Geleise zum nachstehend beschriebenen Bleichapparat gefahren werden.

Fig. 36 zeigt einen Übergußbleichapparat System Pornitz, in welchem die weiteren Bleichoperationen, Chloren, Spülen, Säuern, Spülen erfolgen.

Fig. 35. Hochdruck-Auskochkessel für Cops. U. Pornitz & Co., Chemnitz.

Fig. 36. Übergußbleichapparat, System Pornitz.

Der Apparat besteht in der Hauptsache aus drei Teilen und der mit diesen in Verbindung gebrachten Zentrifugalpumpe. Der untere Teil des Apparates ist als Behälter für die Bleichflüssigkeiten ausgebildet. Aus diesem Teil wird die jeweilige Flüssigkeit mittels der Zentrifugalpumpe aus Hartblei nach dem oberen Teil befördert, in welchem in besonderer Weise für die Verteilung der Flotte gesorgt ist. Von hier

Fig. 37. Hochdruckkochkessel für Cops und Kreuzspulen.
C. H. Weissbach, Chemnitz.

aus gelangt die Flotte in feinem Regen durch das zu bleichende Material, welches sich eingeschichtet im mittleren Teil des Apparates befindet. Durch den perforierten Boden läuft die Flüssigkeit wieder zurück in den unteren Teil. Es findet also ein fortgesetzter Kreislauf der Flotte statt.

Als bedeutenden Vorteil ihrer Apparate bezeichnet die Firma den Wegfall des sorgfältigen Einpackens der Cops sowie des Ausfüllens der Lücken mit Stopfmaterial, welches bei Apparaten älteren Systems eine dringende Notwendigkeit war.

Durch die beiden nächsten Abbildungen wird eine Bleichanlage System Kirchhoff illustriert, welche von der Firma C. H. Weissbach, Chemnitz, gebaut wird.

Der durch Fig. 37 veranschaulichte Hochdruckkochkessel, liegender Konstruktion, dient zum Auskochen bzw. Vorbleichen von Cops und Kreuzspulen und besteht aus einem zylindrischen

Schmiedeeisenmantel, an welchen sich beidseitig geteufte schmiede-
eiserne Böden anschließen.   Der eine der Böden ist zur Tür
ausgebildet, durch eine Laufrolle unterstützt und mit einer Anzahl

Fig. 38. Bleichapparat für Cops und Kreuzspulen. C. H. Weissbach, Chemnitz.

Flügelschrauben dampfdicht verschließbar, so daß die Kochung unter
Hochdruck erfolgen kann.   Die Laugenzirkulation wird durch eine
Zentrifugalpumpe herbeigeführt, und die Erwärmung der Lauge selbst
erfolgt entweder durch eine Heizschlange oder einen angefügten Laugen-
vorwärmer.   Die Anwendung des Laugenvorwärmers hat den Vorteil,
daß die Lauge indirekt erwärmt wird, also nicht durch direkt zu-
strömenden Dampf eine stete Verdünnung erfährt.   Im Kessel ist eine
gelochte Heizschlange plaziert; im oberen Kessel befinden sich Ver-
teilungsmulden, damit die von oben eintretende Lauge sich regenartig
über das Kochgut ergießt.   Der Kessel ist mit kompletter Armatur
ausgestattet und besitzt außen am Mantel vier Winkel, die auf ge-
mauerte Sockel gestellt werden.   Das Kochgut (Cops oder Kreuzspulen)

wird in entsprechend geformte Wagen geschichtet und auf geeigneten Transportwagen dem Kochkessel zugeführt. Letzterer ist so gebaut, daß er entweder einen oder zwei solche Wagen aufnehmen kann. Nach dem Einfahren des Wagens und Schließen des Kessels wird die Lauge in den Kochkessel geleitet, die Pumpe in Betrieb gesetzt und so die Zirkulation herbeigeführt. Die Lauge wird immer unten an einer durch ein Sieb überdeckten Stelle abgesaugt und von oben wieder in den Kochkessel geführt, um das Kochgut von neuem zu durchdringen. Dieser stete Kreislauf der Flotte wird fortgesetzt, bis die Kochung vollendet und die Pumpe abgestellt ist. Hierauf erfolgt das Spülen des Kochgutes mit Wasser.

Fig 38 zeigt den zum Bleichen der im Kochkessel behandelten Gespinnste dienenden Apparat. Die gekochten Cops oder Kreuzspulen werden nach dem Abnehmen des vorderen Kastenteiles des Bleichapparates in diesen eingeschichtet, und zwar befindet sich im Innern des Bleichapparates ein gerippter Holzboden. Der obere Kastenteil ist aufschlagbar und besitzt einen gelochten Bleiblechboden, sowie ein Flotteneinströmrohr, dient also zur gleichmäßigen Verteilung der Bleichflüssigkeit über das Bleichgut. Der untere Kastenteil bildet den Sammelbehälter für die gebrauchte Bleichflüssigkeit. Dieser Sammelbehälter ist mit dem oberen Flottenverteilungsstück durch Rohrleitung verbunden, und in diese ist eine Zentrifugalpumpe eingeschaltet, welche die Bleichflüssigkeit unten absaugt und nach oben drückt, damit eine stete Zirkulation der Bleichflüssigkeit herbeigeführt wird.

Die Zittauer Maschinenfabrik A. G., Zittau i. S., hat eine Reihe sinnreicher Apparate und Vorrichtungen konstruiert, die speziell für das Bleichen von Cops dienen und bereits in der Praxis die besten Resultate ergeben haben.

Um eine Deformation der Cops während des Bleichprozesses zu vermeiden, war man gezwungen die Holz- oder Ebonitspindeln in die einzelnen Cops mit der Hand einzuführen. Diese viel Zeit beanspruchende Operation wird nun viel leichter und ökonomischer durch die in Abbildung 39 gezeigte automatische Einführmaschine erledigt.

Die geschickt arbeitende Maschine liefert stündlich ca. 4000 mit Spindeln versehene Cops. Zur Bedienung sind nur zwei Mädchen notwendig, wovon die eine die Cops in die Maschine legt, während die andere die mit Spindeln versehenen fertigen Cops in perforierte Holzkasten gleichmäßig einschichtet.

Die Maschine ist derart konstruiert, daß auch etwas deformierte Cops eingelegt werden können, diejenigen Cops aber, welche zu krumm gebogen sind, werden von einer besonderen Vorrichtung beiseite gelegt uud können von der Arbeiterin, nachdem sie mit der Hand gerade gebogen wurden, wieder in die Maschine eingelegt werden.

Beim Einschichten der Cops in die perforierten Holzkasten ist besonders darauf zu achten, daß keine Lücken bleiben, durch welche bei der

Fig. 39. Automatische Spindeleinführmaschine, Zittauer Maschinenfabrik.

späteren Behandlung mit Flüssigkeiten diese zwischen die Cops hindurchlaufen und auf diese Weise Ungleichmäßigkeiten verursachen.

Die mit Cops gefüllten Kasten werden in den Vakuum-Chlorier-Apparat gleichmäßig eingeschichtet. Dieser Apparat besteht, wie aus

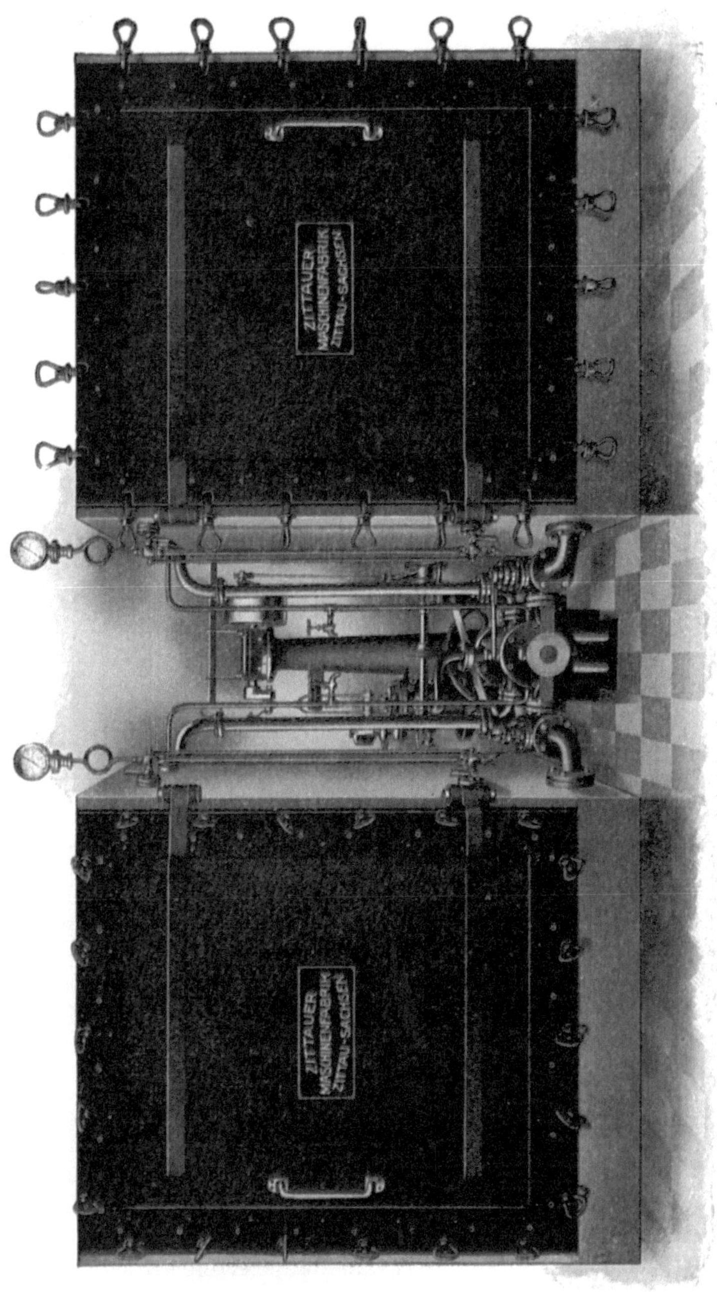

Fig. 40. Chlorapparat der Zittauer Maschinenfabrik

Fig. 41. Zirkulationsapparat für Bleichflüssigkeiten.   Zittauer Maschinenfabrik.

Fig. 40 ersichtlich, aus zwei in Eisenbeton gefertigten Kasten, welche an der vordern Seite durch eiserne Türen hermetisch geschlossen werden können.

Die Apparate selbst werden auf dem Fußboden plaziert, während die Bassins für Chlor und Säure meistens unter dem Fußboden angeordnet sind; eine Luftpumpe, welche durch Rohrleitungen und ein automatisch arbeitendes Ventil mit den Apparaten verbunden ist, steht ebenfalls in unmittelbarer Nähe des Apparats auf dem Fußboden.

Die Arbeitsweise der Apparate ist folgende:

Eine von den beiden Kammern wird, nachdem sie mit den vorgenannten perforierten Kasten gefüllt und dann geschlossen wurde, mittels der Pumpe evakuiert. Nachdem ein genügendes Vakuum in der Kammer erzeugt ist, wird diese mit dem Chlorbassin in Verbindung gebracht, die Chlorflüssigkeit füllt langsam die Kammer und durchdringt die Cops. Die Flüssigkeit wirkt nun eine gewisse Zeit auf das Materia ein.

Das automatisch wirkende Verteilungsventil hat sich in der Zwischenzeit soweit gedreht, daß die Außenluft in die Kammer treten kann und die Flüssigkeit in die inzwischen ebenfalls mit Material gefüllte und evakuierte zweite Kammer gesaugt wird. In den Eisenbetonkasten sind oben Verteilungssiebe angebracht, und an Armaturen sind Wasserstandsgläser, Vakuummeter, Ablaßventile usw. vorgesehen, um die Funktion der Apparate bzw. Kammern jederzeit kontrollieren zu können.

Das Chloren wiederholt sich einigemal automatisch, und die Flüssigkeit wird abwechselnd von der einen Kammer in die andere geleitet. Nach dem Chloren wird das Material leicht gewaschen.

Nunmehr bringt man die perforierten Kasten nach dem Zirkulationsapparat laut Fig. 41, welcher in der Hauptsache aus einem Außenkasten, einem zur Aufnahme der perforierten Kasten bestimmten, drehbar gelagerten Innenkasten sowie aus einer Zirkulationspumpe besteht. Diese Pumpe saugt die Flüssigkeit aus dem unteren Teil des Außenkastens und drückt sie über ein Verteilungssieb, welches sich unterhalb der Decke dieses Kastens befindet. Die Flüssigkeit ergießt sich infolge dieser Anordnung gleichmäßig über das in dem Innenkasten befindliche Material. Der Innenkasten besitzt oben und unten einen perforierten Boden und ist, wie schon gesagt, drehbar gelagert, so daß die Cops einer wechselweisen Behandlung von beiden Seiten ausgesetzt werden können.

In dem Zirkulationsapparat werden die Cops einer zweiten Chlorung ausgesetzt, um nachher gesäuert, gründlich gewaschen und geblaut zu werden.

Das letzte Spülen der Cops, das gewöhnlich mit der Hand erfolgte, hat den Zweck, die Fasern sowie andere Unreinigkeiten, welche während der vorangegangenen Operationen außen an den Cops haften geblieben sind, zu entfernen. Die Zittauer Maschinenfabrik hat zu diesem Zweck eine Maschine konstruiert, welche diese Operation ebenfalls mechanisch gründlich und sauber bewirkt. Die Copswaschmaschine, welche in Fig 42

Fig. 42. Maschine zum Waschen und Egalisieren der Cops. Zittauer Maschinenfabrik.

veranschaulicht ist, besteht in der Hauptsache aus zwei endlosen Transporttüchern, von denen das untere teilweise im Wasser läuft.

Die Cops werden der Maschine von einer automatischen Vorrichtung einzeln und in gewissen Abständen zugeführt, hierauf von den Transporttüchern, welche entgegengesetzt zueinander angetrieben sind, erfaßt und unter gleichzeitiger Frottierung einem kräftigen Wasserstrahl ausgesetzt. Auf diese Weise werden alle Unreinigkeiten vollständig von der Oberfläche der Cops entfernt. Das obere endlose Tuch ist je nach der Stärke der zu behandelnden Cops einstellbar.

Die Maschine besitzt ferner den Vorteil, daß die Cops, welche durch die vorangegangenen Operationen etwas deformiert werden, durch die eigenartige Behandlung beim Waschen ihre gleichmäßige. runde Form wiedererlangen.

Das Schleudern der Cops erfolgt in einer besonderen Zentrifuge.

Sollen die Cops vor dem Bleichen ausgekocht werden, so kann dies in einem horizontalen Kochkessel laut Fig 43. in speziellen Wagen, in welche die Cops eingelegt werden, geschehen. In ähnlicher Weise können ebensogut Fleyer-, Kreuzspulen usw. behandelt werden.

Fig. 43. Horizontaler Kochkessel mit einschiebbarem Wagen und Zirkulationspumpe. Zittauer Maschinenfabrik.

Man hat verschiedentlich den Versuch gemacht, Cops auch im Aufstecksystem zu bleichen, ich halte die Sache jedoch für ziemlich aussichtslos. Abgesehen davon, daß die Produktionsmöglichkeit bei Anwendung dieses Systems sehr beschränkt ist, hat man mit dem Übelstand zu rechnen, daß sich an den Stellen, wo die Cops mit den Metallspindeln in Berührung kommen, Flecken bilden, und zwar infolge Einwirkung des Chlors auf das Metall. Man hat die verschiedensten Metalle und Legierungen zu verwenden gesucht, aber alle mit gleich negativem Erfolg. Aus diesem Grunde ist das Bleichen von Cops im Packsystem entschieden vorzuziehen, obgleich es einige Mehrarbeit erfordert.

In meinen bisherigen Ausführungen über Bleichapparate sind nur solche Systeme berücksichtigt worden, welche eine große Produktion gestatten, weil ich in Anbetracht der Anschaffungskosten, Verzinsung und Amortisation derartiger Anlagen ein Bleichen nur auf Apparaten mit großem Fassungsraum für rationell halte.

Interessenten, welche aus einem besonderen Grunde auf kleinere Apparate reflektieren, möchte ich an die Firmen: Obermaier & Co.,

Lambrecht (Pfalz), C. G. Haubold jr. G. m. b. M., Chemnitz, und Zittauer Maschinenfabrik A. G., Zittau i. S. verweisen, welche Spezial-Bleichapparate auch für 50—100 kg loses Material, Stranggarn oder Kreuzspulen bauen.

Bezüglich des Konstruktionsmaterials für Bleichapparate sei noch erwähnt, daß für Pumpen, Rohrleitungen ,Ventile und Hähne nur Hartblei oder Phosphorbronze verwendet werden darf, und eiserne Bleichkessel mit dauerhafter innerer Bleiverkleidung ausgerüstet sein müssen, um den Einflüssen der Chlor- und Säureflotten widerstehen zu können.

Wie bereits im ersten Teil erwähnt, spielt die Beschaffenheit des Wassers eine große Rolle in der Apparatbleiche. Dieses muß vor allem eisen- und schlammfrei sein, wenn man auf einwandfreie Bleichresultate rechnen will; außerdem empfiehlt es sich, zum Auskochen möglichst weiches Wasser zu verwenden. In größeren Bleichbetrieben wird das Wasser häufig in Teichen geklärt, doch versagt diese Klärmethode in der Regel bei Eintritt starker Regenfälle; auch sind derartige Anlagen nur bei Vorhandensein billiger Grundstücke rentabel. Geeigneter erweisen sich die im ersten Teil beschriebenen Enteisenungs- und Klärapparate, welche stets zuverlässig wirken und nur geringen Raum erfordern.

Die alkalischen Zusätze zu den Abkochbädern anlangend, will ich noch bemerken, daß außer den auf Seite 50 und 51 erwähnten Mengen an kalzinierter Soda oder Ätznatron auch eine Zugabe von Harzseifenpräparaten, Tetrapol oder Wasserglas der Wirkung der Abkochflotten förderlich ist.

Zum besseren Netzen des Materials empfiehlt es sich, etwas Türkischrotöl zuzusetzen.

Zum Ansatz des Bleichbades wird zumeist Chlorkalk benutzt, doch muß in der Apparatbleiche ganz besonders darauf geachtet werden, daß nur vollständig klare Lösungen zur Verwendung kommen, da ungelöste Teile, welche der Faser anhaften, diese schwächen können. Von etwas energischerer Bleichwirkung und daher vorzuziehen sind Lösungen von unterchlorigsaurem Natron, welches man durch Behandlung einer Lösung von 100 Tl. Chlorkalk mit einer entsprechenden Lösung von 60 Tl. kalz. Soda erhält. Allerdings stellt sich diese Chlorsodalösung etwas teurer als Chlorkalk. Auch hierbei muß man die festen Teile genügend absetzen lassen und nur die klare Flüssigkeit verwenden.

Ganz frei von festen Bestandteilen und daher am geeignetsten für die Apparatbleicherei sind auf elektrolytischem Wege aus Kochsalzlösungen gewonnene Lösungen von unterchlorigsaurem Natron, kurz elektrolytische Bleichlauge genannt.

Das Prinzip der elektrolytischen Erzeugung von Bleichflüssigkeit beruht auf folgendem Vorgang. Bei der Elektrolyse von Salzlösung wird das Chlornatrium in Chlor und Natrium zerlegt nach folgender Gleichung:

$$2 \, Na \, Cl = 2 \, Na + Cl_2$$

Das am negativen Pol (Kathode) gebildete Natrium reagiert mit dem Wasser der Salzlösung unter Bildung von Natriumhydroxyd, wobei Wasserstoff frei wird, nach folgender Gleichung:

$$2 \, Na + 2 \, H_2O = 2 \, NaOH + 2 \, H.$$

Das am positiven Pol (Anode) gebildete Chlor gibt mit dem an der Kathode entstandenen Natriumhydroxyd unterchlorigsaures Natrium (Natriumhypochlorid) nach folgender Gleichung:

$$Cl_2 + 2 \, NaOH = Na \, Cl + H_2O + NaOCl$$

Die Vorteile, die die Anwendung der „elektrischen Bleiche" gegenüber der bisher benutzten Chlorkalklösung mit sich bringt, sind so mannigfach und in die Augen springend, daß der vorwärtsstrebende Fachmann sich dieser Neuerung nicht mehr verschließen kann.

Abgesehen von der Unbeständigkeit des Chlorkalks gegenüber Licht und Luft und der äußerst schwierigen Bereitung der für die Apparatbleiche erforderlichen klaren Bleichflüssigkeit, bleibt bei Verwendung von Chlorkalklösung fast stets ein feiner Niederschlag von kohlensaurem Kalk auf der Faser zurück, welcher das Durchbleichen erschwert und sich nur sehr schwer wieder auswaschen läßt, so daß dann beim Trockenen kleine Kalkteilchen in der Faser sitzen bleiben, die das gefürchtete Nachgilben des Materials zur Folge haben und der Faser außerdem einen rauhen Griff verleihen.

Die auf elektrolytischem Wege hergestellte Natriumhypochlorit lösung weist diese Übelstände nicht auf, da diese eine vollkommen klare Bleichflüssigkeit darstellt. Durch das Fehlen jeglichen festen Rückstandes erklärt sich auch die leichtere Spinnfähigkeit der durch elektrolytische Chlorlauge gebleichten Baumwolle. Die elektrolytische Bleich lauge zeichnet sich außerdem durch eine lebhaftere Bleichkraft aus, so daß im allgemeinen dieselbe Bleichwirkung wie beim Chlorkalk durch wesentlich schwächere Elektrolytchlorlösungen zu erzielen ist, was für die Erhaltung der Faserfestigkeit von nicht zu unterschätzender Bedeutung ist.

Hand in Hand mit der Schonung der Faser geht naturgemäß ein geringerer Verlust am Gewicht des Bleichgutes, welcher bei der elektrischen Bleiche ca. 2% weniger beträgt als bei der Chlorkalkbleiche; dabei erhält man ein vollkommen reines klares Weiß, die Faser bekommt einen schönen Glanz und angenehmen Griff, der für die elektrische Bleiche besonders charakteristisch ist. Schließlich sind wohl auch die reinlichere Herstellung und Verschonung der Arbeitsräume von gesundheitsschädlichem Chlorkalkstaub unbestrittene Vorteile der Elektrolytbleiche.

Was nun die Rentabilität der „elektrischen Bleiche" anbelangt, so kann man im allgemeinen sagen, daß die auf elektrolytischem Wege hergestellte Bleichflüssigkeit wohl in den seltensten Fällen teurer zu stehen kommt als die entsprechende Menge Chlorkalklösung. Manchmal wird sie ebensoviel kosten und meistens wird man damit billiger arbeiten können. Die Einführung der elektrischen Bleiche wird am ersten dort Vorteile bieten, wo eine nicht voll ausgenutzte Dampfkraft zur Verfügung steht und gleichzeitig eine Dynamomaschine für Beleuchtung usw. vorhanden ist, die ev. am Tage die elektrolytische Bleichlauge herstellen und damit einen wesentlichen Teil zur Gesamtrentabilität beitragen kann. Unter allen Umständen wird die elektrolytische Chlorbleiche dort entschieden billiger kommen als Chlorkalk, wo eine Wasserkraft zur Verfügung steht und auf dem Bezug des Salzes keine allzuhohen Transportkosten ruhen.

Von den Salz- und Stromkosten hängt auch die Konzentration der Lauge ab, mit welcher gearbeitet werden muß. Da, wo der Salzpreis 1,8 bis 2 Pf. pro kg in der Bleicherei beträgt, wendet man in der Regel 10 proz. Salzlösungen an. Ist Salz besonders billig und die Betriebskraft teuer, so nimmt man stärkere Salzlösungen (bis 15%), um bei höherem Salz- und geringerem Kraftverbrauch die gleiche Leistung zu erreichen.

Auch der Verwendungszweck beeinflußt die jeweilige Anwendung konzentrierterer oder schwächerer Bleichlaugen. Während beispielsweise für Baumwollbleichereien von kleinerem täglichen Bedarf an Bleichmittel die Bleichlauge in geringerer Konzentration hergestellt werden kann, wird in anderen Fällen, in denen es besonders auf die Salzausnutzung ankommt, oder wo die im Elektrolyseur hergestellte Lösung auch zum Verstärken der Flotte dienen soll, die Lösung in so hohem Chlorgehalt hergestellt, als im Hinblick auf einen rationellen Kraftaufwand überhaupt möglich ist. Das Ansetzen der Flotte erfolgt wie in der Chlorkalkbleicherei durch entsprechende Verdünnung der konzentrierten Bleichlösung. Diese kann durch einen alkalischen Zusatz (i. d. Regel 1 g Ätznatron pro Liter) länger haltbar gemacht werden, und letzteres ist sowohl in Betrieben, in denen nicht täglich gebleicht wird, als auch da, wo an einzelnen Tagen sehr verschiedene Mengen Chlor nötig sind, anzuraten.

Nachstehend seien an Hand von Abbildungen einige typische Bleich-Elektrolyseur-Systeme erläutert.

Fig. 44 veranschaulicht die schematische Anordnung einer elektrolytischen Bleicheinrichtung Pat. Haas & Dr. Oettel, welche von der Firma Elektrolyser Bau Arthur Stahl, Aue i. S., ausgeführt wird, im wesentlichen aus dem Salzauflöser und dem elektrolytischen Apparat bestehend. Die Sammelbassins für die fertige Bleichlauge können beliebig aufgestellt werden.

Als Salzauflöser dient am besten ein gut geteerter Holzbottich, in dem ein Rührwerk für Hand- oder Riemenbetrieb mit Holzflügeln eingebaut ist, welche ein kräftiges und gründliches Durchrühren der Lösung gestatten. Den Abfluß vermittelt ein Ablaßhahn von reichlichem

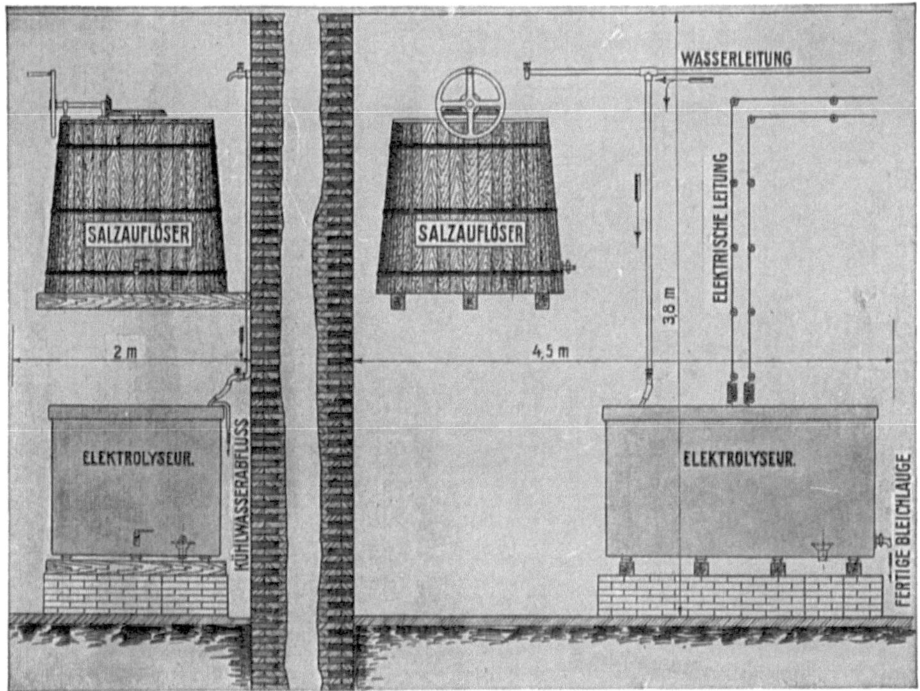

Fig. 44. Elektrolytischer Bleichapparat, System Haas & Dr. Oettel. Maßskizze.

Durchgang, so daß der elektrolytische Apparat Fig. 45 rasch gefüllt werden kann; der Ablaßhahn muß etwas über dem Innenboden angebracht sein, damit sich am Boden des Gefäßes evtl. aus dem Wasser oder Salz entstammende Unreinlichkeiten ablagern können und nicht mit in den Apparat gelangen. Ein Ventil von genügender Weite im Boden dient dazu, den abgesetzten Schmutz von Zeit zu Zeit bequem auszuspülen.

Um z. B. eine Salzlösung von 10—11 Grad Bé herzustellen, trägt man in 500 Liter Wasser etwa 60 kg Salz ein, und zwar Steinsalz von 98 % NaCl mit $\frac{1}{4}$ % Petroleum denaturiert. Unter Abschöpfen des Schmutzes wird die Lösung gründlich durchgerührt, worauf ihr mindestens 2 Stunden Zeit zum Absetzen zu lassen sind, bevor die Füllung des Elektrolyseurs mit der Salzlösung beginnt. Diese geschieht wiederum durch ein quer über das eine offene Ende des Entwicklergefäßes gelegtes Schlammsieb, das man zweckmäßig noch mit einem leichten Filtertuch bedecken kann.

Der Elektrolyser, Pat. Haas & Dr. Oettel, besteht aus einem Außengefäß und dem „Entwickler", der in dieses Außengefäß hineingestellt wurde (Fig. 45 und 45 a, sowie Aufriß 45 b). Die Salzauflösung, wird in dem „Entwickler", Fig. 45 a, zwischen besonders präpa-

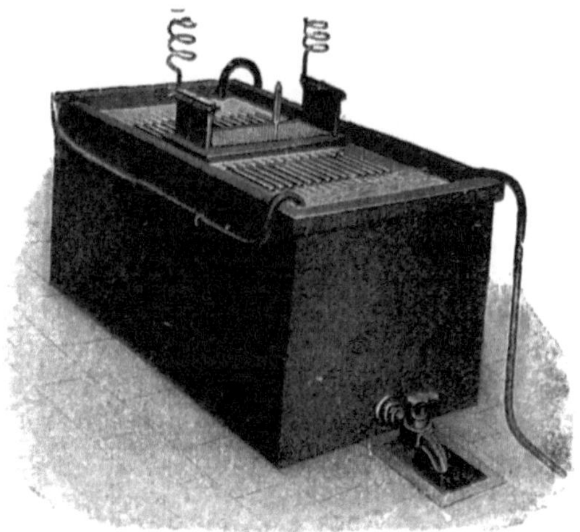

Fig. 45.   Elektrolyser, System Haas & Dr. Oettel.

rierten Elektroden dem elektrischen Strome ausgesetzt und dabei in Bleichlauge umgewandelt. Dieser „Entwickler" ist durch vertikal eingebaute Elektroden in eine Reihe von Einzelzellen zerlegt, die unter sich keinerlei Verbindung, dagegen am Boden je eine Zulauföffnung und oben ein Überlaufröhrchen besitzen. Der ganze kastenförmige Apparat mit seinen Einzelzellen steht wiederum derart in dem sogen. Entwicklergefäß, daß der Boden des „Entwicklers" frei über dem Boden des äußeren Gefäßes zu liegen kommt. Füllt man letzteres mit Salzlösung, so dringt diese durch die unteren Zulauföffnungen in die einzelnen Zellen ein, und somit wird nicht nur das Entwicklergefäß, sondern auch der Entwickler mit Salzlösung gefüllt, zweckmäßigerweise so hoch, daß die Lösung die Mitte der oberen Überlaufröhrchen bespült. Wird nun der Entwickler unter Strom gesetzt, so steigt infolge der Bildung von Wasserstoff die Flüssigkeit in den Kammern unter heftigem Aufschäumen und läuft durch die Röhrchen konstant über, wobei sie gleichzeitig frische Lauge durch die Bodenöffnungen nachsaugt.

Solange sich Wasserstoff entwickelt, herrscht zwischen der Flüssigkeit in- und außerhalb des Entwicklers nie hydrostatisches Gleichgewicht, sondern die Lauge wird sehr lebhaft unten in die Kammern des Entwicklers eingesaugt, strömt durch diese hindurch in die Höhe

Fig. 45a. Entwickler.

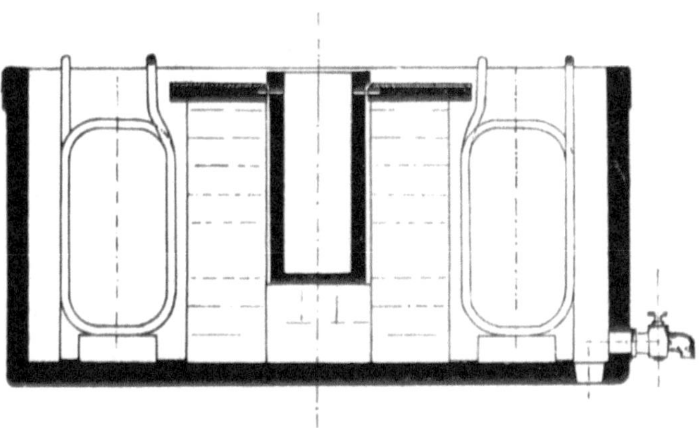

Fig. 45b. Elektrolyser (Aufriß).

und fließt durch die Überlaufröhrchen nach außen ab, so daß eine äußerst wirksame Zirkulation entsteht.

Im Laugenbehälter liegt ferner auf jeder Seite des Entwicklers je eine Kühlschlange, zwischen deren Windungen hindurch die Lauge fließen muß, bevor sie wieder unten in den Apparat eintritt, wodurch eine wirksame Kühlung der Lauge erzielt wird. Da das die Kühlschlangen durchfließende Wasser völlig rein, also für jede Verwendung benutzbar bleibt, alle Betriebe, welche Bleichapparate brauchen, auch einen größeren Wasserkonsum haben, so beschränken sich die Kosten für die Kühlung auf den Anschaffungspreis der Bleischlauge.

Die ganze Anordnung des Apparates bezweckt eine lebhafte selbsttätige Zirkulation der Lauge zum Zwecke möglichst rascher Anreicherung der Flüssigkeit mit bleichendem (aktivem) Chlor, bei gleichzeitig möglichst günstiger Ausbeute der elektrischen Energie wie des Salzes. Der Zusammenbau ist, den Anforderungen des praktischen Betriebes entsprechend, übersichtlich, so daß eine Reinigung oder Herausnahme einzelner Teile ohne weiteres vorgenommen werden kann, dabei doch so angeordnet, daß die Elektrolytlauge keinen unnötigen Weg machen muß, und daß keine toten Winkel in der Flüssigkeit entstehen, die nicht an der allgemeinen Bewegung der Lauge teilnehmen.

Die Apparate, Hähne und Ventile bestehen aus bestem, widerstandsfähigem Material; für die Innenteile, für Röhrchen usw. ist nur Porzellan oder Glas verwendet.

Als Elektroden wird in den Apparaten Pat. Haas und Dr. Oettel ein kohlenähnliches Material benutzt, das sich durch große Haltbarkeit und billigen Preis gegenüber Platinelektroden auszeichnet.

Als Schaltungsweise wird das System der doppelpoligen (bipolaren) Elektroden angewendet, weil dieses die große und für den praktischen Betrieb sehr wichtige Annehmlichkeit bietet, daß man an dem ganzen Apparat nur zwei Kontakte in Ordnung zu halten hat.

Eine besondere Wartung nimmt der Apparat nicht in Anspruch. Im Anfang ist wohl von Stunde zu Stunde der Chlorgehalt der zirkulierenden Lauge zu prüfen, aber bald kann man dies auch unterlassen, denn die Elektrolyseure arbeiten so ruhig und gleichmäßig, daß man nach einigem Kennenlernen des Apparates ohne weiteres sagen kann, welche Chlorkonzentration die Lauge zu der oder jener Betriebszeit besitzt.

Ist die gewünschte Chlormenge erreicht, z. B. nach 5 oder 10 Betriebsstunden, so wird der Strom abgeschaltet, und die fertige, vollkommen klare Bleichlauge kann in die Sammelbassins abgelassen oder direkt zum Gebrauch verwendet werden. Hierauf wird der Apparat von neuem gefüllt und ist für den gleichen, einfachen Betrieb aufs neue fertig.

Fig. 46 stellt eine komplette elektrische Bleicheinrichtung System Siemens & Halske dar, bestehend aus Salzlöse-Anlage, Elektrolyseur mit Laugenverteilung, Kühl-Bassin mit Hartblei-Schlangen nebst Wasserleitungsanschluß, Zirkulationspumpe nebst Elektromotor, Bedienungspodest usw.

Die Elektrolyseure der Firma Siemens & Halske A.-G., Wernerwerk Berlin-Nonnendamm, werden im Prinzip nach den Patenten von

Dr. Karl Kellner gebaut und bestehen aus Sandsteingefäßen, welche durch vertikale Glaszwischenwände in' eine Reihe von Zersetzungszellen eingeteilt sind, die stufenförmig derart nebeneinander angeordnet werden, daß die Salzlösung bzw. Bleichlauge die sämtlichen Zellen

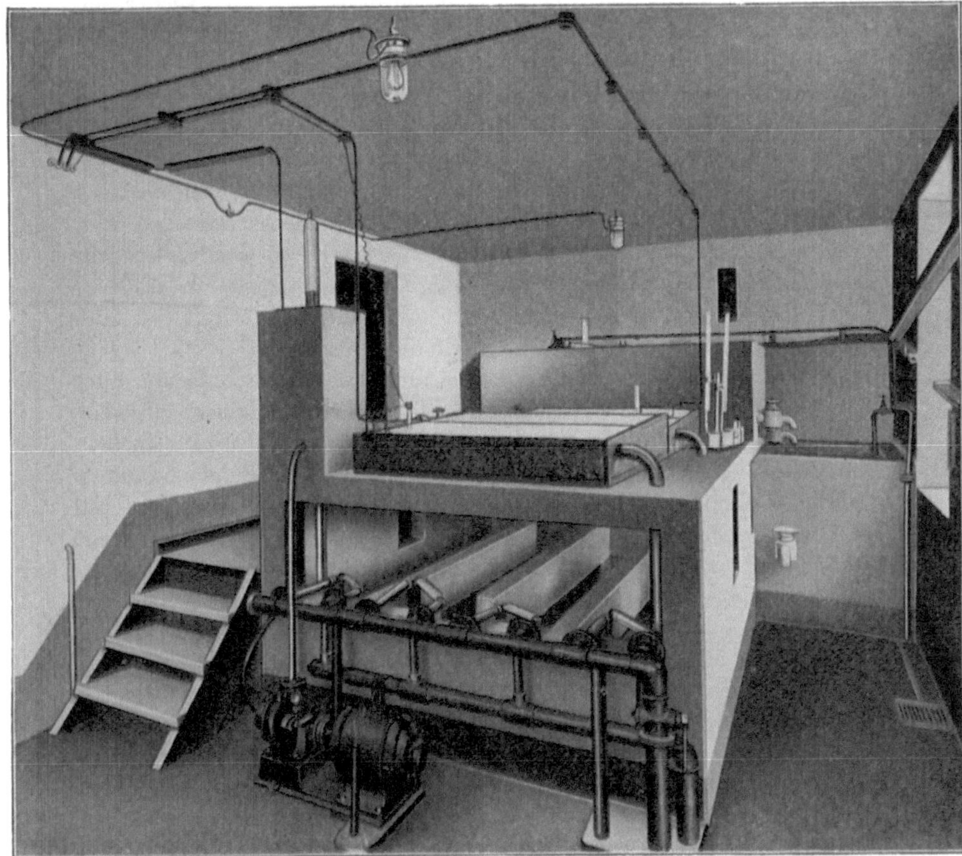

Fig. 46. Elektrolytische Bleicheinrichtung, System Siemens & Halske.

nacheinander in horizontalem Schlangenweg durchfließen muß und in jeder Zelle der Einwirkung des elektrischen Stromes ausgesetzt wird.

Die Elektroden sind als Platiniridium-Drahtnetze horizontal derart eingebaut, daß die Anode (positive Elektrode) sich stets unterhalb der Kathode (negative Elektrode) befindet. Diese Anordnung gestattet die beste Ausnutzung des Salzes und der elektrischen Energie und ermöglicht einen durchaus rationellen Betrieb. Die Elektroden selbst sind bipolar geschaltet, d. h. es sind innerhalb des Apparates zwischen den einzelnen Elektroden keine Verbindungen erforderlich; es sind also nur Anschlußkontakte notwendig, die so ausgebildet und in den Apparat eingebaut werden, daß eine Zerstörung durch Einwirkung des elektrischen Prozesses ausgeschlossen ist.

Die Elektroden, Glasteile usw. können jederzeit zwecks etwaiger Kontrolle leicht aus dem Elektrolyseur entfernt und rasch wieder eingesetzt werden.

Für die Zuleitung und Ableitung der Salzlösung bzw. der Bleichlauge werden kräftige Rohre und Hähne aus Steinzeug von reichlichem Querschnitt verwendet, so daß ein Verstopfen dieser Teile nicht eintreten kann.

Für den Betrieb von Bleichelektrolyseuren kommt nur Gleichstrom in Frage. Am zweckmäßigsten ist 110 Volt Betriebsspannung. Niedrigere Spannungen können ohne Schwierigkeit verwendet werden; auch höhere Spannungen bis etwa 150 Volt sind angängig. Für größeren Chlorbedarf bzw. für eine größere Tagesproduktion können 2 oder mehrere Elektrolyseure parallel geschaltet werden.

Sei es nun, daß man Chlorkalklösung oder Chlorsodalösung oder auf elektrolytischem Wege hergestellte Natriumhypochloritlösung für das Bleichen auf Apparaten benutzt, so empfiehlt es sich doch in keinem Falle, das Chlorbad stärker als $^3/_4$—1 Grad Bé anzuwenden. Sollte das damit erzielte Bleichresultat auf besonders dunklem Material oder zur Erzielung eines besonders zarten und reinen Weiß noch nicht befriedigen, so läßt man nach erfolgtem Spülen ein zweites Chlorbad von $^1/_4$—$^1/_2$ Grad Bé durch das Material zirkulieren. Das Material wird dadurch weniger angegriffen, als wenn man, um den Effekt auf einmal zu erreichen, stärkere Chlorbäder verwendet.

Nach der Chlorbehandlung muß ebenso wie nach dem Auskochen sogleich gespült werden, um der Bildung von Oxyzellulose vorzubeugen.

Will man ganz sicher gehen, daß die letzten Spuren von Chlor aus dem Material entfernt sind, so kann man dem letzten Spülwasser etwas unterschwefligsaures Natron zusetzen.

Das Absäuern erfolgt mittels verdünnter Schwefelsäure oder Salzsäure von $^1/_4$—$^3/_4$ Grad Bé; darauf wird noch einmal gründlich gespült.

Zum eventl. Anblauen des Materials ist Ultramarin, welches für diesen Zweck in der Garnbleicherei auf der Barke sehr häufig zur Verwendung kommt, für Apparatbleiche ganz ungeeignet, da Ultramarin nicht in Wasser löslich ist, sondern nur in fein suspendierter Form sich in den Flotten befindet. Dasselbe würde sich daher auf den äußeren Schichten des Materials abfiltrieren. Man bedient sich zum Anblauen auf Apparaten am besten der Baumwollwasserblaumarken oder gut löslicher auf Wolle ziehender Säureviolets, welche die Baumwolle nur insoweit anfärben, als sie derselben den gewünschten blauen Stich geben. Desgleichen ergibt eine Kombination von gleichen Teilen Alizarindirektblau B und Alizarindirektviolet R (Höchst) ein schönes lebhaftes Blauweiß von recht guter Lichtechtheit.

Für Baumwollqualitäten, bei welchen es weniger auf die Entfernung und Zerstörung von Fremdkörpern als auf die Erzielung eines guten Bleicheffektes unter möglichst schonender Behandlung des Materials und Erhaltung des Gewichts ankommt, hat sich die sogenannte „kalte Bleiche" recht gut bewährt. Es ist dies ein Verfahren, welches Ludwig Pick und Franz Erban unter D.R.P. Nr. 176 609 patentiert ist. Der Patentanspruch bezieht sich auf ein Verfahren zum Bleichen pflanzlicher Faserstoffe in jedem Stadium der Verarbeitung, dadurch gekennzeichnet, daß man dieselben mit Gemischen von Alkalihypochloriten und das Kapillarisationsvermögen erhöhenden Zusätzen von Türkischrotölen oder Rizinusölseifen bei gewöhnlicher Temperatur behandelt.

Als Vorteile dieses Verfahrens werden von den Erfindern geltend gemacht zunächst der Wegfall des Abkochens, daher Ersparnis an Apparatur, Dampf, Chemikalien und Arbeit, ferner größere Schonung der Faser, kein Verfilzen oder Verkochen, kein Aufrauhen, sowie geringerer Gewichtsverlust, selbstverständlich auch eine wesentlich erhöhte Produktionsmöglichkeit.

Lose Baumwolle, die behufs Verspinnens zu Garnen und zwecks weiterer Verarbeitung dieser Garne zu Geweben, Trikotagen usw. gebleicht werden soll, muß soweit als möglich die Eigenschaften der rohen Faser bzw. der aus solcher hergestellten Garne behalten, weil die Konstruktion und Einrichtung der Spinnereimaschinen dem Verhalten der rohen Faser angepaßt sind, und weil erfahrungsgemäß auch bei der Verarbeitung der Garne in der Weberei die Produktion bei Verwendung von Rohgarnen immer eine größere ist als bei gebleichten oder gefärbten Garnen.

Dieser Forderung entspricht nun das gebräuchliche Bleichverfahren mit vorangehendem Abkochen des Materials nicht, weil es die Faser vollständig entfettet, rauh und weniger geschmeidig macht, während es durch eine gut durchgeführte Kaltbleiche nach D.R.P. 176 609 gelingt, der Faser ihren Fettgehalt zu belassen, ohne die erzielte Reinheit des Weiß zu beeinträchtigen. Die Wichtigkeit des Fettgehaltes für die Spinnfähigkeit und Schonung der Faser in der Spinnerei hat kürzlich Prof. Knecht in England nachgewiesen, indem er bei vollständig entfetteter Faser 7mal soviel Fadenbrüche und ca. 25 % Festigkeitsverlust konstatierte.

Durch den Wegfall des Kochens wird der unvermeidliche Gewichtsverlust auf die Hälfte reduziert sowie jede Verfilzung vermieden, so daß auch der Verlust in der Spinnerei den beim Spinnen roher Baumwolle resultierenden Abfall kaum übersteigt.

Für die Durchführung des Kaltbleichprozesses hat die Zittauer Maschinenfabrik A.-G., Zittau i. S., einen Zirkulationsapparat konstruiert, den sie in verschiedenen Größen zur Ausführung bringt.

Fig. 47 zeigt ein kleines Modell mit angegliederter Spezialzentrifuge. Der Apparat besteht aus verbleiten Eisenbehältern, Rotationspumpe aus Phosphorbronze, Einsätzen aus Nickelin und Bronze für eine jedesmalige Füllung von ca. 50 kg losen Materials, wobei auf einem Apparat, wenn er sowohl zum Bleichen wie auch zum

Fig. 47. Bleichapparat mit Spezialzentrifuge. Zittauer Maschinenfabrik.

Waschen dienen soll, täglich 4 Operationen, entsprechend 200 kg, fertiggestellt werden können. Bei größerem Bedarf arbeitet man zweckmäßiger auf einer aus 2 Apparaten (einer zum Bleichen, der andere zum Waschen) bestehenden Garnitur, wobei man bis 9 Operationen a 50 kg, also bis 450 kg täglich bleichen kann. Im ersten Falle genügen 2 Einsätze, wovon einer im Gebrauch ist, während der zweite entleert und frisch gefüllt wird; dagegen sind im letzteren Falle 3 Einsätze nötig, von denen stets 2 in Arbeit sind, einer im Bleichapparat, der andere im Waschapparat, während der dritte entleert und frisch beschickt wird. Das Schleudern kann entweder im Einsatz selbst auf einer Spezialzentrifuge, wie in Fig. 47 veranschaulicht, oder nach dem Entleeren auf einer gewöhnlichen Schleuder erfolgen.

Für größeren Bedarf liefert die genannte Firma ein Modell, bei welchem der Fassungsraum der Einsätze 125—150 kg pro Operation beträgt, so daß ein einzelner Apparat täglich 600 kg, oder eine Garnitur aus Bleich- und Waschapparat 1200—1350 kg produziert. Die Ausführung ist sonst die gleiche wie beim kleinen Modell. Das Schleudern muß jedoch in diesem Falle auf einer gewöhnlichen Zentrifuge erfolgen, da man so große Einsätze nicht mehr rotieren lassen kann.

Um auch in jenen Fällen, wo die höheren Anschaffungskosten der unter Verwendung von verbleitem Eisen, Bronze und Nickelin hergestellten Zirkulationsapparate der Einführung der Kaltbleiche im Wege stehen, billigere Apparate anbieten zu können, hat die Zittauer Maschinenfabrik ein Material ausfindig gemacht, welches es gestattet, auch in diesem Punkte den gehegten Wünschen zu entsprechen. Die Konstruktion dieses Apparates (Fig. 48) wird in einem ausländischen, besonders harten Holz ausgeführt, welches eine große Widerstandsfähigkeit gegen die Wirkung von Chemikalien besitzt. Die Verwendung von Holz als Konstruktionsmaterial gestattet, unter Verzicht auf das Schleudern im Einsatz, die Herstellung quadratischer Materialeinsätze, welche so dimensioniert sind, daß man lose Baumwolle eventl. Wickel ohne Schwierigkeit einlegen kann, wodurch sich die Arbeit des Füllens und Entleerens so beschleunigt, daß man diese Manipulationen ohne Ausheben des Material

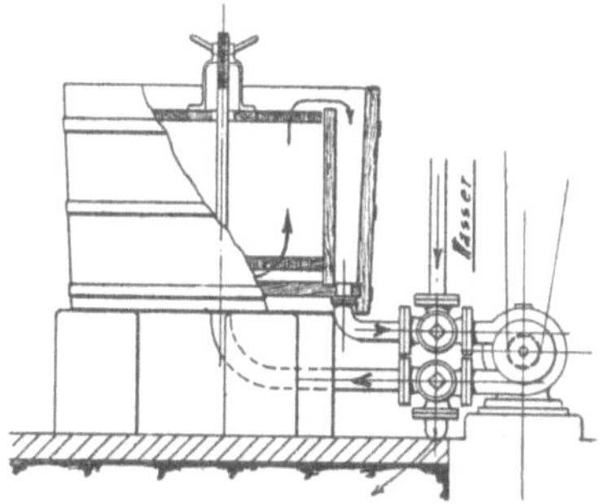

Fig. 48. Bleichapparat aus Holz.
Zittauer Maschinenfabrik.

behälters im Apparat selbst vornehmen kann. Dadurch vereinfacht sich dessen Einrichtung neuerdings, man braucht dann keinen Reserveeinsatz und kann pro Apparat täglich 4 Operationen ausführen. Bleichen und Waschen muß hierbei natürlich in demselben Apparat erfolgen. Bei größerem Bedarf kombiniert man 2 Apparate, in denen die Bleichlauge abwechselnd im einen oder anderen benutzt wird, und die beide mit der Wasserzuleitung für das Waschen verbunden sind. Die jedesmalige Füllung beträgt ca. 110 kg trockene Baumwolle. Das Schleudern erfolgt, wie schon bemerkt, in einer normalen Zentrifuge. Zur Erzielung möglichst raschen und gleichmäßigen Trocknens ist es empfehlenswert, das geschleuderte Material durch einen Zupfwolf gehen zu lassen, der die größeren und dichteren Flocken auflockert und zerteilt.

Die Kaltbleiche nach D.R.P. 76 609 läßt sich ebenso vorteilhaft wie für loses Material auch für das Bleichen von Kardenbändern, Baumwollkammzug und Vorgespinsten verwenden, aber da das Bleichen des losen Materials einfacher ist, als die Behandlung von Kardenbändern oder Vorgespinsten und es namentlich bei ersteren Schwierigkeiten macht, die Bandwickel ohne Beschädigung gleichmäßig zu trocknen, und schlecht getrocknete oder beschädigte Bänder für das folgende Strecken Schwierigkeiten bieten und viel Abfall (oft bis 20 %) geben, wobei auch die Egalität der Gespinste leidet, ist man meist wieder auf das Bleichen im losen Zustande zurückgekommen, denn das Kardieren der nach dem

Kaltbleichverfahren behandelten Baumwolle bietet keine Schwierigkeiten.

Das Bleichen von Vorgespinsten, Flyerspulen usw., kann auf 2 Arten
erfolgen: entweder als Wickelkörper auf den Spulen, sei es mittels per-

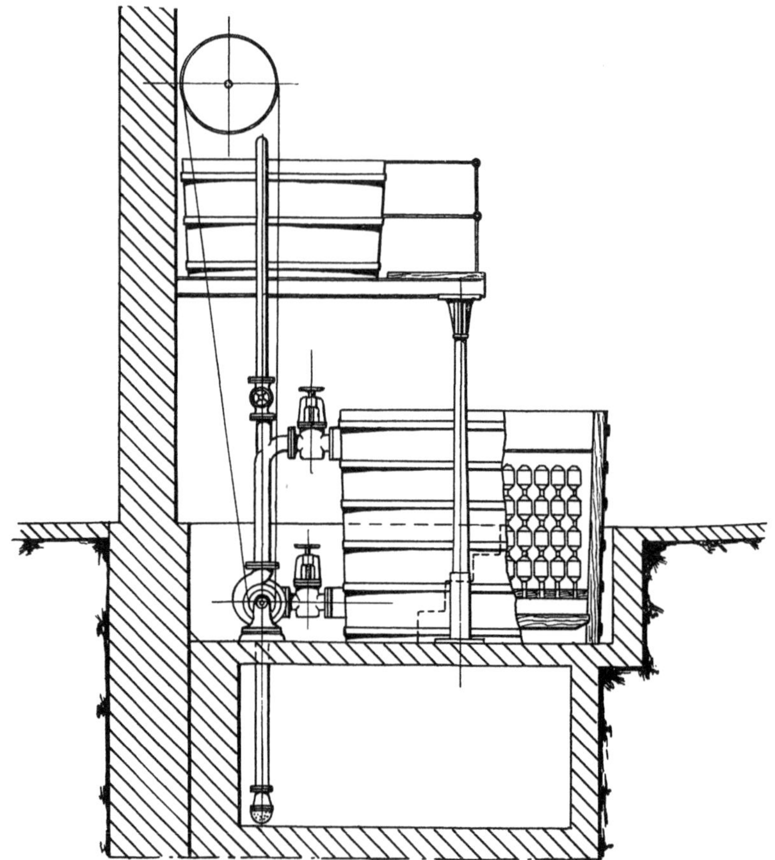

Fig. 49. Apparat zum Bleichen im Aufstecksystem. Zittauer Maschinenfabrik.

forierter Hülsen oder im Packsystem, oder indem man die Lunte durch
Abhaspeln in Strähnform bringt und so in letzterer bleicht, wäscht
und trocknet, worauf man sie wieder behufs weiteren Verspinnens auf
Spulen zurückwickeln muß. Wegen der umständlichen Manipulationen
wird dieses System nur ausnahmsweise angewendet und kommen
praktisch nur die ersteren Methoden in Anwendung.

Vom praktischen Standpunkt ist die Behandlung des Vorgespinstes
auf perforierten Spulen nach Art der Cops- und Spulenbleiche vorzu

ziehen, weil hierbei die Spulen keine Deformation erleiden und besser ablaufen, als wenn man sie in Packapparaten einpreßt und nachher zum Schleudern wieder umpackt, während bei den Apparaten ersterer Art die Entwässerung durch Absaugen und Ausblasen erfolgt.

Da durch ein Kochen und überhaupt eine zu lange Zeit erfordernde Behandlung die äußersten Schichten aufgefasert oder verfilzt werden können, wendet man für Fleyerspulen fast nur die Kaltbleiche an, deren Durchführung in dem durch Fig. 49 illustrierten Apparat der Zittauer Maschinenfabrik weiter keine Schwierigkeiten verursacht. In der gleichen Weise und auf dem gleichen Apparat lassen sich auch Kreuzspulen im Aufstecksystem nach dem Kaltbleichverfahren bleichen. Im allgemeinen wird es sich jedoch empfehlen, Kreuzspulen sowohl wie Cops schon der größeren Produktion wegen im Packsystem zu bleichen. Diese Spinnkörper können in dafür geeigneten, eingangs beschriebenen Apparaten ebenfalls in der Kaltbleiche behandelt werden, und dieses Verfahren zeitigt je nach Beschaffenheit der verwendeten Garne recht befriedigende Resultate.

Nachdem man schon früher Kettenstränge (Warps) in derselben Weise wie Stückware gebleicht hatte, bleicht man jetzt fast allgemein aufgewickelte Kettenbäume, denn nachdem das Problem der Kettbaum-färberei technisch gelöst war, gelang es auch, das Bleichen von Ketten-bäumen erfolgreich durchzuführen. Das Verfahren der Kochbleiche erwies sich dazu weniger brauchbar, da der dicke Kettenbaum ein noch stärkeres Filter ist als Cops, und die von der zirkulierenden Lauge verursachten Schlammansätze sehr schwer zu beseitigen sind. Da-gegen ist es durch das Kaltbleichverfahren leicht möglich, diesen Übelstand zu vermeiden und tadellos gebleichte Kettenbäume herzu-stellen, wobei man noch den Vorteil hat, daß der nicht ausgekochte Faden sich glatter und geschmeidiger erhält, und in der Schlichte weniger weich machende und glättende Mittel braucht, daß ferner der Faden voller bleibt, und bei gleicher Nummer eine griffigere Ware ergibt, da der Faden nur halb soviel an Gewicht verliert wie beim Kochen.

Zum Bleichen von Kettenbäumen für feine, hartgewickelte Garn- und Zwirnketten hat sich in der Praxis ein Trogapparat (Fig. 50) der Zittauer Maschinenfabrik, für gleichzeitige Behandlung von 2—3 Kettenbäumen sehr gut bewährt. Ein solcher Apparat liefert täglich 12 Bäume im Ge-samtgewicht von 600—700 kg, und es lassen sich bei noch größerem Be-darf zwei dieser Apparate zu einer Garnitur kombinieren. Durch An-wendung passender Igelwalzen kann man denselben Apparat auch zur Cops- oder Kreuzspulenbleiche verwenden, was namentlich für kleinere Webereien und auch für Lohnbleicher rationell ist, da der Apparat besser ausgenutzt werden kann, und man in der Arbeit nicht durch das Warten auf das Schlichten der Ketten aufgehalten ist.

Das Bleichen im Kettenbaum muß als die rationellste Art der Bleiche bezeichnet werden. Die Vorbereitung des Zettelns muß erfolgen, auch wenn man nicht bleicht, es ist nur notwendig, dazu perforierte Bäume aus guter Phosphorbronze oder Nickelin, eventl. auch Nickelblech zu

Fig. 50.   Bleichapparat von Kettenbäumen, Cops & Kreuzspulen nach dem Kaltbleichverfahren D. R. P. 176609. System Zittauer Maschinenfabrik.

verwenden. Das Bleichen selbst bedingt ein Minimum an Handarbeit, die Bäume werden mittels Laufkranes eingesetzt und, wenn fertig gebleicht, herausgehoben; das Entwässern geschieht im Apparat mit Vakuum und Druckluft, und das Trocknen erfolgt gleichzeitig mit dem Schlichten, wobei sonst auch getrocknet werden müßte. Es sind daher schon vor Jahren in Amerika Versuche gemacht worden, auch das Schußmaterial auf dem Kettenbaum zu bleichen und dann auf Schußpfeifen zurückzuspulen, und es ist nicht ausgeschlossen, daß man dort, wo das Bleichen des Schusses in der Flocke nicht ausführbar ist, auf dieses System kommen wird.

Interessenten für das Kaltbleichverfahren empfehle ich mit Herrn Dr. Franz Erban, Wien IV, Wiedener Gürtel 52, in direkte Verbindung zu treten.

II. Die Apparatfärberei.

A. Apparatsysteme und Beschickung der Apparate.

Die mannigfaltigen Vorteile, welche die Apparatfärberei für die Baumwollindustrie im allgemeinen und speziell für die Baumwollbuntweberei bietet, sind von Interessenten sehr bald erkannt und gewürdigt worden; überraschend schnell hat sich daher diese Färbeweise in den genannten Industriezweigen Eingang verschafft. Baumwolle wird heutzutage in den verschiedensten Stadien ihrer Verarbeitung auf Apparaten gefärbt, als loses Material, in Form von Kardenband, Cops, Kreuzspulen, Kettenbäumen und Stranggarn.

Die zum Färben der erwähnten Materialien im Gebrauch befindlichen Färbeapparate kann man im allgemeinen in 3 Kategorien einteilen:

1. Apparate mit Packsystem,
2.   „   „ Aufstecksystem,
3.   „   „ Schaumsystem.

Hieran schließen sich 4. noch einige Spezialapparate zum Färben von Stranggarn in besonders hierfür geeigneten Konstruktionen, sowie von loser Baumwolle und von Kardenband im Continuesystem.

1. Die Beschickung von Packapparaten.

Das Packsystem dient vor allem der Massenproduktion. Möglichst viel Material, in verhältnismäßig kleinem Raum zusammengepreßt, mit möglichst wenig Flotte zu färben, ist das Grundprinzip dieses Systems. Die Ansprüche, welche man bei der Anwendung dieses Systems an die Egalität der Färbungen zu stellen berechtigt ist, dürfen naturgemäß über ein gewisses Maß nicht hinausgehen. Die Auswahl der zu verwendenden Farbstoffe muß unter Berücksichtigung der kurzen Flotte und des dichten Materialblocks getroffen werden. Leicht lösliche, gut egalisierende Farbstoffe sind daher am geeignetsten für das Färben im Packsystem; zum Oxydieren neigende Farbstoffe sind tunlichst zu vermeiden und höchstens für loses Material anwendbar. Stapelnuancen mit festgelegter Rezeptur, die kein Nüancieren erfordern, zeitigen die brauchbarsten Resultate beim Färben im Packsystem.

Die Apparate mit Packsystem eignen sich in erster Linie zum Färben von losem Baumwollmaterial.

Vor der Beschickung der zur Aufnahme des Materials dienenden runden oder viereckigen Materialbehälter empfiehlt es sich, die für den Durchlaß der Flotte bestimmten perforierten Teile derselben mit feuchtem Baumwollstoff zu bedecken. Der feuchte Stoff schmiegt sich glatt an die Wandungen an, schützt die Perforierung vor Verstopfen, gewährleistet also eine gleichmäßige Flottenzirkulation, verhindert aber auch ein Hineingelangen von losem Baumwollmaterial in die Flottenleitung und in die Pumpe, was leicht zu Betriebsstörungen Veranlassung geben kann. Das Auslegen des ganzen Materialbehälters mit Stoff ist besonders empfehlenswert beim Färben heller und lebhafter Farbtöne, um etwa in der Flotte enthaltene Schmutzteilchen oder Farbstoffpartikelchen abzufiltrieren.

Lose Baumwolle als Flocke befindet sich in den zum Versand kommenden Ballen in sehr fester Pressung, muß daher mittels eines Baumwollöffners oder mit Hand aufgelockert werden, ehe sie in die wie oben hergerichteten Materialbehälter eingepackt wird. Beim Einpacken des losen Baumwollmaterials verfährt man derart, daß man zunächst eine Schicht lose Baumwolle von ca. 20—30 cm Höhe in den Materialbehälter unter möglichst gleichmäßiger Verteilung einfüllt, diese mit Wasser übergießt und fest einstampft resp. eintritt; es wird sodann eine zweite Schicht in derselben Weise eingebracht usw., bis der ganze Apparat gefüllt ist, worauf der Deckel fest angepreßt wird.

Das Einpacken von loser Baumwolle, welche aus dem Abfall im Spinnprozeß resultiert, geschieht in der gleichen Weise. Diese Abfallbaumwolle ist durch Staub und Öl verunreinigt, muß daher, wenn zu hellen oder lebhaften Farben bestimmt, durch ein schwaches kochendes Sodabad und nachfolgendes Spülen von den Verunreinigungen befreit werden, was im Apparat selbst vorgenommen werden kann.

Mit baumwollenen und halbwollenen Lumpen sowie Garnenden usw. wird bezüglich des Einpackens wie oben beschrieben verfahren.

Das Einpacken jeglichen Materials muß immer nach dem Prinzip gehandhabt werden, einen möglichst gleichmäßigen Materialblock zu erhalten.

Kardenband in losen Wickeln wird in gleicher Weise wie lose Baumwolle auf Apparaten im Packsystem gefärbt. Von Vorteil ist es, wenn die Bänder in Kreuzwickelform gebracht sind, da hierdurch die weitere Verarbeitung wesentlich erleichtert und einem Verwirren des Bandes während des Färbeprozesses tunlichst vorgebeugt wird. In der Regel jedoch müssen die Bänder, wie sie aus den Spinnkannen kommen, gefärbt werden, und man verschnürt sie, um ihre Form möglichst zu erhalten, mit Stricken. Beim Einpacken der Wickel schichtet man diese in möglichst gleichmäßigen Lagen übereinander, darauf achtend, daß die Flottenzirkulation parallel zur Achse der Wickel erfolgt, und preßt die Deckel nicht zu fest an. Um ein Verwirren durch Verkochen des empfindlichen Materials zu verhüten, empfiehlt es sich, bei niederer Temperatur oder doch nur nahe Kochtemperatur zu färben.

Das über das Einpacken von Kardenband in Wickeln Gesagte gilt auch für Schlauchcops.

Packapparate eignen sich auch für Baumwollstranggarne, wenn es sich um das Färben von Stapelnuancen handelt, speziell für Schwarz. Auf gleichmäßiges Packen muß große Sorgfalt verwendet werden, wenn das Resultat den Erwartungen, die man an die Egalität von Stranggarnen zu stellen gewohnt ist, entsprechen soll. Die Materialbehälter werden zunächst mit feuchtem Baumwolltuch oder Packleinen ausgelegt, über die perforierten Flotteneinströmungs- und -ausströmungsstellen wird dieses doppelt gebreitet. Man schlägt die Garnstränge zwischen den Händen glatt aus und schichtet sie entweder in kreuzweisen Lagen übereinander, oder bringt sie in lose Puppen gedreht in den Apparat ein, so daß in jedem Falle ein möglichst an allen Stellen gleichmäßig starker Materialblock entsteht. Die Unterbindfäden dürfen nicht zu kurz sein und müssen immer auf die Oberseite jedes Stranges zu liegen kommen, um das Herausnehmen nach dem Färben zu erleichtern. Über die oberste Schicht Garn werden feuchte Tücher gebreitet und die Randstellen mit Packleinen oder loser Baumwolle noch besonders verstopft. Das Anpressen der Deckel geschieht in der gleichen Weise wie bei loser Baumwolle.

Im allgemeinen werden Garne trocken eingepackt und eventuell nach dem Netzen im Apparat die Deckel nochmals fester angezogen. Nur für Mulegarne, welche gewöhnlich starke Verunreinigungen enthalten, empfiehlt sich eine Behandlung auf der Barke mit 3 proz. kochender Sodalösung, Spülen und Ausschleudern vor dem Einpacken.

Gegenüber der Strangfärberei hat sich das Färben von Garn in Kreuzspulen weit vorteilhafter erwiesen, und zwar liegen diese Vorteile hauptsächlich darin, daß bei nur einigermaßen sorgfältigem Arbeiten kein Verlust an Material entstehen kann. Bei der Färberei im Strang rechnet man durchschnittlich mit 7—10 % Verlust resp. Abfall, der hauptsächlich durch Verfitzen und Zerreißen der Garnstränge bei den verschiedenen Operationen, wie Haspeln, Auskochen, Färben, Spulen usw., entsteht.

Bei der Kreuzspulen-Färberei kann dieser Garnabfall nicht vorkommen, da das Garn in der Spinnerei auf durchlöcherte Papierhülsen gespult, in dieser widerstandsfähigen Form alle Operationen, wie Färben, und Trocknen, bis zur Weberei durchmacht. Ein Verfitzen und Zerreißen des Fadens in Kreuzspulen ist somit ausgeschlossen, ebenso wie das Abhaspeln alsdann besser vonstatten geht. Des weiteren ergibt sich bei Verwendung der Garne als Schuß ein viel bequemeres Umspulen von der Kreuzspule als vom Strang, da die Spulmaschine viel rascher laufen kann.

Die gefärbten Kreuzspulen sind ferner direkt für die Kettenbaummaschine verwendbar, ohne vorheriges Umspulen, was gegenüber der analogen Operation der im Strang gefärbten Garne einen bedeutenden Gewinn an Zeit und Arbeit bedeutet.

Endlich wird in der Färberei selbst ebenfalls eine beträchtliche Ersparnis an Arbeit erzielt; denn die Strangfärberei benötigt mindestens 3 mal mehr an Bedienungsmannschaften, als bei der Kreuzspulenfärberei nötig sind.

Besonders für Spinnereien gewinnt das Färben der Kreuzspulen immer größere Bedeutung; denn wenn diese den Webereien gefärbte Kreuzspulen liefern können, so erleichtert ihnen das den Absatz, zudem können die Spinnereien heute die rohe Kreuzspule meist billiger liefern, als den Strang.

Auch in vielen Buntwebereien, die mit der Verarbeitung gefärbter Cops schlechte Erfahrungen gemacht haben und auf tadellose Fasson und harte Wicklung der Schußcops Wert legen, hat sich das Verfahren eingeführt, das Schußgarn in der Kreuzspule auf dem Apparat zu färben und auf geeigneten Spulmaschinen zu Schußcops umzuspulen.

In bedeutenden Mengen werden daher heutzutage Kreuzspulen im Packsystem gefärbt, speziell in Stapelfarben, welche keiner Nuancierung bedürfen; ganz besonders hat sich das Färben von Schwefelschwarz auf Kreuzspulen im Packsystem eingebürgert und bewährt. Die Kreuzspulen werden zwar durch das Packen etwas zusammengedrückt, lassen sich jedoch nach dem Ausschleudern unschwer in die runde Form zurückdrücken, zumal wenn sie nicht zu lose gewickelt sind.

Besondere Sorgfalt erfordert das Einpacken der Kreuzspulen. Die Apparate werden in gleicher Weise wie bei loser Baumwolle mit feuchtem Baumwollstoff oder Packleinen ausgelegt; für helle Farben verwendet man den ersteren und nimmt die Lagen am besten doppelt. Zum Einpacken der Kreuzspulen benötigt man außerdem noch Ausfüllmaterial, um die beim Einpacken naturgemäß entstehenden Lücken zu verstopfen und einen der Flottenzirkulation gleichmäßigen Widerstand entgegensetzenden Materialblock zu schaffen. Als Ausfüllmaterial empfiehlt es sich, besonders für helle Farben, lose Baumwolle zu nehmen. Dieses Ausfüllmaterial ist zwar relativ teurer, bietet aber andererseits die beste Gewähr für gleichmäßigen Ausfall der damit verpackten Kreuzspulen. Aus diesem Grunde erscheint es geraten, helle bis mittlere Farben auf Kreuzspulen im Packsystem nur dann zu färben, wenn man für die zum Einpacken gebrauchte Baumwolle zweckentsprechende Verwendung hat. Für weniger heikle, mittlere bis dunkle Nuancen, welche infolge Verwendung größerer Farbstoffmengen ein besseres Egalisieren gewährleisten, genügen in den meisten Fällen als Ausfüllmaterial Garnenden, Trikotagenabfälle, in Stücke gerissene Packleinen usw. Das Ausfüllmaterial läßt sich für die gleiche Farbe sehr lange wieder verwenden, wenn man es nach jeder Färbung von etwa anhaftenden Schmutzteilchen reinigt.

Von De Keukelaere in Brüssel ist gereinigter, nicht zu feinkörniger Sand als Ausfüllmaterial empfohlen worden. Für Kreuz-

spulen ist dieser jedoch gar nicht geeignet, da er zu tief in die Wickel
eindringt und sich nur schwer wieder herauswaschen läßt. Von anderer
Seite wurde Häcksel als Ausfüllmaterial vorgeschlagen, welcher sich infolge seiner Schmiegsamkeit, seiner Billigkeit und der geringen Farbstoffaufnahme wegen vorzüglich als Ausfüllmaterial eignen würde, wenn
er neben all diesen Vorzügen nicht den Nachteil besäße, zu
wenig durchlässig für Flüssigkeiten zu sein und sich stellenweise so fest
an die Oberfläche der Kreuzspulen anzusaugen, so daß die darunter befindlichen Garnstellen nach dem Färben heller erscheinen. Dieser Übelstand macht auch dieses an sich ideale Ausfüllmaterial zur Verwendung
untauglich.

Kreuzspulen, die eine sehr harte Wicklung erhalten, spult man
zweckmäßig auf perforierte Spulen auf, auch wenn sie im Packsystem
gefärbt werden sollen. Die Farbflotte dringt dann auch in den inneren
festen Kern der Spulen leichter ein. Lose gewickelte Spulen dagegen
lassen sich auch auf Vollhülsen im Packsystem färben. Den Hülsenkanal
füllt man mittels Durchsteckens von Holz- oder Eisenstäbchen aus,
um ein Zusammendrücken der Hülsen während des Färbens zu vermeiden.

Das Einpacken der Kreuzspulen in die Materialbehälter der Apparate wird derart vorgenommen, daß man auf die zum Auslegen des Apparates verwendeten feuchten Tücher zunächst eine dünne Lage Ausfüllmaterial breitet und darauf eine Lage Kreuzspulen schichtet, die
weiteren Lagen werden so angeordnet, daß die Zwischenräume der
vorhergehenden Lage immer durch eine volle Kreuzspule der nächsten
Lage verdeckt werden.

Je nach Konstruktion des Apparates werden die Kreuzspulen
stehend oder liegend eingepackt, und zwar richtet sich dies sowohl danach, ob die Materialbehälter rund oder viereckig gebaut sind, wie nach
der Richtung der Flottenströmung. Auf jeden Fall müssen die Kreuzspulen so gepackt werden, daß die Flottenströmung sich senkrecht zur
Achse der Kreuzspulen bewegt.

Sämtliche beim Packen entstehenden Lücken müssen mit Ausfüllmaterial fest verstopft werden, um der Bildung von Kanälen entgegenzuwirken. Das Ausfüllmaterial, einerlei welcher Gattung, soll tunlichst
vorher in heißem Wasser genetzt und zwischen Quetschwalzen ausgequetscht oder geschleudert werden, ehe es zum Einpacken verwendet
wird. Man erreicht dadurch, daß das Ausfüllmaterial beim Färben nicht
mehr wesentlich zusammensinkt, sich auch fester einpressen läßt, der
Kanalbildung daher größeren Widerstand entgegensetzt. Ganz besondere Aufmerksamkeit ist auf gutes Verstopfen der Zwischenräume
an den Wandungen der Materialbehälter zu richten, da sich hier die
Flotte immer am ehesten einen Weg zu verschaffen sucht; es empfiehlt
sich daher, das Ausfüllmaterial an den Rändern etwas überstehen zu

lassen. Die Deckel der Materialbehälter sind auch zumeist an ihrer Peripherie mit einem vorstehenden Rand versehen, welcher das überstehende Ausfüllmaterial besonders zusammenpreßt. Über die oberste Lage Kreuzspulen wird noch eine Schicht Ausfüllmaterial gebreitet, die Tücher übergeschlagen und der Deckel fest angepreßt.

Das Färben von Cops im Packsystem wird noch hier und da ausgeführt, ich kann dieses Verfahren jedoch weniger empfehlen. Es gehört sehr sorgfältiges und zeitraubendes Einpacken sowie die Verwendung von sehr viel Ausfüllmaterial dazu, um die Cops zu einem homogenen Block zu vereinigen. Wird das Einpacken nicht von sehr gewissenhaften und geschickten Arbeitern ausgeführt, so läßt das Resultat der Färbungen immer zu wünschen übrig. Fest gewickelte Schußcops setzen überdies dem Durchdringen der Farbflotte einen größeren Widerstand entgegen als das mitverwendete Ausfüllmaterial, und so ist stets die Gefahr vorhanden, daß die Farbflotte stärker durch das Ausfüllmaterial zirkuliert als durch die Cops. Abgesehen davon werden die Cops durch die feste Pressung deformiert und verursachen dadurch Schwierigkeiten bei der weiteren Verarbeitung in der Weberei. Ich halte es daher entschieden für ratsamer, Stapelfarben in Form von Kreuzspulen im Packsystem zu färben und diese dann auf Schußcops umzuspulen.

Es sei hier noch bemerkt, daß sich in derselben Weise wie Baumwollkreuzspulen auch Jutekreuzspulen im Packsystem in Apparaten, die eine kräftige Flottenzirkulation besitzen, färben lassen.

2. Die Beschickung von Aufsteckapparaten.

Apparate mit Aufstecksystem sind in neuerer Zeit mehr in den Vordergrund getreten, seitdem die Spinnereien sich besser darauf eingerichtet haben, Cops und Kreuzspulen in tadelloser Form auf perforierten Hülsen herzustellen. Die sachgemäße und zweckentsprechende Herstellung der zu färbenden Cops und Kreuzspulen, besonders in Hinsicht auf gleichmäßige Wicklung, ist nämlich eine der Hauptbedingungen für gutes Gelingen der Färbungen im Aufstecksystem. So sollen beispielsweise die Kreuzspulen nicht einen festen inneren Kern und lockere Außenwicklung zeigen, da in diesem Falle des differierenden Widerstandes wegen unbedingt unegale Färbungen entstehen müssen; ebenso dürfen die Cops, wie es mitunter vorkommt, nicht am Fuße fest und gegen die Spitze hin loser gewickelt sein, da dann aus dem gleichen Grunde Unegalitäten unausbleiblich sind. Die Perforierung der Hülsen muß glatt sein, d. h. die Löcher dürfen keine wulstigen Ränder zeigen, an welchen beim Abspulen die Fäden hängen bleiben und reißen, auch soll die Perforierung der Hülsen nicht über die Cops oder Kreuzspulen herausragen, sondern die Löcher müssen stets von Garn bedeckt sein;

andererseits dürfen die nicht perforierten Hülsenteile nicht von Garn umgeben sein. Das Material der Papphülsen darf nicht Alaun oder schwefelsaure Tonerde enthalten, da dadurch leicht bronzige Flecken auf dem Garn entstehen können. Auch die Beschwerung der Hülsen mit bleihaltigen Substanzen ist zu verwerfen, da diese bei hellen Farben schmutzige Streifen verursachen.

Cops werden zumeist auf kurzen perforierten Papierhülsen von den Spinnereien geliefert, da sie in dieser Form beim Abarbeiten am wenigsten Abfall geben. Die Hülsen müssen am unteren, nicht perforierten Ende aus den Cops herausragen, dieser Teil dient zur Abdichtung auf der Metallspindel. Die Cops sollten von den Spinnereien stets in einer Verpackung zum Versand kommen, daß sie auf dem Transport keinen Schaden erleiden und nicht zusammengedrückt werden. Man überzeuge sich stets, ob der Copkanal offen ist, und achte vor allem auch darauf, daß die Spitzen der Cops intakt, d. h. nicht umgebogen oder übersponnen sind; derart lädierte Cops verwende man nicht zum Färben, sie verderben oft die ganze Partie.

Kreuzspulen werden auf perforierten Papphülsen geliefert, welche jedoch häufig den Übelstand zeigen, daß die auf beiden Seiten behufs Abdichtens überragenden Enden beim Färben aufweichen und aufplatzen. In neuerer Zeit ist man daher mehr und mehr dazu übergegangen, Kreuzspulen auf perforierte Nickelinhülsen aufzuspulen. die zwar in der Anschaffung teuer sind, aber den Vorzug besitzen, daß man sie immer wieder verwenden kann. Auch auf das Hülsen-Einschiebe-Verfahren der Firma B. Cohnen, Grevenbroich, welches auf S. 133 ausführlich beschrieben ist, sei an dieser Stelle hingewiesen.

Wenn die genannten Vorbedingungen für die Lieferung von Cops und Kreuzspulen seitens der Spinnereien erfüllt sind, macht das Färben dieser Spinnkörper im Aufstecksystem, die Verwendung geeigneter Apparate vorausgesetzt, keine Schwierigkeiten.

Die Vorteile, welche die Kreuzspulenfärberei gegenüber der Strangfärberei bietet, sind bereits erörtert worden. Analog dieser ist auch die Rentabilität der Copsfärberei entschieden im Vorteil gegenüber der Strangfärberei, infolge besserer Ausnutzung der Farbbäder, weniger Bedienungsmannschaften, geringeren Raumbedarfs usw. Der Fabrikant erspart die stets mit Abfall verbundene Weiferei und Spulerei und braucht kein großes Lager in gefärbten Garnen zu halten, da es ihm möglich ist, bei einzelnen Nachbestellungen in wenigen Stunden das fehlende Schußmaterial zu ergänzen. Besonders in Buntwebereien hat sich daher das Färben der Garne auf Cops sehr gut eingeführt.

Während nun das Färben im Packsystem, wie schon erwähnt, speziell für Kreuzspulen in Stapelnuancen geeignet ist, gebührt dem Aufstecksystem dann der Vorzug, wenn in Cops gefärbt werden soll, wo jede Deformation der Wickel zu vermeiden ist, ferner dann, wenn es sich darum handelt, die herzustellenden Farben, sei es auf Cops oder Kreuzspulen, genau nach Muster zu nuancieren. Des weiteren färbt man im Aufstecksystem vorteilhaft alle hellen und lebhaften, also empfindlichen Farben, sowie solche, die ein sofortiges Spülen, Entwässern und Oxydieren nach dem Färbeprozeß verlangen, und schließlich die Farben, für die das Imprägnationsverfahren gefordert wird, wie Türkischrot, Pararot usw.

Die Apparate zum Färben im Aufstecksystem besitzen Materialträger verschiedenster Konstruktion mit aufschraubbaren oder aufsteckbaren Metallspindeln. Allen gemeinsam ist die Anordnung, daß die Farbflotte zwangsweise ihren Weg durch die auf Spindeln aufgesteckten Cops oder Kreuzspulen nehmen muß, und zwar entweder nur in einer Richtung während der ganzen Färbedauer durchgesaugt oder durchgedrückt wird, oder daß der Flottenkreislauf während des Färbeprozesses wechselseitig angeordnet ist.

Die Spindeln werden zumeist aus Nickelin hergestellt, da sich dieses Metall am indifferentesten gegen alle Farbstofflösungen und Chemikalien verhält.

Inbezug auf geeignetste Form und Perforierung der Spindeln sind die Meinungen sehr geteilt, dementsprechend existieren auch eine Menge der verschiedenartigsten Konstruktionen. Um unter diesen die richtige Auswahl zu treffen, müssen verschiedene Umstände berücksichtigt werden. Zunächst die Form und Länge der Cops und Kreuzspulen, sodann die Qualität der aufgewickelten Garne, ferner die Art der auszuführenden Färbung und schließlich die Konstruktion des zur Anwendung kommenden Färbeapparates. Für gewöhnlich wird die Frage, welche Spindelkonstruktion zur Verwendung kommen soll, von der den Färbeapparat liefernden Maschinenfabrik nach Maßgabe der jeweiligen Verhältnisse entschieden und die Lieferung der Spindeln mit übernommen.

Um Interessenten jedoch ein Bild von dem heutigen Stand der Spindelfabrikation zu geben, benutze ich gern die mir von der Firma Ernst Papst in Aue i. S. freundlichst zur Verfügung gestellten Angaben und Abbildungen, Cops- und Kreuzspulspindeln betreffend, zumal mir die Erzeugnisse dieser renommierten Firma aus der Praxis als dauerhaft und zuverlässig bekannt sind.

Große Sorgfalt muß auf das Aufstecken der Cops auf die Spindeln verwendet werden. Die Cops dürfen bei dieser Manipulation, welche am besten weiblichem Arbeitspersonal übertragen wird, nicht gewaltsam in die Spindel hineingestoßen werden, sondern müssen vorsichtig unter Rechts- und Linksdrehung, ohne den Copkanal zu verletzen, auf die Spindeln aufgeschoben werden. Die Spindeln müssen selbstverständlich in bezug auf Länge und Kanalweite genau zu den Cops passen. Der

Fuß des Cop, d. h. die aus dem Cop herrausragende Papierhülse, muß gut abgedichtet auf der Spindel aufsitzen, die Spitze des Cop soll die oberste Perforierung der Spindel eben überdecken, auf keinen Fall darf die Spitze des Cop auf der nicht perforierten Spitze der Spindel aufsitzen, da in diesem Falle ein gleichmäßiges Durchfärben der Copspitze ausgeschlossen ist. Bei kräftiger Flottenzirkulation ist es dagegen weniger von Belang, wenn einzelne Löcher der perforierten Spindel ohne mit Garn bedeckt zu sein über die Spitze des Cop hinausragen; doch darf dies natürlich nur bei wenigen, zufällig kürzeren Cops einer Farbpartie der Fall sein und nicht die Regel bilden. Bei guter Beschaffenheit der Cops und einiger Übung des Personals geht das Aufstecken sehr flott vonstatten.

Das Herausziehen der Cops von den Spindeln nach dem Färben muß gleichfalls sehr vorsichtig geschehen, um die Cops nicht zu verletzen. Man bedient sich hierzu kleiner passend geformter Gabeln. Nachdem man den Cop von der Spindel gelockert und zur Hälfte herausgezogen hat, drückt man ihn nochmals vorsichtig auf die Spindel zurück und zieht ihn dann erst vollends heraus. Wie bereits Dr. Ullmann in seinem Buch „Die Apparatefärberei" ausgeführt hat, erreicht man dadurch ein vollständiges Offenhalten des Copkanals, so daß man auch nach dem Trocknen durch die Cops hindurch sehen kann. Das Einführen der Schützennadel wird hierdurch wesentlich erleichtert, der Cop nicht verletzt und Abfall vermieden.

Das Aufstecken der Kreuzspulen auf die perforierten Nickelinhülsen gestaltet sich wesentlich einfacher, man muß dabei nur darauf achten, daß die Perforierung der Hülsen mit der der Spindeln korrespondiert.

Die meisten Apparate besitzen eine Vorrichtung, welche es ermöglicht, zwei oder mehr Kreuzspulen übereinander auf je einer Spindel zu färben. Ein nach beiden Seiten konisch verlaufendes Zwischenstück wird als Abdichtung zwischen den beiden Kreuzspulen eingeschaltet, auf die oberste Kreuzspule wird ein durch Federwirkung festsitzendes Verschlußstück geschoben. Diese Einrichtung ermöglicht größere Produktion sowie ein Färben in kürzerer Flotte und ergibt, hinreichend starke Flottenzirkulation vorausgesetzt, recht befriedigende Resultate.

Die zur Aufnahme der Cops oder Kreuzspulen im Aufstecksystem bestimmten Materialträger in Gestalt von Platten, runden oder viereckigen· Flottendurchgangsbehältern, sogen. Igeln sind seltener starr mit dem Färbeapparat verbunden, zumeist herausnehmbar angeordnet. Letzteres hat den Vorteil, daß man einen Materialträger entleeren und mit neuem Färbegut beschicken kann, während der andere sich im Farbbade befindet. Die Produktion wird durch die Anordnung wesentlich gesteigert.

Das Hineinbefördern der Materialträger in die Apparate geschieht mittels Laufkatze und Flaschenzug oder mittels Krans. Man achte

Copsspindeln und Kreuzspulhülsen der Firma Ernst Papst, Aue i. S.

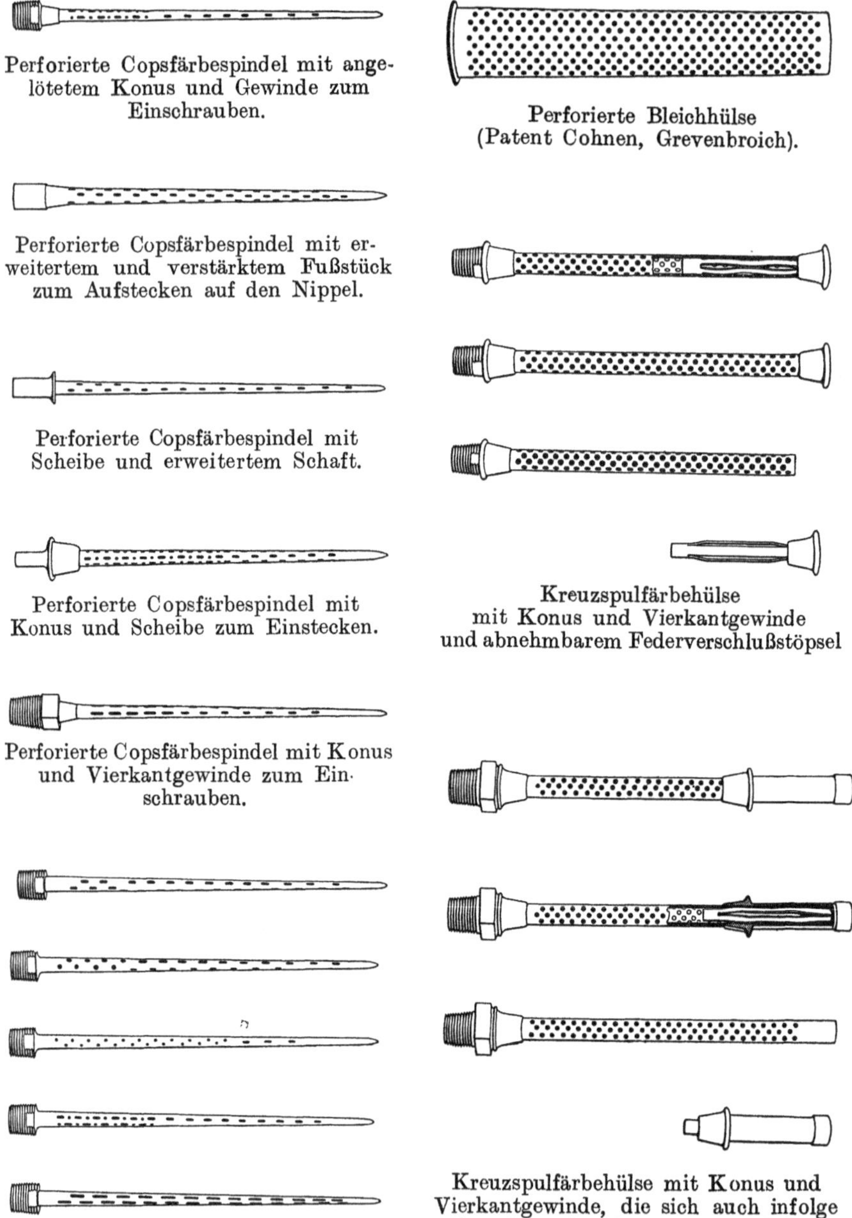

Perforierte Copsfärbespindel mit ange-
lötetem Konus und Gewinde zum
Einschrauben.

Perforierte Bleichhülse
(Patent Cohnen, Grevenbroich).

Perforierte Copsfärbespindel mit erweitertem und verstärktem Fußstück
zum Aufstecken auf den Nippel.

Perforierte Copsfärbespindel mit
Scheibe und erweitertem Schaft.

Perforierte Copsfärbespindel mit
Konus und Scheibe zum Einstecken.

Kreuzspulfärbehülse
mit Konus und Vierkantgewinde
und abnehmbarem Federverschlußstöpsel

Perforierte Copsfärbespindel mit Konus
und Vierkantgewinde zum Einschrauben.

Copsfärbespindeln
mit verschiedener Lochung.

Kreuzspulfärbehülse mit Konus und
Vierkantgewinde, die sich auch infolge
ihres besonders konstruierten Federverschlußstöpsels zum Behandeln von
Spulen verschiedener Länge eignet.

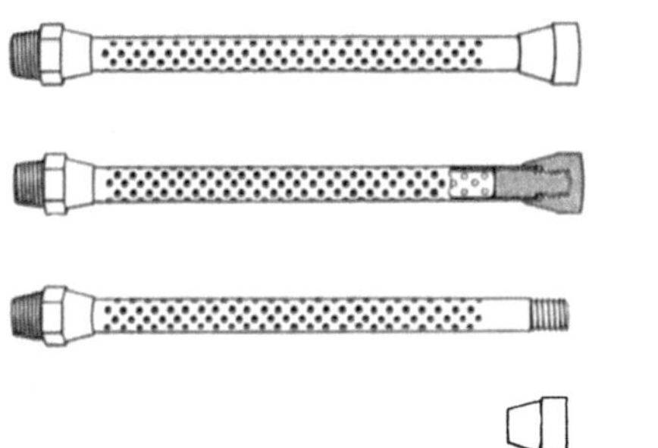

Kreuzspulfärbehülse. mit Konus, Sechskantgewinde und
Schraubenverschluß mit rundem Kopf.

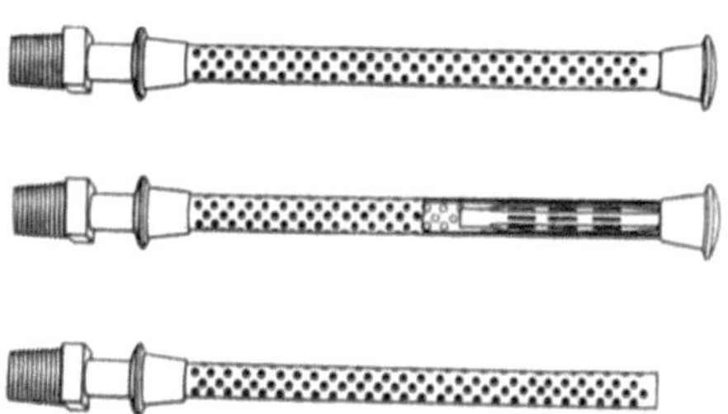

Kreuzspulfärbehülse mit Bajonettverschluß
für stark konische Hülsen (DRP.).

Kreuzspulfärbehülse mit Konus und Vierkantgewinde und abnehmbarem Federverschluß,
der durch seine geschlitzten Federn der Flotte
ungehindert Durchgang verschafft.

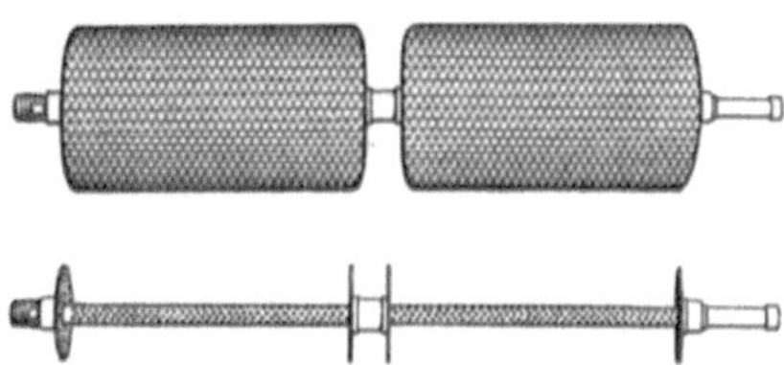

Doppelte Kreuzspulfärbehülse mit flachem
Zwischenschieber, die sich infolge ihres
besonders konstruierten Federverschlußstöpsels zum Behandeln von Spulen verschiedener Länge eignet.

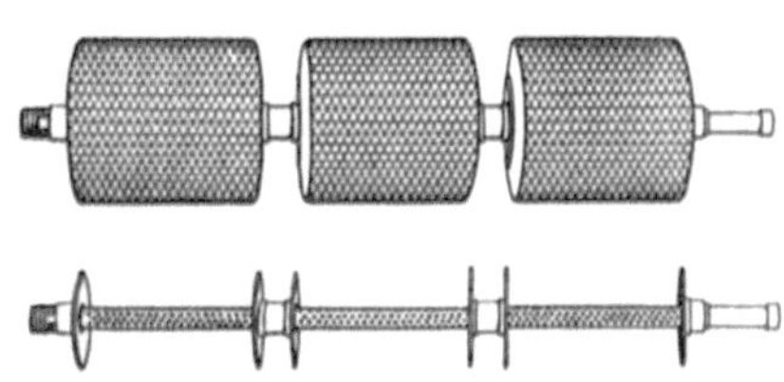

Dreifache Kreuzspulfärbehülse mit flachen
Zwischenschiebern, die sich ebenfalls zum
Behandeln von Spulen verschiedener Länge
eignet.

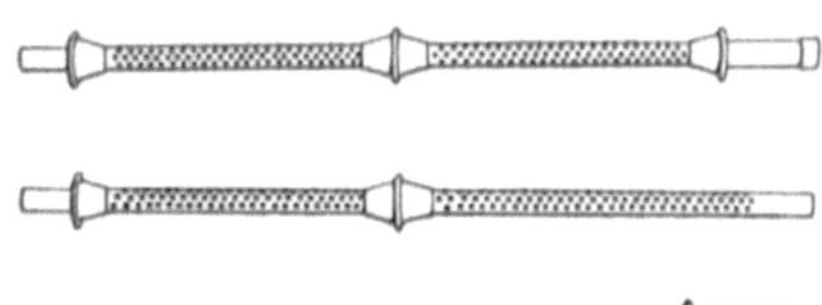

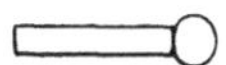

Doppelte Kreuzspulfärbehülse mit konischem
Zwischenschieber, die sich infolge ihres besonders konstruierten Federverschlußstöpsels
zum Behandeln von Spulen verschiedener
Länge eignet.

Abdichtstöpsel für die Platte.

Abdichthülse für perforierte Copsfärbespindeln.

Abdichtgewinde für die Platte.

beim Einsetzen besonders darauf, daß die Platten oder Rohrstutzen gut abdichtend aufsitzen, damit die zirkulierende Flotte gezwungen ist, das zu färbende Material zu durchströmen und sich keinen anderen Weg suchen kann.

Die Apparate sind in der Regel durch Rohrleitung mit einem oder mehreren Flottenbehältern verbunden, in welchen der Ansatz der Farbflotte vorgenommen wird und in welche die gebrauchte Flotte zwecks späterer Weiterbenutzung zurückgepumpt werden kann.

Vor Einlaß der Farbflotte überzeuge man sich, ob alle Hähne und Ventile in Ordnung und in entsprechender Stellung sind.

Für das Entwässern der Cops nach dem Färben ist bei den meisten Aufsteckapparaten die Anordnung getroffen, daß die Copsträger nach dem Herausheben aus der Farbflotte an eine Vakuumstation angeschlossen werden, welche die noch anhaftende Farbflüssigkeit absaugt.

Auch die für manche Farbstoffe zur Entwicklung notwendige Luftoxydation wird durch Vakuum oder Druckluft oder wechselweise Wirkung beider auf dem Apparat vorgenommen. Kreuzspulen lassen sich auf Aufsteckapparaten nicht vollständig entwässern, da die Kreuzspulen infolge ihrer Wicklung der Luft zu wenig Widerstand entgegensetzen; die Luft streicht daher durch die Spulen hindurch, ohne genügend Flüssigkeit mitzureißen. Man tut im allgemeinen besser, Kreuzspulen nach dem Färben von den Spindeln herunterzuziehen, Holz oder Eisenstäbchen durchzustecken und zu zentrifugieren.

Beim Färben von Cops und Kreuzspulen im Aufstecksystem kommt es vor, daß kleine Baumwollfäserchen in Verbindung mit Niederschlägen aus dem Wasser und der Farbflotte sich an den Perforierungen der Spindeln festsetzen. Mit der Zeit wird dieser Ansatz so stark, daß die Perforierungen völlig verstopft werden. Die Flottenzirkulation wird an diesen Stellen dann derart behindert, daß helle Flecken entstehen. Es empfiehlt sich deshalb, die Spindeln von Zeit zu Zeit zu reinigen, indem man sie mit einer Lötlampe ausbrennt, den trockenen Staub ausklopft und durch Zirkulation von heißem Wasser im Apparat überdies ausspült. Für den gleichen Zweck sind auch Spindelreinigungsmaschinen konstruiert worden, doch dürften sich diese nur für große Betriebe rentieren.

Außer für Cops und Kreuzspulen haben Aufsteckapparate auch zum Färben von Vorgespinst, sog. Fleyerspulen, Verwendung gefunden. Dieses Verfahren bietet den Vorteil, daß das Kardenband unter möglichster Schonung der Faser gefärbt, sowie gleich auf der Spule getrocknet werden kann. Die Arbeitsweise ist ungefähr die gleiche wie bei Kreuzspulen; zur Vermeidung des Verwirrens der Spinnbänder färbt man möglichst unter Kochtemperatur.

Das Färben von gezettelten Kettenbäumen hat in den letzten Jahren außer für Baumwollbuntwebereien auch für die Halbwollbranche hervorragende Bedeutung erlangt, da dieses Verfahren ein sehr rationelles Arbeiten sowohl in der Färberei wie bei der Verarbeitung in der Weberei gestattet. Die großen Vorteile, welcher jeder Weberei durch die Möglichkeit erwachsen, direkt von der rohen Kreuzspule oder Pfeife zu scheren und dann die so hergestellte Kette auf dem Kettenbaum in beliebiger Farbe auszufärben und zu schlichten, liegen auf der Hand. Der direkte Verdienst resultiert vor allem aus dem Wegfall der Spul- und Weiflöhne, Verminderung des Abfalls und Ersparnissen in der Färberei und Trocknerei.

Die für die Kettenbaumfärberei gebräuchlichen Apparate sind ebenfalls zu den Aufstecksystemen zu rechnen, sie besitzen mit Bordscheiben versehene perforierte Hohlzylinder, auf welche die zu färbenden Ketten aufgebäumt werden. Vor dem Aufbäumen umwickelt man den Zylinder mit einer Lage Baumwollstoff. Das Aufbäumen der Ketten darf nicht unter zu großer Spannung vorgenommen werden, damit das Durchdringen der Farbflotte nicht unnötig erschwert wird. Andererseits darf die Wicklung auch nicht zu locker sein, da in diesem Falle eine Verschiebung der Garnschichten und ein Durchbruch der Flotte an einzelnen Stellen stattfindet. Ein zu locker gewickelter Kettenbaum zeigt nach dem Färben eine wellenförmige Oberfläche und ist in der Regel nicht gleichmäßig gefärbt.

In Fig. 51 ist eine Zettelmaschine der Firma Gebr. Sucker, Grünberg i. Schles., veranschaulicht, welche sich speziell zur Herstellung nicht zu fest, dabei gleichmäßig und kreuzweise gewickelter Zettelwalzen für die Kettenbaumfärberei eignet. Konstruktion und Wirkungsweise dieser Maschine ist aus der Querschnittzeichnung (Fig. 52) ersichtlich, und möge zur Erläuterung folgendes dienen. Das Spulenfeld wird für eine beliebige Anzahl liegender Rollen oder Kreuzspulen eingerichtet, und die Fäden passieren zunächst einen geschlossenen Expansionskamm. Durch einen Dreirollentransport B, C und D, der direkt hinter dem geschlossenen Expansionskamm A angebracht ist, werden alle Kettenfäden mit einer gleichbleibenden Geschwindigkeit vom Spulenfeld aus der Maschine zugeführt. Der Antrieb des Zugorgans erfolgt durch Kette und Zahnräder von der unten liegenden Tambourwelle aus, und die gleiche Kette dient auch zum Antrieb der Friktion F, von der aus durch Zahnräder der perforierte Baum B seinen Antrieb erhält. Diese Friktion gestattet dann, die durch den Dreirollentransport nach der Maschine gelangenden Fäden mit beliebig loser Spannung auf den Baum aufzuwickeln, so daß man also nach Belieben hart oder weich gebäumte Ketten, je dem Kettenmaterial und dem zur Verwendung kommenden Farbstoff entsprechend, erhalten kann.

Heuser, Apparatfärberei.   7

Fig. 51. Zettelmaschine, Gebr. Sucker, Grünberg. Gesamtansicht.

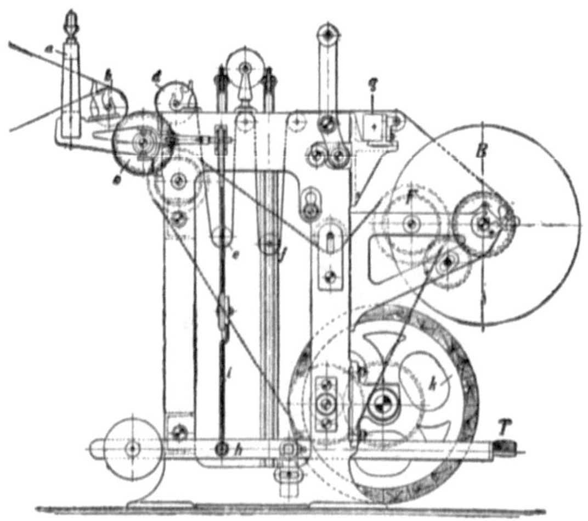

Fig. 52. Querschnittzeichnung.

Die ferner vorgesehene Changierbewegung des vorderen Expansionskammes gibt den Fäden eine kreuzweise Wicklung, durch welche ein gleichmäßiges Durchdringen der Farbflotte ganz bedeutend erleichtert wird, so daß selbst bis zum Rand der Scheiben (500 mm Durchm.) ausgenutzte Farbbäume tadellos und gleichmäßig durchgefärbt werden.

Wird die Maschine bei Fadenbruch durch die Selbstabtellung oder von der Hand des Arbeiters ausgerückt, so wird gleichzeitig auch der Antrieb des Dreirollentransportes durch die Hebel h und i ausgeschaltet, so daß beim Zurückdrehen des Baumes die dadurch eintretende lockere Spannung der Fäden nicht nach dem Spulenfeld zurückwirken und dort ein Verdrehen der Fäden verursachen kann. Die zurückgedrehte Kette wird in bekannter Weise von den Fallwalzen e und f in Spannung gehalten. Rückt man mittels Fußtrittes auf die Latte T die Maschine wieder ein, so setzen die Hebel h und i den Antrieb der Walzen b, c und d wieder in Wirkung.

An Maschinen, die mit großer Garngeschwindigkeit laufen, ist noch zwischen dem Kamm a und dem Dreirollentransport b, c und d eine Fallwalze angebracht, welche das beim schnellen Ausrücken durch das Nachlaufen der Spulen bedingte Losewerden der Fäden verhütet und diese alle in gleichmäßiger Spannung hält.

Die aufgebäumten Kettenbäume, welche je nach der Garnnummer 75 bis 100 kg fassen, werden in die Färbeapparate eingelegt und mittels gut abdichtender Verschlußvorrichtungen an die Flottenleitungen angeschlossen.

Das Färben wird teils in offenen, teils in geschlossenen Apparaten vorgenommen. Letztere eigenen sich speziell für oxydationsempfindliches Schwefelblau, für Indigo und andere Küpenfarbstoffe, deren reduzierte Lösungen durch Luftzutritt stark oxydiert werden. Die geschlossenen Apparate bieten weiterhin den Vorteil, daß die im Apparat und im Kettenbaum vorhandene Luft vor Eintritt der Farbflotte abgesaugt werden kann, was ein vollständiges Durchtränken des Kettenbaumes wesentlich erleichtert und die Bildung von Luftflecken ausschließt; auch kann man in diesen Apparaten die Bäume unter Druck der Flotte von innen nach außen und umgekehrt bearbeiten.

Die offenen Apparate haben den Vorzug, billiger zu sein, und werden für substantive und Schwefelfarbstoffe benutzt. Zur Vermeidung von Luftflecken läßt man in den offenen Apparaten die Farbflotte durch die Pumpenrohrleitungen langsam von innen nach außen den Kettenbaum durchströmen, so daß die vorhandene Luft herausgedrückt wird.

Die Zirkulation der Farbflotte wird bei den offenen Apparatsystemen mittels Pumpe derart bewirkt, daß die Flotte nur von innen nach außen durch den Kettenbaum gedrückt wird, da eine Saugwirkung von außen nach innen durch starke Kettenbäume kaum in nennenswerter Weise zu erzielen ist.

Das Trocknen der gefärbten Ketten erfolgt entweder auf der Lufttrocken- oder Sizingmaschine, und je nach Erfordernis werden 5—8 und mehr Bäume vorgelegt.

Das Spülen aller Färbungen, gleichviel ob im Pack- oder Aufstecksystem gearbeitet wurde, kann in den Apparaten selbst erfolgen, nachdem die Farbflotte abgelassen oder zur Aufbewahrung in die betr. Flottenbehälter zurückgedrückt oder abgesaugt wurde. Um die Produktionsmöglichkeit zu erhöhen und den Färbeapparat für weitere Partien frei zu bekommen, empfiehlt es sich jedoch, das Spülen in einem gesonderten Apparat vorzunehmen. Dunkle Färbungen auf loser Baumwolle, besonders Schwefelschwarz, werden zweckmäßig nach erfolgtem kurzen Spülen im Apparat nochmals auf einer Waschmaschine gründlich nachgespült.

Eines Umstandes, welcher sowohl für Apparate mit Packsystem wie mit Aufstecksystem von Wichtigkeit ist, und dessen Nichtbeachtung zu Unzuträglichkeiten führt, möchte ich an dieser Stelle noch Erwägung tun. Es ist dies die Entfernung der Luft aus den Rohrleitungen, der Pumpe und aus dem Färbegut vor bzw. bei Einlaß der Farbflotte. Bei geschlossenen Apparaten gestaltet sich die Sache insofern einfach, als man den ganzen Flottenraum vor Eintritt der Farbflotte evakuieren kann. Ebenso läßt sich in Aufsteckapparaten, deren Flottenzirkulation durch Vakuum und Kompression vermittelt wird, die Luft leicht aus dem aufgesteckten Material entfernen. Bei offenen Apparaten dagegen, deren Flottenzirkulation durch Pumpen bewirkt wird, ist besonderes Augenmerk auf die Entfernung der Luft zu richten. Man läßt zu diesem Zweck die Farbflotte aus dem Flottenansatzbehälter langsam einströmen, damit die Luft aus den Rohrleitungen, der Pumpe und dem eingepackten oder aufgesteckten Material entweichen kann. Es müssen daher an geeigneten Stellen, vor allem auf dem Pumpengehäuse und auf dem Flottendurchgangsraum der Materialbehälter oder Materialträger Hähne angebracht sein, welche so lange offen stehen, bis die Luft entwichen ist und Flotte aus ihnen heraustritt; auch soll die einströmende Flotte ihren Weg stets durch die Pumpenrohrleitungen in den Apparat nehmen, um die Luft allmählich herauszudrücken. Entstandene Luftsäcke in den Rohrleitungen oder der Pumpe bewirken ein heftiges Schlagen der Rotationspumpen, bei Zentrifugalpumpen ein Leerlaufen der Pumpe ohne Flottenförderung. Im Material zurückgebliebene Luft gibt Veranlassung zu Unegalitäten, zumeist bleibt das Material an diesen Stellen vollständig ungefärbt. Die gleichen Luftflecken entstehen natürlich auch dann, wenn durch undichte Stellen, z. B. an Flanschen oder Stopfbüchsen, Luft in die Leitung gerissen wird.

Im allgemeinen will ich noch bemerken, daß bei Baumwollfärbeapparaten das Mengenverhältnis der Farbflotte zum Material eine sehr beachtenswerte Rolle spielt. Mit wenigen Ausnahmen ziehen bekanntlich Baumwollfarbstoffe nur sehr unvollständig aus, und zwar um so schwerer, je länger das Flottenverhältnis ist. Es ist daher von Wichtigkeit bei Anschaffung eines Baumwollfärbeapparates darauf zu achten, daß in möglichst kurzer Flotte gefärbt werden kann, da man nicht immer in der Lage sein wird, auf alten Bädern weiter zu färben, oder diese aufzubewahren. Bei Packapparaten wird ja durchweg die Möglichkeit vorhanden sein, in einem rationellen Flottenverhältnis von höchstens 1 : 5 zu färben, bei Aufsteckapparaten ist jedoch dieses Moment nicht immer in der richtigen Weise gewahrt. Man wird daher solche Apparate bevorzugen müssen, deren Konstruktion ein Färben auch im Aufstecksystem in einem Flottenverhältnis von höchstens 1 : 20 gestattet.

3. Pack- und Aufsteck-Apparatsysteme.

Ich lasse nun an Hand von Abbildungen eine Erläuterung der Konstruktion und Wirkungsweise einer Reihe in der Praxis bestbewährter Färbeapparate folgen.

Es läßt sich hierbei eine Trennung in Pack- und Aufsteckapparate nicht gut durchführen, oder diese würde doch zu unliebsamen Wiederholungen führen, da die meisten Apparate, und meiner Ansicht nach die praktischsten, so konstruiert sind, daß sie sich nur durch Auswechselung der Materialträger sowohl als Pack- wie als Aufsteckapparate verwenden lassen.

Der erste praktisch in größerem Umfang verwendete Apparat, zum Färben von losem Material, Kardenband, Stranggarn, Kreuzspulen, Cops usw. für Packsystem geeignet, ist von der Firma Obermaier & Co. in Lambrecht (Pfalz) in den Handel gebracht worden.

Die maschinelle Einrichtung dieses Apparates besteht im wesentlichen aus einem Behälter zur Aufnahme der Ware, einem Färbebottich für das Färbebad, einer Zentrifugalpumpe, die den Kreislauf der Flotte bewirkt, einem mit dem Apparat durch Rohrleitung in Verbindung stehenden Flottenansatz- und Aufbewahrungsbehälter und einer Vorrichtung zur schnellen Spülung.

Der Flottenkreislauf ist in diesen Apparaten derart angeordnet, daß die Flotte zunächst in einen inneren, oben geschlossenen, längsseitig perforierten Zylinder eintritt, aus welchem sie in horizontaler Richtung mittels Pumpendruck durch das in dem äußeren Zylinder eingepackte Material getrieben wird, um durch dessen gleichfalls perforierte Wandungen dem Flottensammelraum und der Pumpe wieder zuzufließen und den beschriebenen Kreislauf fortzusetzen. Die Perforierung des inneren Zylinders weist größere Löcher auf als die des äußeren, wodurch eine möglichst gleichmäßige Verteilung der Flotte erzielt und der Bildung von Kanälen tunlichst vorgebeugt wird.

Die Handhabung geschieht derart, daß der Warenbehälter mit dem zu färbenden Material gefüllt, mittels des Deckels unter Pressen geschlossen und in den Färbebottich eingesetzt wird. Durch Einrücken der Pumpe wird der Färbeapparat in Tätigkeit gesetzt. Eine in Windungen am Boden des Apparates liegende indirekte Dampfschlange dient zur Erhitzung des Färbebades.

Fig. 53 veranschaulicht einen Packapparat der Firma Obermaier & Co., speziell zum Färben von losem Material, loser Baumwolle, Lumpen usw. geeignet. Diese Type wird für ein jeweiliges Fassungsvermögen von 50—400 kg in einer Farbpartie gebaut.

Zum raschen Entleeren des Färbezylinders ist eine Einrichtung getroffen, daß der äußere Mantel in die Höhe gezogen werden kann (aus der Abbildung ersichtlich) und der Materialblock zum Wegnehmen frei wird.

Nach dem gleichen Prinzip wie der vorhergehende ist der durch Abbildung Fig. 54 illustrierte Obermaier-Apparat konstruiert. Dieser dient sowohl zum Färben von losem Material als auch von Garn im Strang, Kreuzspulen und Ketten im Packsystem. Der Apparat faßt je nach Größe pro Beschickung 50—100 kg. Garn oder 25—50 kg lose Baumwolle, Kardenband usw. Die Materialbehälter sind so konstruiert, daß sie samt Inhalt direkt nach dem Färben und Spülen auf eine Spezialzentrifuge gesetzt und hier ohne vorhergegangenes Umpacken entwässert werden können. Auch zum Färben von Cops im Packsystem ist dieser Apparat geeignet. Es bedarf hierzu nur der Mitanschaffung eines zylindrischen Spezialbehälters, der ebenfalls die Eigenschaft besitzt, samt Inhalt auf der Spezialzentrifuge geschleudert werden zu können. Dadurch bleiben die Cops in ihrer Form erhalten und verursachen in der Weberei keinen Abfall. Ein solcher Spezialzylinder faßt je nach Größe des Apparates 50—100 kg Cops.

Ein kontinuierliches Arbeiten ermöglichen die Reservefärbezylinder; es kann der eine Zylinder mit dem Färbegut beschickt oder entladen werden, während sich der andere im Färbebad befindet. Für große Tagesproduktion im Strang, Kreuzspulen, Ketten und Kardenband baut die Firma Obermaier & Co. einen Apparat mit 3 Materialbehältern in einem Bottich, der somit 150—300 kg pro Beschickung faßt.

Einsetzplatten mit perforierten Spindeln gestatten den Apparat auch gleichzeitig zum Färben von Cops und Kreuzspulen nach dem Aufstecksystem zu verwenden.

Man ist durch diese Neuerung bei einem geringen Mehr an Anschaffungskosten allen Ansprüchen gewachsen. Durch einfache Auswechselung des betreffenden Materialbehälters oder Trägers kann man die Kreuzspulen und Cops entweder nach dem Pack- oder Aufstecksystem behandeln.

Fig. 53. Färbeapparat nur für Packsystem. Obermaier & Co., Lambrecht.

Fig. 54. Färbeapparat für loses Material, Stranggarn, Cops und Kreuzspulen im Pack- und Aufstecksystem. Obermaier & Co., Lambrecht.

Zum Färben von Vorgarn auf Bobinen baut die Firma Obermaier & Co. einen Fleyerspulenapparat, dessen Konstruktion und Wirkungs-weise dem vorbeschriebenen Apparat ähnlich ist. Der Apparat faßt 100 Bobinen = 60 kg pro Beschickung. Die Fleyerspulen werden zu zweien übereinander in Nickelintöpfe eingesetzt und diese oben ver-mittelst Deckel geschlossen. Die Töpfe sind auf eine eiserne Platte auf-geschraubt, welche in den Färbebottich zu liegen kommt. Die Zirku-lation der Färbeflotte wird durch eine Zentrifugalpumpe bewirkt. Die Durchströmung des Färbebades geschieht nach zwei Richtungen, ab-wechselnd von unten nach oben und umgekehrt, wodurch ein gleich-mäßiges Durchfärben gewährleistet wird. Es sei an dieser Stelle noch bemerkt, daß sämtliche vorstehend beschriebenen Apparate der Firma Obermaier & Co. mit dieser Einrichtung für wechselseitigen Flottenlauf versehen werden können, sofern dies wünschenswert erscheint.

Ein Kettbaumfärbeapparat derselben Firma ist in Fig. 55 dar-gestellt. Dieser Apparat besteht im wesentlichen aus einem runden Kessel, einem Wagen zur Aufnahme des Kettbaumes, einem Vierweg-hahn, einer Vorrichtung zum Spülen und zur Rückgewinnung der Flotte und einer Pumpe. Die Arbeitsweise des Apparates ist folgende: Der Kettbaum wird auf den Wagen gebracht und horizontal in den Kessel gefahren. Der Wagen bleibt während des Färbens im Apparat. Der Baum setzt sich dann auf den im Kessel befindlichen konisch geformten Zapfen fest, der Deckel wird geschlossen und der Baum mittels der auf dem Deckel angebrachten Spindel zwischen den konischen Rohransätzen festgeklemmt und so mit der Flottenleitung verbunden. Darauf wird die Pumpe in Bewegung gesetzt. Die Flotte dringt nun abwechselnd von innen nach außen und umgekehrt durch den Kettbaum. Dieser wechselseitige Flottenlauf wird durch Umstellen eines Vierweghahnes bewirkt. Nach beendigtem Färben wird die Farbflotte durch die Zentri-fugalpumpe in ein höher stehendes Reservoir gedrückt und der Baum im Apparat gespült.

Zum Färben oxydationsempfindlicher Farbstoffe, d. h. Schwefel-farbstoffe, vor allem Schwefelblau, Indigo und der anderen neueren Küpen-farbstoffe auf Cops und Kreuzspulen im Aufstecksystem hat die Firma Obermaier & Co. neuerdings einen Apparat konstruiert, der es ermöglicht, die Cops und Kreuzspulen während des Herausnehmens aus dem Färbe-bad vermittelst Absaugens zu entflotten und anschließend daran mit Luft zu durchdringen, wodurch eine gleichmäßige Oxydation der Farben gewährleistet wird.

Die Bestandteile des Apparates sind aus Fig. 56 ersichtlich. Die Arbeitsweise ist folgende: Zwei für Cops und Kreuzspulen verschiedene Platten werden mit dem Material beschickt und in den Färbebottich gesenkt, die Flotte wird aus dem Flottenansatzbehälter zugelassen und

Fig. 55. Kettenbaum-Färbeapparat. Obermaier & Co., Lambrecht.

Fig. 56. Apparat zum Färben mit oxydationsempfindlichen Farbstoffen im Aufstecksystem. Obermaier & Co., Lambrecht.

die Pumpe in Bewegung gesetzt. Der Flottenkreislauf kann einseitig oder wechselseitig angeordnet werden. In der Regel genügt es, die Farbflotte nur in saugender Wirkung von außen nach innen durch die Wickel zirkulieren zu lassen.

Die Vorrichtung zum Entwässern und Oxydieren der Wickel nach beendigtem Färben ist so getroffen, daß die Cops oder Kreuzspulen reihenweise in dem Augenblick abgesaugt werden, in welchem sie beim Herausziehen der Platte aus der Flotte auftauchen. Da die Saugkraft des Vakuums jeweils auf nur wenige Cops konzentriert ist, so ist einerseits die Wirkung eine sehr rapide und intensive, von Reihe zu Reihe mit ungeschwächter Kraft einsetzend, andererseits verlassen die Kops die vor vorzeitiger Oxydation schützende Farbflotte erst unmittelbar vor dem vollständigen Absaugen.

Bei dem Absaugen wird der Flottenüberschuß verlustlos wieder gewonnen.

Ist es wünschenswert, das Material vor dem Netzen mit der Farbflotte zu entlüften, so läßt sich dies auf einfache Weise mittels der Vakuumvorrichtung erreichen.

Nicht zu unterschätzen ist die Möglichkeit, nach Belieben auch ganz kleine Partien färben zu können.

Der Apparat wird in drei Größen gebaut:
1. für ein Fassungsvermögen von 25—28 kg Pincops, 40—50 kg Warpcops, 35—40 kg Kreuzspulen;
2. für das doppelte Quantum dieser Materialmengen;
3. in Miniaturausführung für Versuchszwecke.

Nimmt man eine Färbedauer von 20—30 Minuten für eine Partie an, so läßt sich leicht eine Tagesproduktion von 10—12 Partien und mehr erreichen.

Die Firma C. G. Haubold jr., G. m. b. H., Chemnitz, hat die Konstruktion von Apparaten System Giebe, Mühlhausen übernommen und führt den Bau dieser Apparate in verschiedenen Ausführungen aus.

Die beiden in Frage kommenden Typen unterscheiden sich in der Hauptsache durch die Anordnung eines offenen Färbebottichs bei dem einen und eines verschließbaren mit Schleudereinrichtung versehenen Farbkessels bei dem anderen System. Beiden Typen gemeinsam ist die Anordnung des Färbebottichs mit Heizschlangen für direkten und indirekten Dampf, der Pumpe und Rohrleitung mit Hähnen für den Flottenkreislauf und der jeweilig erforderlichen Materialträger, welche für Cops, Kreuzspulen, Fleyerspulen, Kardenbandbobinen, Stranggarn und loses Material, also für Aufsteck- und Packsystem ausgeführt werden können. Als Zubehörteile kommen noch in Betracht: Ein Wagen zum bequemen Transport je eines Materialträgers, ein Hebezeug (den verschiedenen Lasten angepaßt) zum Herausnehmen des

Materialträgers oder des Deckels aus dem Färbebottich, eine Vakuumstation, bestehend aus Luftpumpe, Vakuumkessel usw., zum Erzeugen
und Aufspeichern des zum Absaugen der Materialträger nötigen Vakuums.

Die Flottenzirkulation ist wechselseitig angeordnet, und zwar wird
die Umschaltung von einer Flottenrichtung in die andere nur durch
eine einzige Vierteldrehung eines eigens dazu konstruierten Spezialhahnes
bewerkstelligt.

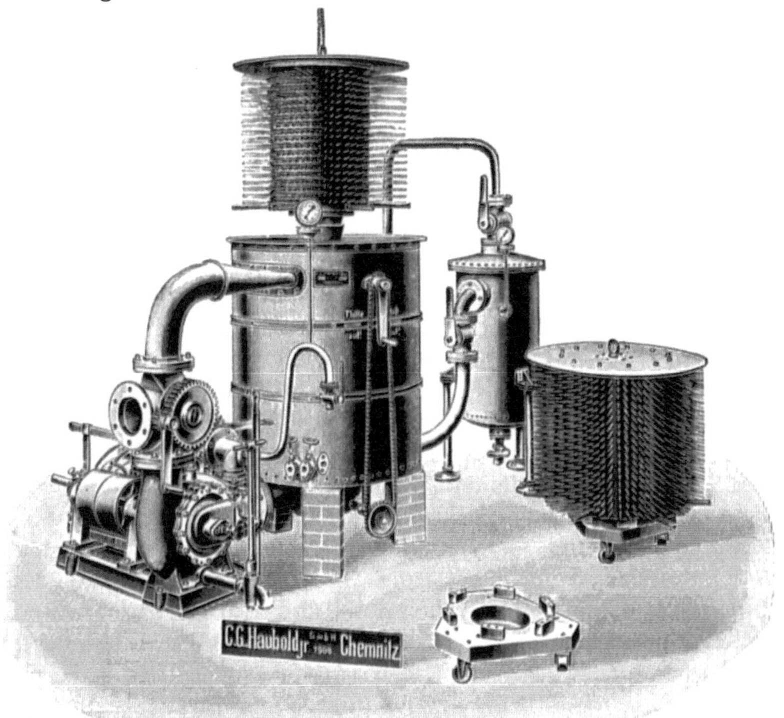

Fig. 57. Färbeapparat mit offenem Farbkessel. System Giebe-Haubold.

Aus den Flottenansatzbehältern kann die Flotte durch die Pumpe
geholt und wieder in diese zurückgedrängt werden, so daß die Behälter nicht hoch über dem Fußboden zu stehen brauchen, daher leicht
zugänglich sind. Der Flottenzusatz beim Nuancieren geschieht lediglich
durch Öffnen eines Hahnes, wobei die Zusatzflotte erst durch die Pumpe
mit der anderen Flotte innig vermischt wird, bevor sie in das Färbegut
gelangt.

Die mit Materialträgern für Aufstecksystem ausgerüsteten Apparate
beider Typen sind derart eingerichtet, daß der abzusaugende Materialträger nicht aus dem Färbebottich herausgenommen zu werden braucht,

sondern daß nach dem Entfernen der Flotte durch die Pumpe (was sehr schnell vor sich geht) direkt im Bottich abgesaugt eventuell oxydiert und gespült werden kann. Es bietet diese sehr intensiv wirkende Absaugvorrichtung fernerhin den Vorteil, daß man die Farbflotte aus den Cops und Kreuzspulen fast ohne Verlust wiedergewinnt, was eine bedeutende Ersparnis an Farbstoff repräsentiert. Zudem wird dadurch das Quantum des Spülwassers und die Spüldauer auf ein Minimum beschränkt.

Für direkte Farben, speziell wenn diese im Aufstecksystem gefärbt werden, oder wenn man darauf Wert legt, die Farbflotte während des Färbeprozesses beobachten und bequem Materialmuster entnehmen zu können, ferner da, wo Preis und Kraftbeanspruchung eine wesentliche Rolle spielen, wird der in Fig. 57 veranschaulichte Apparat mit offenem Färbebottich in Frage kommen.

Der durch Fig. 58 illustrierte Universal-Apparat mit verschließbarem Deckel und Schleudereinrichtung ist jedenfalls als der vollkommenere und leistungsfähigere der beiden Typen anzusehen. Der Vorzug dieses Systems beruht zunächst darauf, daß sowohl das aufgesteckte wie das eingepackte Material nicht nur von innen nach außen, sondern auch umgekehrt von außen nach innen unter mehreren Atmosphären Flottendruck wechselweise bearbeitet werden kann. Diese Konstruktion ermöglicht ein rasches und gleichmäßiges Durchdringen des Materials mit Farbflotte, so daß die Färbedauer bei einzelnen direkten Farbstoffen auf 15 Minuten, bei Sulfinfarbstoffen auf 20 Minuten beschänkt werden kann, sofern es sich um Stapelfarben handelt, welche nicht nuanciert zu werden brauchen. Daraus resultiert eine große Produktionsfähigkeit dieses Systems, da man auf jedem Färbeapparat täglich 10—20 mal färben kann und je ein Materialträger für Pin- und Warpkops zirka 50 kg und ein solcher für Kreuzspulen zirka 75 kg faßt. Während die mit den Aufsteckmaterialträgern verbundene Absaugevorrichtung es gestattet, alle Operationen wie Färben, Spülen, Diazotieren, Entwickeln usw., unter Belassung der Wickel auf den Spindeln vorzunehmen, ermöglicht es die mit dem Apparat direkt verbundene Schleudereinrichtung, die genannten Operationen auch im Packsystem auf lose Baumwolle, Kardenband, Stranggarn, Kreuzspulen hintereinander ausführen zu können, ohne das Material umzupacken oder den Materialbehälter herausheben zu müssen. Diese Schleudereinrichtung ist ferner von besonderer Bedeutung beim Färben sämtlicher Küpenfarbstoffe im Packsystem, da durch das Schleudern des eingepackten Materials unmittelbar nach beendigtem Färben aller überschüssiger Farbstoff entfernt und ein Abreiben der Färbungen tunlichst vermieden wird, zumal das Schleudern unter Luftabschluß geschehen kann.

Für das Färben speziell von losem Material und Stranggarn baut die gleiche Firma noch einige andere Apparattypen sowohl mit einseitiger

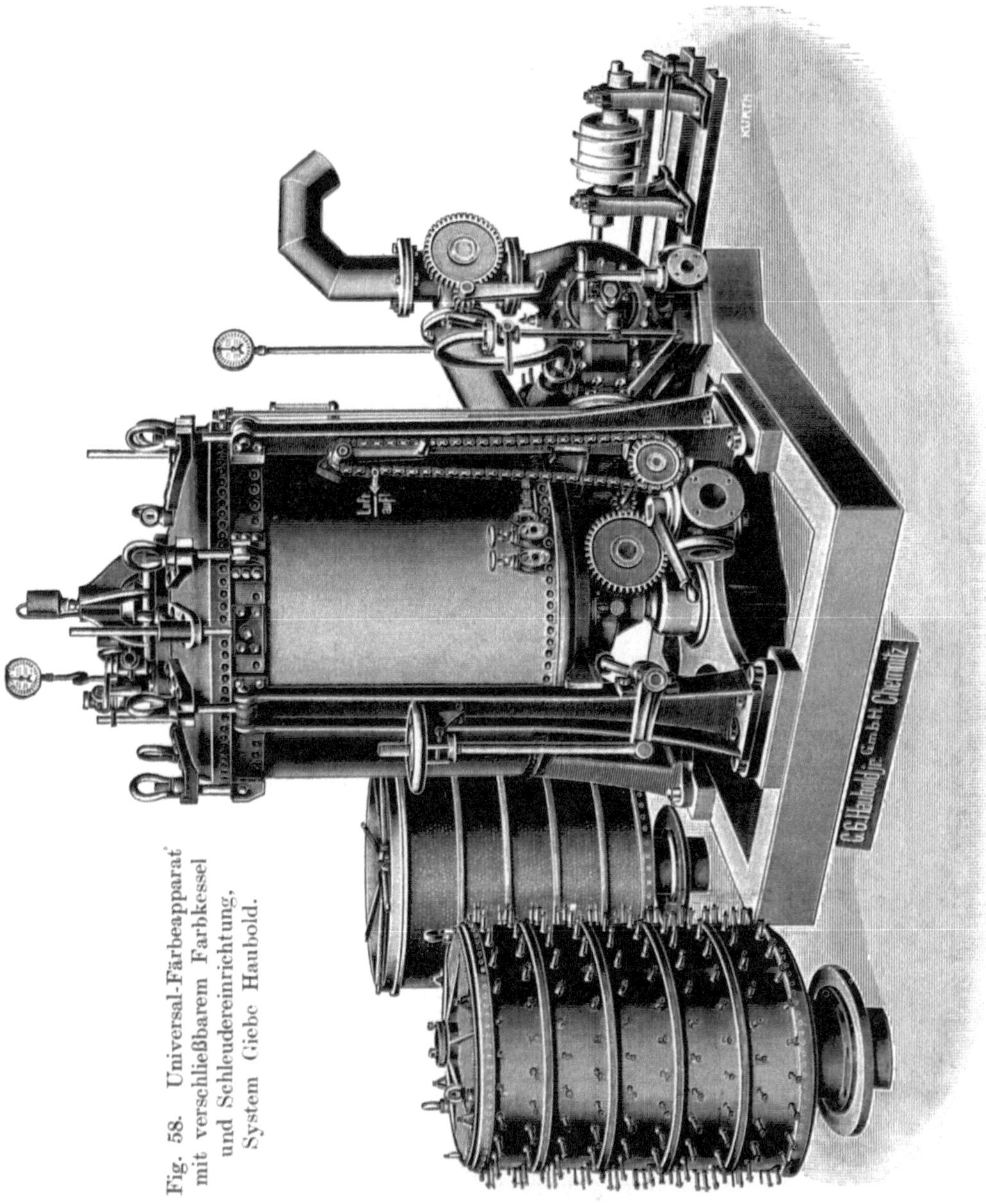

Fig. 58. Universal-Färbeapparat mit verschließbarem Farbkessel und Schleudereinrichtung, System Gebr. Haubold.

wie mit wechselseitiger Flottenzirkulation. Die Konstruktion dieser Apparate mit heraushebarem Materialbehälter ähnelt dem bekannten Obermaier Packapparat.

Von den Färbeapparaten der Zittauer Maschinenfabrik A.-G., Zittau i. Sa., sind zwei Typen besonders erwähnenswert. Der in Fig. 59

veranschaulichte offene Apparat, System „Hermann Schubert",
in welchem mit Vakuum und komprimierter Luft gearbeitet wird und
der durch Fig. 60 illustrierte geschlossene Apparat, in welchem die Zirkulation der Flotte durch eine Dampfpumpe bewirkt wird.

Fig. 59. Färbeapparat, System Schubert. Zittauer Maschinenfabrik.

Der offene Apparat, Fig. 59, dient speziell zum Färben von Cops,
Kreuzspulen und gezettelten Ketten im Aufstecksystem und besteht
im wesentlichen aus folgenden Teilen: einer doppelwirkenden Kom-
pressions- und Vakuumluftpumpe (gewöhnlich mit direkt angebauter
Dampfmaschine), einem Vakuumkessel, einem Kompressionskessel, beide
in Verbindung mit der Luftpumpe, dem eigentlichen Färbesystem mit
oberem Flottenkessel mit Rohrleitung und Abstellung nach dem Vakuum-
und Kompressionskessel und der Dampfleitung und der weiter unten erwähnten Vorrichtung zum Wiederverstärken der Flotte, mit einem
direkt mit dem Flottenkessel verbundenen Gelenkrohrsystem mit leicht
und schnell lösbarem Anschluß an die Cops- bzw. Kettenzylinder und
dem offenen Flottentroge mit Heizrohr und Wasserzufluß, in welchem
die Cops- oder Kettenzylinder mit Hilfe des Gelenkrohrsystems versenkt
werden, und aus den Cops- oder Kettenzylindern, auf welche die Pinkops
resp. Warpcops auf perforierten Nickelinhülsen aufgesteckt bzw. die
Ketten aufgebäumt werden.

Die Arbeitsweise ist folgende: Der besteckte Copszylinder bzw.
die bewickelte Scherwalze wird mittelst einer Trage von einem kleinen
Wagen auf den Flottentrog zwischen die Rohrarme des Gelenkrohr-

systems gebracht und darin durch Anziehen einer einzigen Flügelmutter luftdicht eingespannt. Hierauf wird der Zylinder in den Flottentrog gesenkt und die Flotte durch Öffnen des Ventils nach dem Vakuumkessel gesogen und dann sofort durch Abstellen des Vakuumventils und Öffnen des Dampfventils oder des Kompressionsventils, je nachdem heiß oder kalt operiert wird, wieder von innen nach außen durch die Cops resp. Ketten nach dem Flottentrog zurückgedrückt. Dieses zweimalige Passieren der Farbflotte durch die Cops in wechselnder Richtung geschieht innerhalb einer Minute.

Außer durch die abwechselnde Zirkulation der Farbflotte von außen nach innen und umgekehrt durch das zu färbende Material, wird bei diesem Apparat ein absolut gleichmäßiges Durchfärben dadurch garantiert, daß der Apparat eine patentierte Einrichtung besitzt, um die Flotte beliebig vor dem Durchsaugen oder Durchdrücken wieder zu verstärken; man erhält infolgedessen dadurch, daß man die Cops mit Flotten von genau gleicher oder beliebig veränderter Konzentration, sowohl von außen nach innen als auch umgekehrt behandeln kann, absolut gleichmäßige Durchfärbungen und beugt Unegalitäten vor, die z. B. bei sich leicht assimilierenden Farben dadurch entstehen können, daß beim Durchsaugen der konzentrierten Flotte von außen nach innen auf den äußeren Fadenschichten sich mehr Farbstoff absetzt, als auf den inneren, indem die Flotte schon geschwächt an die inneren Fadenschichten kommt und so zu Differenzen in den Farbnuancen Veranlassung gibt.

Das Durchsaugen und Durchdrücken der Flotte bzw. Passierenlassen von außen nach innen und umgekehrt durch das Material wird natürlich mehrmals wiederholt, bis die gewünschte Nuance erreicht ist, wovon man sich jederzeit leicht überzeugen kann, da man in offener Wanne färbt, also jederzeit zu mustern in der Lage ist. Nach vollendetem Färben hebt man den Zylinder mittels der vorgesehenen Winde aus dem Trog und drückt die überschüssige Farbflotte aus den Ketten oder Cops aus, indem man Dampf oder komprimierte Luft hindurchpreßt oder diese von außen nach innen absaugt.

Durch Wechseln der Tröge ist man in der Lage, verschiedene Bäder hintereinander geben zu können, ohne den Materialträger aus dem Apparat entfernen zu müssen, ebenso läßt sich das Material direkt im Apparat waschen, seifen, dämpfen und absaugen.

Die Produktionsmöglichkeit des Apparates anlangend, sei noch erwähnt, daß jeder Zylinder ca. 2000 Pincops oder 1000 Warpcops faßt, entsprechend einem Garngewicht von ca. 45 kg; ein solcher Zylinder kann, wenn man als Beispiel substantive Farbstoffe annimmt, in 15 Minuten gefärbt werden. Um die Leistung des Apparates auszunützen, tut man gut, stets besteckte Zylinder vorrätig zu halten, so daß man hintereinander weg färben kann.

Fig. 60. Geschlossener Kettenbaum-Färbeapparat, System Zittauer Maschinenfabrik.

Die Produktion bei Ketten ist insofern geringer, als die einzelnen Passagen in diesem Falle langsamer vonstatten gehen als bei den leichter durchlässigen Cops; die Farbdauer bei direkten Farben ist ca. 45 Minuten per Baum von 60—80 kg Garngewicht.

Die Betriebskraft beträgt im Maximum $12\frac{1}{2}$—18 Pferdekräfte. Dabei ist zu berücksichtigen, daß die Pumpe nur zeitweise in Betrieb ist, immer nur, wenn das Vakuum zu stark gesunken oder wenn es mit der komprimierten Luft zu Ende geht.

Die Bedienung des Apparates beschränkt sich, wenn der Zylinder eingelegt, auf die Handhabung zweier Ventile (des Vakuums und der komprimierten Luft).

Der oben erwähnte geschlossene Apparat der gleichen Firma, Fig. 60, ist besonders zum Färben von Kettbäumen geeignet und besteht aus einem schmiedeeisernen Rezipienten mit Doppelmantel für Dampfheizung, hinterem Boden mit diversen Anschlußstutzen aus Stahlguß, vorderem Türverschluß, ebenfalls aus Stahlguß, mit Vorrichtung zum absolut dichten Einspannen der Färbezylinder im Rezipienten, sowie kompletter Dampfheiz- und Sicherheits-Armatur, und zwar für Innenraum und Doppelmantel separat.

Die Flottenzirkulation vermittelt eine vierfach wirkende Dampfpumpe mit kompletter Armierung, besonders dimensioniert für Hochdruck der Flotten.

Die Zusammensetzung des Apparates wird vervollständigt durch ein komplettes Rohrsystem zur Verbindung des Rezipienten mit der Dampfpumpe, mit 2 Steuerhähnen, um die Flottenzirkulation beim Färben beliebig oft wechseln zu können, sowie Saugrohren und Absperrventilen für die Farbflotte und das Spülwasser, für die Flottenrückgewinnung, sowie für die Abflüsse nach dem Kanal. Als Zubehörteile kommen noch in Betracht:

eine Fahrbühne mit 4 Rollen und 1 Wagen zum bequemen Einführen der Färbezylinder in den Rezipienten,

1 oder 2 Bassins zum Ansatz und zur Aufbewahrung der Farbflotte mit Heizschlangen und kompletter Armatur, sowie

ein Farbezusatzgefäß mit Kochschlange, Ventil und Ablaßrohr mit Absperrhahn,

Kettenbäume aus perforiertem schmiedeeisernen Patentrohr, mit eisernen, innen verbleiten Seitenscheiben.

Die Wirkungsweise des Apparates besteht darin, daß die Farbflotte unter einer Pressung von mehreren Atmosphären abwechselnd von innen nach außen bzw. von außen nach innen durch das zu färbende Material hindurchgetrieben wird.

Der Apparat gewährleistet daher infolge der wechselnden Flottenzirkulation unter besonders starkem Druck (bis zu 8 Atmosphären) eine absolut gleichmäßige Durchfärbung selbst bei Kettenbäumen bis zu 100 kg. Garngewicht.

Das Material kann nach dem Färben sofort gewaschen, geseift, etc. werden, ohne es aus dem Apparat zu entfernen. Ebenso kann man, falls eine Luftpumpe und ein Kompressionskessel zur Verfügung steht, das Material abpressen bzw. entwässern. Es ist ferner eine Einrichtung vorgesehen, um das gefärbte Material im Apparat dämpfen und fixieren zu können.

Die Bedienung des Apparates ist höchst einfach, denn sobald der Rezipient geschlossen und vollständig mit Flotte gefüllt ist, wird die Saugleitung nach dem Farbbassin abgestellt und hat der Arbeiter dann während des Färbens weiter nichts zu tun, als die beiden miteinander verbundenen Hebel der Steuerhähne gemeinschaftlich in gewissen Zeitabschnitten nach rechts bzw. links zu stellen, wobei jedesmal die Flottenzirkulationsrichtung wechselt.

Auf einem Apparat kann man im Durchschnitt per Tag ca. 6 bis 7 Bäume färben und kann das Garnquantum per Baum, wie bereits bemerkt, bis zu 100 kg Kette betragen. Für besonders große Tagesproduktion empfiehlt es sich natürlich, zwei oder mehrere Färbapparate aufzustellen, dagegen macht sich die Anschaffung der reichlich dimensionierten Luftpumpe mit Kompressionskessel nur einmal nötig.

Daß man auf diesem Färbeapparat auch Kreuzspulen, Cops und Bündelgarn färben kann, ist bei der gegebenen Konstruktion selbstverständlich und sind dazu nur entsprechende Zylinder mit perforierten Spindeln bzw. Packzylinder erforderlich.

Außer den beiden vorbeschriebenen Typen wird von der Zittauer Maschinenfabrik ein Pack-Apparat zum Färben loser Baumwolle event. Stranggarn gebaut, welcher in seiner Konstruktion dem Obermaier-Apparat nachgebildet ist.

Von der Firma U. Pornitz & Co., Chemnitz, werden eine Reihe von Färbeapparaten für Aufsteck- und Packsystem gebaut, denen sämtlich das Prinzip zugrunde liegt, die Flotte nach zwei Richtungen durch das Material zu führen. Für die Aufsteckapparate ist ein Anschluß an Dampf- und Vakuum- oder Druckluft-Leitung behufs Entwässerns der Wickel vorgesehen und wird event. für Entwicklungsfarben ein Luftsaug-Injektor angeschlossen. Für die Zirkulation der Flotte wird bei den neueren Apparaten eine Zentrifugalpumpe benutzt, für besondere Zwecke auch Duplex- oder rotierende Kolbenpumpe. Bei Konstruktion der Apparate ist auf möglichst praktische Anordnung und einfache Bedienung, sowie auf ein Arbeiten mit kurzer Flotte und Rückgewinnung derselben besonders Rücksicht genommen.

Fig. 61 zeigt einen offenen Färbeapparat aus Eisen, welcher für Cops, Kreuzspulen und Fleyerspulen nach dem Aufstecksystem oder

Fig. 61. Offener Färbeapparat mit stehenden Matcrialträgern.
U. Pornitz & Co., Chemnitz.

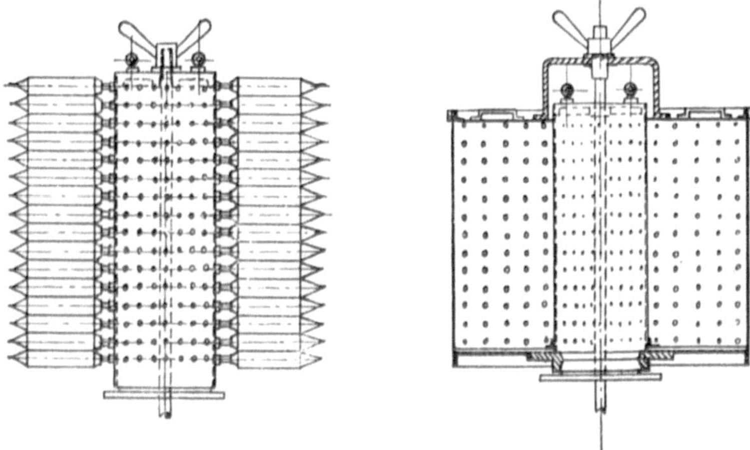

Fig. 62. Aufsteckzylinder.　　　　Fig. 63. Packkorb.

für lose Baumwolle, Stranggarn etc. nach dem Einpackverfahren
geeignet ist.

In den Färbeapparat werden stets zwei stehende Zylinder mit
Spindeln für Cops oder Kreuzspulen etc. Fig. 62, oder zwei Packkörbe

Fig. 63, eingesetzt und an die Flottenleitung angeschlossen. Die Flottenzirkulation erfolgt wechselweise drückend und saugend, die Umschaltung wird durch Drehung eines Vierweghahnes bewirkt.

Jeder Aufsteckzylinder faßt 486 Warpcops oder 760 Pincops, jeder Packkorb 40—50 kg. Kreuzspulen oder Stranggarn, von losem Material, ungefähr die Hälfte. Eine einmalige Füllung der Apparate beträgt also das Doppelte dieser Mengen. Die Aufsteckapparate werden auch in größerer Ausführung geliefert.

Fig. 64. Offener Kettenbaum-Färbeapparat, System Pornitz.

Der in Fig. 64 abgebildete Apparat der gleichen Firma wird entweder nur für Kettbäume mit kleinem Färbegefäß, oder auch gleichzeitig für horizontale Zylinder für Cops und Kreuzspulen ausgeführt, wofür dann ein erweitertes Färbegfäß erforderlich ist. Die Flotte zirkuliert in diesem Apparat ebenfalls in 2 Richtungen durch das Material mit Hilfe einer energisch wirkenden Zentrifugalpumpe durch Umstellung der beiden Dreiwegventile. Zum Färben von Küpenfarben Schwefelfarben und den meisten substantiven Farben wird der Apparat aus Eisen hergestellt und lassen sich in Schwefelfarben fünf bis sechs und in substantiven Farben sieben bis acht und mehr Partien pro Tag fertigstellen. Ein horizontaler Pincops-Zylinder faßt zirka 1600 Pincops, ein horizontaler Warpcops-Zylinder zirka 972 Warpcops, ein horizontaler Kreuzspul-Zylinder 136 Kreuzspulen in normalen Dimensionen. Die Apparate werden auch in Nickelin, Kupfer etc. zum Färben besonders heller Farben, oder für Bleichzwecke ausgeführt.

Die Konstruktion des Apparates laut Fig. 65 derselben Firma ermöglicht es, die Kettenbäume in geschlossenem Gefäß unter Druck und
unter Abschluß der Luft auszufärben. Der Apparat wird vorzugsweise
für Schwefelschwarz oder Schwefelblau benutzt und können Ketten-

Fig. 65. Geschlossener Färbeapparat für Kettenbäume.
U. Pornitz & Co., Chemnitz.

bäume mit beträchtlich höherem Garngewicht als in offenen Apparaten
zur Behandlung kommen. Auch braucht auf die gleichmäßige Wicklung
kein so großer Wert gelegt zu werden, als wenn die Bäume im offenen
Apparat ausgefärbt werden. Das Garngewicht pro Kettenbaum kann
beim geschlossenen Apparat zirka 100 kg und mehr betragen. Die Zirkulation der Flotte erfolgt mittels direkter Dampfpumpe.

Das Spülen der Kettenbäume kann in beiden vorbeschriebenen
Apparaten mittels Pumpe direkt und gründlich vorgenommen werden.
Ist Hochdruckwasserleitung vorhanden, etwa von 10—12 m Druck-
höhe, so vereinfacht sich der Spülprozeß wesentlich durch direkten Anschluß an die Wasserleitung.

Zu den vorgenannten Apparaten gehört eine komplette Vakuum-
oder Druckluft-Einrichtung, bestehend aus einer Luftpumpe für Riemen-,
Dampf- oder Elektromotor-Betrieb, sowie aus einem Vakuum- oder

Kompressionskessel mit kompletter Sicherheitsarmatur. Diese Einrichtung genügt für den Betrieb einer Anlage bis zu sechs Apparaten.

Für den Transport der Zylinder oder Kettenbäume findet ein leicht handlicher Laufkran Anwendung, ferner empfiehlt es sich, bei den Kettenbaum-Färberei-Anlagen ein besonderes Waschgestell anzuschaffen, damit der Färbe- oder Bleich-Apparat selbst besser ausgenützt und das Waschen außerhalb desselben vorgenommen werden kann.

Schließlich sei noch ein Apparat, Fig. 66, der Firma U. Pornitz & Co. erwähnt, welcher speziell zum Färben von loser Baumwolle, Stranggarn,

Fig. 66. Färbeapparat nach dem Packsystem. U. Pornitz & Co., Chemnitz.

Lumpen, Tüll, Mull usw. im Packsystem dient. Dieser Apparat arbeitet im Prinzip genau wie die vorher beschriebenen Färbeapparate, mit Flottenzirkulation nach zwei Richtungen und ist zur Aufnahme eines Farbkorbes eingerichtet, in den das zu behandelnde Material gepackt wird. Für diesen Apparat werden die Materialträger auf Wunsch so konstruiert, daß sie direkt in eine Spezialzentrifuge, welche die Firma U. Pornitz & Co. ebenfalls liefert, eingesetzt werden können. Der Apparat wird in zwei Größen für eine Fassung von 50 und ca. 100 kg Material gebaut.

Von der Firma B. Thies, Coesfeld i. Westf., ist ein Apparatsystem konstruiert worden, dessen Flottenzirkulation auf der Wirkung von Vakuum-Erzeugung und dem Druck der Atmosphäre beruht und sowohl für Packsystem wie für Aufstecksystem eingerichtet ist. Der Betrieb dieser Färbeapparate wird von einer einheitlichen Kraftstation, die beliebig untergebracht werden kann, unterhalten.

In einem entsprechenden Vorratskessel wird das Vakuum konstant erhalten. Steuerungsventile verbinden abwechselnd und automatisch das Vakuum und die Atmosphäre auf die Schaltkessel, von denen aus durch hochgeführte Rohre und ihre Anschlüsse an die Färbeapparate der kontinuierliche Betrieb geregelt ist.

Es zirkuliert also die Farbflotte durch wechselweise Einschaltung von Vakuum und Atmosphäre, also nur durch Luftwirkung; bewegliche Teile kommen nie mit den Flotten in Berührung.

Die Beheizung der Apparate geschieht mittels indirekten Dampfes. Für das Entwässern von aufgesteckten Cops und Kreuzspulen, sowie Kettenbäumen durch einen kräftigen Luftstrom, sind Absaugapparate vorgesehen, Der Spülapparat führt die gebrauchten Abwässer selbsttätig zu den Senkgruben.

Der Zettelbaumfärbeapparat besitzt Dampfmantel, desgl. perforierten Flottenzufuhrmantel. Der Deckelverschluß zentriert und dichtet den Zettelbaum mit Federdruck ab.

Sehr vorteilhaft für die Durchlässigkeit der Flotten, die selbst bei den feinsten Garnnummern erhalten bleibt, wirkt die periodische plötzliche Umschaltung der Flottenzirkulation, wobei der wechselseitige Angriff eine Lockerung des Garnwickels hervorruft. Die beliebig einstellbare Flottengeschwindigkeit ermöglicht jede färberisch wünschenswerte Zirkulation.

Die gezettelten Bäume werden ohne Umbäumung gebleicht und gefärbt und das glatte Ablaufen der Fäden in der Schlichtmaschine erfolgt ohne jegliche Beutelung. Besonders erwähnenswert ist noch, daß die Kettenbäume in diesem Apparat aufrechtstehend gefärbt werden. Infolge dieser Anordnung lassen sich die Bäume rasch, vollkommen und gleichmäßig nach beendigtem Färben absaugen, was besonders für Färbungen mit Indigo und anderen Küpenfarbstoffen von Wichtigkeit ist.

Ein Vorratskessel, der unter Luftdruck steht, enthält das sich automatisch einpumpende Wasser zum Spülen der Bäume unter Druck.

Für die Indigofärberei erhält der Färbeapparat einen Anschlußvorratskessel. Dieser von der atmosphärischen Luft abgeschlossene Vorratskessel enthält die Flotten unter erhöhtem Gasdruck, wodurch die Küpe stets gebrauchsfertig bleibt und eine Ausfällung des Indigoweiß ausschließt.

Der Deckelverschluß des Indigofärbeapparats zentriert und dichtet die verschiedenen durcheinander anwendbaren Einsätze, als Zylinder für Cops, Kreuzspulen oder Zettelbäume usw. unter Federdruck ab. Die Zirkulation ist wechselseitig für jedes Material einstellbar, durch Kontrollapparate absolut sicher gestellt. Die Entnahme der Zylinder aus der Küpe ohne Zutritt der atmosphärischen Luft zu dem Material ist neuerdings durch eine besondere Ausführung des Materialträgers gesichert. Da jede Oxydation vermieden ist, können selbst die dunkelsten Nuancen in vollkommenster Echtheit erzielt werden.

Vergrünt wird das Material auf dem Absaugeapparat, gespült auf separatem Waschapparat.

Fig. 67. Cops- und Kreuzspulen-Färbereianlagen, System B. Thies, Coesfeld.

Die für Cops, Kreuzspulen, Vorgespinste usw. eingerichteten Zylinder tragen diese Wickel auf eingeschraubten oder auswechselbaren Spindeln mittels perforierter Hülsen in Papier oder Metall und sind mit Schutzdeckeln versehen, so daß eine Beschädigung der Spindeln ausgeschlossen ist.

Der Einsatz zum Packen hat einen Abschlußdeckel, welcher gleichmäßig das Material belastet und mittels des vorgesehenen Federdruckes zusammenpreßt.

Bei der Kardenbandfärberei erhalten die vorhandenen Spinnkannen auswechselbare Kardenbandträger, welche das Einfüllen des Kardenbandes in die Spinnkannen in transportfähiger Form ermöglichen.

Fig. 68. Cops- und Kreuzspulen-Färbereianlagen, System B. Thies, Coesfeld.

Die Abbildungen Fig. 67 und Fig. 68 veranschaulichen eine Cops-
und Kreuzspulen-Färbereianlage, System und Patent B. Thies, Coesfeld, Fig. 69 eine ebensolche für Kettenbäume. Die Apparate „System
Thies“ haben besonders als Aufsteckapparate eine ausgedehnte Verbreitung gefunden. Außer ihrer Verwendbarkeit für substantive und

Fig. 69. Kettenbaum-Färbeanlage, B. Thies, Coesfeld.

Schwefelfarben eignen sie sich in vorzüglicher Weise zum Färben von Indigo und anderen Küpenfarbstoffen auf Cops, Kreuzspulen und Kettenbäumen.

Die Firma H. Krantz, Aachen, baut einen Universal-Färbeapparat, welcher sich sowohl zum Färben von Cops und Kreuzspulen im Aufstecksystem, als auch von losem Material, Kardenband, Kreuzspulen usw. im Packsystem eignet, desgl. lassen sich Kettenbäume in diesem Apparat anstandslos färben.

Der Apparat, durch Fig. 70 veranschaulicht, besteht aus einem rechteckigen Färbebottich, einer Kreiskolbenpumpe, für Rechts- und Linksgang automatisch umschaltbar eingerichtet, den nötigen Anschlußrohren und Hähnen, den Materialträgern mit Spindeln für Cops oder Kreuz-

Fig. 70. Universalfärbeapparat H. Krantz, Aachen.

spulen, falls im Aufstecksystem gearbeitet werden soll, und den Materialbehältern, falls man im Packsystem färben will, oder perforierten mit Bordscheiben versehenen Hohlzylindern, falls Kettenbäume zum Färben kommen.

Zum Ansatz und zur Aufbewahrung der Farbbäder dienen eiserne Flottenbehälter, welche durch Rohrleitung mit der Pumpe in Verbindung stehen. Außerdem ist eine Einrichtung vorhanden, um kleine Farbstoffzusätze, die in einem Eimer angerührt werden, direkt durch die Pumpe ansaugen, mit der Farbflotte mischen und dem Apparat zuführen zu können.

Zur Entwässerung der im Aufstecksystem gefärbten Cops und Kreuzspulen oder der Kettenbäume durch Absaugen der überschüssigen

Farbflotte ist eine Vakuumstation mit Luftpumpe vorgesehen, und zwar ist die Vakuumleitung derart an den Färbeapparat angeschlossen, daß das Material in der gleichen Lage, in welcher es sich beim Färben befindet, also ohne die Materialträger herauszuheben, abgesaugt werden kann. Diese Verbesserung ist neuerdings an den Krantz-Apparaten getroffen worden, außerdem ist auch die frühere Absaugevorrichtung oberhalb des Färbebehälters, wie sie Fig. 70 zeigt, beibehalten worden. Da das Zurückpumpen der Flotte aus dem Färbeapparat in die Flottenaufbewahrungsbehälter viel schneller zu bewerkstelligen ist als das Herausheben der Materialträger, so ist die gen. Neuanordnung besonders vorteilhaft, wenn mit Farbstoffen gearbeitet wird, die ein möglichst rasches Entfernen der überschüssigen Farbflotte aus dem Material und eine darauf folgende Oxydation mit Luft bedingen, wie Indigo und die anderen bekannten Küpenfarbstoffe.

Die Arbeitsweise mit dem Krantz-Universal-Färbeapparat ist folgende: Die (außerhalb des Apparates beschickten) Aufsteckmaterialträger, oder die Packmaterialbehälter, oder die Kettenbäume werden mittels Flaschenzug und Laufkatze in den Färbeapparat befördert und an die Flottenleitung mittels konischer Ansatzstücke unter Spindelandrehung gut abdichtend angeschlossen. Nun wird die in einem der Flottenbehälter hergerichtete Farbflotte durch die Pumpe in den Apparat gesaugt, und nachdem dieser gefüllt, zirkuliert die Farbflotte in automatisch wechselnder Richtung durch das Farbgut. Der Flottenverteilungsraum der Aufsteckmaterialträger ist durch eine schräge Wand in zwei Abteilungen geschieden. Diese Anordnung hat den Zweck, daß die Flotte wechselweise durch die auf der einen Seite des Materialträgers sitzenden Cops oder Kreuzspulen gesaugt und nur diese, von dem Material filtrierte Flotte, durch die auf der anderen Seite des Materialträgers sitzenden Wickel gedrückt wird. Es wird hierdurch einem Verstopfen der Spindeln tunlichst vorgebeugt.

Die Packmaterialträger besitzen in der Regel die gleiche Einrichtung, doch werden diese neuerdings auch ohne die schräge Wand gebaut und sind dafür mit einer Vorrichtung versehen, welche es ermöglicht, das eingepackte Material auch während des Färbens noch fester zusammenzupressen, um Gassenbildungen der Flotte vorzubeugen.

Die Flottenzirkulation wird durch eine kräftig wirkende, aber langsam laufende Kreiskolbenpumpe bewirkt, welche bei einer Umdrehungsgeschwindigkeit von 140 Touren pro Minute einen Kraftaufwand von nur 2—3 HP beansprucht.

Die Aufsteckmaterialträger sind eingerichtet zur Aufnahme von 2000 Pincops, oder 1600 Warpcops, oder 260 Kreuzspulen; ein Packmaterialbehälter faßt ca. 140 kg Kreuzspulen, oder ca. 100 kg Stranggarn, oder von losem Material ca. die Hälfte.

Durch Anschaffung mehrerer Materialträger zu einem Färbeapparat hat man es in der Hand, die Produktionsmöglichkeit wesentlich zu steigern, da immer ein Materialträger entleert und frisch beschickt werden kann, während sich ein anderer im Färbebad befindet.

Das Spülen der Färbungen kann im Färbeapparat selbst vorgenommen werden; für große Produktion, besonders in Schwefelfarben, empfiehlt es sich jedoch, die Färbungen in einem daneben stehenden Spülapparat zu spülen.

In ähnlicher Konstruktion wie der vorherbeschriebene wird von der gleichen Firma ein Spezial-Kettbaumfärbeapparat gebaut, in welchem sich zwei Kettenbäume gleichzeitig färben lassen.

Die Bäume werden in diesem Apparat unter Druck der Flotte von innen nach außen behandelt, der Förderungsgrad der Pumpe ist dementsprechend hoch bemessen, ebenso besitzen die Rohrleitungen und Ventile eine genügende Durchgangsweite, so daß die Flottenzirkulation eine ausreichend kräftige ist und ein vollständiges und gleichmäßiges Durchfärben der Kettenbäume gewährleistet. Das Spülen der Kettenbäume kann mittels der Pumpe geschehen, doch ist es zweckmäßiger, den Apparat mit einer Hochdruckwasserleitung zu verbinden, wofür ein entsprechender Stutzen in der Flottenleitung vorgesehen ist.

Für das Färben von Indigo auf Cops und Kreuzspulen baut die Firma H. Krantz, Aachen, eine Spezialmaschine, deren Konstruktion und Wirkungsweise aus Fig. 71 ersichtlich ist und wie folgt beschrieben sei.

In dem Flottenbehälter der eigentlichen Färbemaschine ist die mit vier Öffnungen versehene Materialträgerscheibe drehbar gelagert. Die vier Öffnungen stehen durch die hintere Kopfwand des Flottenbehälters mit der Flottenpumpe und Luftpumpe in Verbindung. Die Materialträger werden mit ihrem offenen Ende in die Öffnungen der Materialträgerscheibe durch einen Handgriff dicht eingesetzt und herausgenommen.

Die Handhabung und Wirkung der Färbemaschine ist folgende: Ein mit zu färbendem Material besetzter Materialträger, den ich mit 1 bezeichne, wird in die obere rechte Öffnung der Materialträgerscheibe dicht eingesetzt. Durch Anheben eines Hebels dreht sich die Materialträgerscheibe um 90°. Beim Eingehen in die Flotte wird der Materialträger selbsttätig entlüftet und dann vor die Saugöffnung der Flottenpumpe gestellt. In dieser Stellung wird die Flotte durch das Material von außen nach innen gesaugt. Nach einer gewissen Zeit, etwa 1½ Minuten, ertönt ein Glockenzeichen, wonach durch Anheben des Hebels die Materialträgerscheibe wieder selbständig um 90° gedreht wird. Ein neuer Materialträger, den ich mit 2 bezeichne, wird vor die Saugöffnung der Flottenpumpe gebracht, während der davor gestandene Materialträger 1 vor die Drucköffnung der Pumpe gestellt wird. In dieser

Stellung wird nun durch den Materialträger 1 die Flotte von innen nach außen gedrückt, während gleichzeitig durch den Materialträger 2 die Flotte wieder von außen nach innen gesaugt wird. Nach der festgesetzten Zeit ertönt wieder das Glockenzeichen, wonach die Materialträgerscheibe durch Anheben des Hebels zum dritten Mal um 90⁰ selbsttätig gedreht wird. Ein dritter Materilaträger 3 steht dann vor der Saugöffnung der

Fig. 71. Indigo-Revolver-Färbemaschine; H. Krantz, Aachen.

Flottenpumpe, Nr. 2 vor deren Drucköffnung, während der Materialträger 1 mit der Luftpumpe in Verbindung gebracht ist. In dieser Stellung werden also gleichzeitig Materialträger 3 und 2 von der Flotte, und Materialträger 1 von einem kräftigen Luftstrom durchströmt, wodurch das Material des letzteren von der überflüssigen Flotte befreit, sowie die Vergrünung bzw. Entwicklung des Indigos bewerkstelligt wird. Beim Ausgehen aus der Flotte fließt die in dem Materialträger 1 und dessen Copsspindeln befindliche Flotte selbsttätig in den Flottenbehälter zurück. Nach fernerem Ertönen des Glockenzeichens und Inbetriebsetzung der Materialträgerscheibe wird der Materialträger 1 wieder in die ursprüngliche Lage, also vor die obere rechte Öffnung gestellt, dann abgenommen und durch einen mit frischem Material besetzten vierten Materialträger ersetzt.

Dieser Arbeitsvorgang wird beim Färben mit Indigo, wie bei der Handküpe, so oft wiederholt, bis der gewünschte Ton erreicht ist, wobei Reibechtheit und gleichmäßige Durchfärbung in einwandfreier Weise erzielt werden.

Um das Material vor dem Färben zu netzen und nach dem Färben zu spülen, wird ein besonderer Apparat, bestehend aus einem Behälter und einer daran angeschlossenen Pumpe, mitgeliefert. Der Materialträger wird mit seinem offenen Ende durch einen Handgriff in die Öffnung zur Pumpe dicht eingesetzt. Die Pumpe saugt oder drückt die betreffende Flüssigkeit, so daß einesteils ein gründliches Netzen eintritt, also ein vorheriges Abkochen nicht nötig ist, und andernteils ein ausgiebiges Spülen, als Befreiung von Alkalien usw., erreicht wird.

Durch eine weitere mitgelieferte Vorrichtung wird der gespülte Materialträger selbsttätig entwässert, so daß das Material, ohne vom Materialträger abgenommen zu werden, genetzt, gefärbt, vergrünt bzw. oxydiert, gespült und entwässert, also vollständig kammerfertig hergerichtet wird.

In dem Netzbehälter läßt sich event. ein Vorgrundieren, in dem Spülbehälter ein event. Schönen der Indigofärbungen vornehmen.

Zur Bedienung der Revolver-Färbemaschine ist nur ein Arbeiter erforderlich, der während des Zeitabschnittes zwischen zwei Glockenzeichen ausreichend Zeit hat, einen Materialträger zu netzen bzw. zu spülen und den gefärbten Materialträger durch einen andern mit frischem Material zu ersetzen. Das Aufstecken und Abziehen der Cops bzw. Kreuzspulen geschieht durch jugendliche Arbeiter; die Bedienungskosten der Revolver-Färbemaschine sind also sehr gering.

Jeder Materialträger faßt bis 120 Cops oder 3—4 kg Kreuzspulen, die bei einem Zuge in $1\frac{1}{4}$—2 Minuten fertig gefärbt werden können; die Leistungsfähigkeit der Revolver-Färbemaschine ist also eine sehr große.

Die dem gefärbten Material durch die Luftpumpe entzogene Farbflotte wird den Ansatzküpen bzw. aufgestellten Flottenbehältern selbsttätig wieder zugeführt, so daß Farbstoff nicht verloren geht; der Flottenverbrauch ist also der denkbar kleinste.

Der Zufluß frischer Farbflotte aus den etwa 1 m hochgestellten Stammküpen oder Flottenbehältern geschieht durch eine mit einem Hahn versehene Rohrleitung, die so eingestellt wird, daß selbsttätig so viel Flotte zufließt, wie durch das gefärbte Material verbraucht wird.

Von der Textilmaschinenfabrik B. Cohnen, G. m. b. H., Grevenbroich ist gleichfalls ein Universalfärbeapparat konstruiert worden, der in der Praxis vielfach Eingang gefunden hat.

Über die Zusammensetzung und Verwendungsmöglichkeit dieses Apparates geben die nachstehenden Abbildungen Aufschluß, und sei zur Erläuterung folgendes bemerkt: Der Apparat, dessen verschiedenartige Konstruktion aus Fig. 72, 73 und 74 ersichtlich ist, ist für loses Material und für alle aus dem Spinnprozeß resultierenden Spinnkörper verwendbar und sowohl zum Färben im Packsystem, wie auch in dem der Firma gesetzlich geschützten Aufschiebeverfahren, auf welches ich noch später zurückkommen werde, geeignet. Auch lassen sich in dem Apparat alle

Operationen wie Färben, Oxydieren, sowohl durch Luft wie durch Dampf, Waschen und dergl. in steter Reihenfolge hintereinander ausführen, ohne daß es nötig ist, nach jedesmaliger Färbung die Farbflotte in die Reserveflottenbassins zurückzupumpen, da ein besonderer Spül- bzw. Waschbehälter vorgesehen ist. Hierdurch erhöht sich die Leistung des Färbeapparates bedeutend. Für Färbungen mit Indigo und Küpenfarben wird der Apparat noch mit einem besonderen Netz- oder Vorfärbeapparat versehen, auf welchem das Material vorher genetzt, oder

Fig. 72. Färbeapparat, System Cohnen.

wenn die Indigofärbung einen Untergrund von Schwefelfarbe usw. haben soll, dies auf genanntem Apparat bewerkstelligt wird. Für diese Farbstoffe, bei welchen das Material möglichst entlüftet in die Flotte eingehen muß, ist der Apparat weiterhin mit einer besonderen Vorrichtung versehen, welche es ermöglicht, die in dem Material und dem Materialträger enthaltene Luft vorher abzusaugen und nach dem Ausgehen aus der Farbflotte das gefärbte Material sofort zu entwässern bzw. oxydieren zu können.

Die Flottenzirkulation des Apparates ist eine sehr intensive und in jedem Materialträger eine zweiseitige, indem bei einer Hälfte des zu färbenden Materials die Flotte von außen nach innen und bei der anderen Hälfte von innen nach außen geht. Hierdurch wird eine absolut gleich-

Fig. 73. Färbeapparat, System Cohnen.

Fig. 74. Färbeapparat, System Cohnen.

mäßige Färbung gewährleistet, wozu noch der weitere große Vorteil
kommt, daß sich keine Spindeln verstopfen können, da immer
nur ganz reine Flotte von innen nach außen durch das Material dringt.

9*

Durch Umstellung eines in die Rohrleitung eingebauten Steuerhahnes kann die Flotte in die Reserveflottenbassins gepumpt werden, woraus sie ebenfalls wieder vermittelst der Färbepumpe in den Färbeapparat zurückbefördert werden kann, was innerhalb 1—2 Minuten möglich ist.

Der ganze Färbeprozeß wird bei diesem Färbeapparat durch eine sehr kräftig wirkende, wenig Kraft beanspruchende, langsam laufende Flottenpumpe bewirkt, wogegen die Entwässerung der auf·gesteckten Cops und Kreuzspulen, sowie die Oxydation durch Luft, durch eine, von dem Färbeapparat unabhängige Vakuumvorrichtung geschieht. Wenn nur Kreuzspulen gefärbt werden sollen mit Farben, welche nicht durch Luft oxydiert zu werden brauchen, dann kann die Vakuumvorrichtung in Wegfall kommen. Die Pumpe ist mit automatischer Umschaltvorrichtung versehen.

Fig. 75. Hülsen-Einschiebe-Apparat, System Cohnen,

Lose Baumwolle, Kardenband usw. lassen sich auf dem Universalapparat in viereckigen Materialbehältern im Packsystem färben.

Kreuzspulen können sowohl im Packsystem wie im Aufstecksystem auf perforierten Papierhülsen, wie auch nach neuem geschützten Verfahren ohne perforierte Papierhülsen gefärbt werden. Das letztere Färbeverfahren hat dem Aufsteckverfahren gegenüber den großen Vorteil, daß alle Papierhülsen fortfallen, daß tadellos runde, gut durchgefärbte Spulen erzielt werden und daß die Leistung eine doppelt so große ist.

Zur Erläuterung des Aufschiebe-Färbeverfahrens (System Cohnen) für Kreuz- und Sonnenspulen sei folgendes bemerkt: Die Kreuz- und

Sonnenspulen werden auf zylindrische Holzklötzchen aufgespult, das Holzklötzchen alsdann durch einen speziellen Hülsen-Einschiebe-Apparat, Fig. 75, entfernt und direkt durch eine konische perforierte Rein-Nickelhülse ersetzt. Auf diesen perforierten Nickelhülsen werden die Kreuzspulen gefärbt, alsdann die konischen Nickelhülsen durch konische Holzklötzchen ersetzt und auf den letzteren die Kreuzspulen getrocknet bzw. von denselben abgespult oder abgezettelt.

Die Anschaffung der zylindrischen oder konischen Holzklötzchen ist für lange Zeit hinaus eine einmalige Ausgabe. Infolge einer besonderen Einrichtung ist die Firma B. Cohnen in der Lage, diese Holzklötzchen zu einem sehr billigen Preise, aus Hart-Buchenholz hergestellt und glatt poliert, selbst zu liefern.

Durch die ziemlich teuren Rein-Nickelhülsen stellt sich allerdings die erste Anschaffung für das neue Färbeverfahren höher wie für das bisher gebräuchliche, wonach die Kreuzspulen auf perforierten Papierhülsen gefärbt wurden. Indes machen sich diese Auslagen sehr bald bezahlt.

Die Vorzüge des neuen Aufschiebe-Färbeverfahrens lassen sich wie folgt zusammenfassen:

1. Ersparnis aller Papierhülsen. Der Preis der letzteren ist $\frac{1}{2}$ bis $\frac{2}{3}$ Pf. pro Stück. Die Auslagen für die Papierhülsen sind fortlaufende, weil sie stets nur einmal verwendet werden können. Die Holzklötzchen dagegen können für längere Zeit hindurch benutzt werden, da sie mit kochender Flotte niemals in direkte Berührung kommen; sie sind zudem aus hartem Buchenholz hergestellt und glatt poliert.

2. Die gefärbten Kreuzspulen sind tadellos rund, so daß sie in der Zwirnerei und Spulerei bezw. Zettelei gut ablaufen und kein Garnverlust entsteht. Fast bis zum Schluß der Spulen können solche mit hoher Geschwindigkeit feststehend abgespult werden, den letzten Rest von einigen hundert Metern empfiehlt es sich allerdings so abzuarbeiten, daß die Holzklötzchen mitlaufen.

3. Bei derselben Größe des Färbeapparates ist die Produktion nach diesem Aufschiebeverfahren für Kreuzspulen eine bedeutend größere, als bei dem gewöhnlichen Aufstecksystem, weil stets bis zu 6 Kreuzspulen bezw. bis zu 10 Sonnenspulen aufeinanderstehend gefärbt werden können.

4. Die Materialträger sind verstellbar eingerichtet, so daß es nicht nötig ist, immer volle Partien bis 6 bezw. 10 Spulen aufeinanderstehend zu färben, der Färber hat es vielmehr in der Hand, auch kleinere Partien, 2, 3, 4 oder 5 usw. Spulen aufeinanderstehend in einwandfreier Weise zu färben.

Mit dem Spezial-Hülsen-Einschiebeapparat kann ein jugendlicher Arbeiter in einem Tage mehrere Tausend Kreuzspulen für das Färbeverfahren herrichten. Die einzelnen Spulen werden aufeinanderstehend zusammengepreßt, dichten sich somit gleichmäßig ab, und es wird eine Spule genau so durchgefärbt wie die andere.

Die Materialträger für das Aufschiebe-Färbeverfahren können auch ohne nennenswerte Änderung zum Färben von Kreuzspulen mit perforierten Papierhülsen verwendet werden, was speziell für Lohnfärber von Wichtigkeit ist.

Auf den Färbeapparaten zur Aufnahme eines bzw. zweier Materialträger können in einer Partie gefärbt werden: ca. 80 bzw. 160 kg Kreuzspulen oder ca. 110 bzw. 220 kg Sonnenspulen, und ergibt sich aus diesen Zahlen die große Produktion nach dem neuen Verfahren.

Stranggarn wird nach gleichfalls geschütztem Verfahren auf separatem Materialträger nach Aufschiebesystem gefärbt und eine tadellos gleichmäßige Färbung bei größtmöglichster Schonung des Materials erzielt; es liegen hierüber recht günstige Resultate aus der Praxis vor.

Für das Färben von Stranggarn nach dem Aufschiebeverfahren werden gleiche Materialträger benutzt wie für Kreuzspulen im Aufschiebesystem, nur sind die Hülsen größer. Eine Hülse von 600 mm Länge faßt ca. 10 Pfd. Garn. Dieses wird von Hand in Wickelform um die Hülsen herumgelegt, wie dieses in der Abb. Fig. 74 ersichtlich ist. Mittels Schrauben wird der obere Deckel über dem Materialträger gleichmäßig angezogen und dadurch eine gleichmäßige Pressung des Garnes erzielt. Das Beschicken eines Materialträgers nach diesem Aufschiebesystem dauert nicht länger wie auch das Einlegen beim Packsystem. Jedoch wird meistens zu einem Materialträger ein zweiter Satz Hülsen hinzugezogen, so daß während des Färbeprozesses die zweite Partie Hülsen mit Material beschickt werden kann. Die Hülsen werden lose auf Nippel aufgesteckt und durch den bereits erwähnten Deckel festgehalten.

Zum Färben von auf Bäumen gezettelten Ketten kann der Apparat ebenfalls eingerichtet werden, indem zu diesem Zwecke das eine der Saug- und Druckrohre mit dem Kettenbaum seitlich vermittelst eines Verbindungsrohres verbunden wird, so daß der Baum entgegengesetzt zu dem Materialträger für Cops und Kreuzspulen usw., wagerecht in den Apparat zu liegen kommt. Zum Entwässern der Kettenbäume wird ein besonderer Absaugestutzen mit der Vakuumstation verbunden.

Die Firma J. G. Lindner, Crimmitschau i. S., baut spezielle Apparate für Pack- und Aufstecksystem. Der Packapparat (Fig. 76) dieser Firma ähnelt dem Obermaier-Apparat und unterscheidet sich von diesem im wesentlichen nur durch die Anwendung einer Rotationskolbenpumpe anstelle der Zentrifugalpumpe des Obermaiersystems.

Der zur Aufnahme des Materials bestimmte Materialbehälter ist konisch gestaltet und mit Kippvorrichtung versehen, so daß seine Entleerung nach stattgehabter Färbung durch Umkippen äußerst be-

Fig. 77. Färbeapparat für Kreuzspulen, System Lindner.

Fig. 76. Färbeapparat im Packsystem.
J. G. Lindner, Crimmitschau.

quem, ohne Arbeitsleistung der Bedienung erfolgt. Bei Apparaten für
größere Fassung ist in dem Materialbehälter ein besonderes Gestell
eingesetzt, vermittelst dessen die Entleerung ohne Umkippen des

Materialbehälters ebenfalls in bequemer Weise und ohne jeden Zeitverlust vor sich geht.

Die Anwendung der horizontalen Flottendurchströmung ist die gleiche wie bei Obermaier.

Der Apparat ist geeignet zum Färben von loserBaumwolle, Lumpen, Stranggarn und Kreuzspulen im Packsystem und wird in verschiedenen Größen von 50—500 kg Fassung pro Farbpartie je nach Material gebaut.

Fig. 77 zeigt einen Apparat der gleichen Firma, speziell für das Färben von Kreuzspulen im Aufstecksystem bestimmt.

Die Einrichtung des Apparates ist so getroffen, daß neben dem eigentlichen Fassungsquantum auch beliebig kleinere Partien gefärbt werden können, indem übrig bleibende Spindeln durch Blindverschlüsse abgeschlossen werden können. Das Mustern geschieht äußerst bequem und durchaus zuverlässig. Es sind zu diesem Zwecke an dem Materialträger einige Spindeln vertikal durch besondere Nippel eingesetzt, so daß auch während des Färbeprozesses von mehreren Kreuzspulen Muster abgehaspelt werden können.

Der Kreuzspulenträger wird außerhalb des Apparates beschickt und vermittelst Hebezeuges in den Flottenbehälter eingesetzt. Eine durchaus rationelle Arbeitsweise besteht auch hier, da mit mehreren Materialträgern gearbeitet werden kann, in der Weise, daß ein Träger stets beschickt werden kann, während der andere der Färbung unterliegt.

Die Handhabung des Apparates, auch in der Beschickung, ist sehr bequem und leicht. Die Kreuzspulen werden auf perforierten Nickelinspindeln des Materialträgers aufgesteckt, und zwar 2 Spulen übereinander. Zwischen jeder Spule ist auf der Spindel ein Konusstück eingesetzt, das die Spulen nach beiden Seiten abdichtet, so daß ein Flottendruckverlust während des Farbprozesses niemals eintreten kann, umsomehr, als der Endverschluß jeder Spindel gleichfalls als Konus ausgebildet ist. Es ist ferner von besonderer Wichtigkeit, daß dieser Endverschluß in gewissem Maße an der Spindel abwärts verschiebbar ist, wodurch auch bei etwaigen Abweichungen der Spulenlängen untereinander der Verschluß stets ein präziser bleibt.

Der Kreislauf der Flotte ist ein wechselseitiger und wird durch eine Kreiskolbenpumpe bewirkt, an welcher ein Automat angeordnet ist, der das Umstellen der Flottenrichtung in genau einstellbaren Zwischenräumen selbsttätig bewirkt.

Die Flottenströmung ist eine mehrarmige und streng gleichmäßig verteilte, und die Abdichtung mit dem Materialträger eine metallische, so daß Undichtigkeiten und ein Flottendruckverlust tunlichst vermieden werden.

Neue Textil-Bücher

Soeben erschien:

Mechanisch- und Physikalisch-technische Textil-Untersuchungen

Mit besonderer Berücksichtigung
amtlicher Prüfverfahren und Lieferungsbedingungen,
sowie des Deutschen Zolltarifs.

Von

Dr. Paul Heermann,

Professor, ständiger Mitarbeiter und Leiter der textil-technischen Prüfungen
am Königlichen Materialprüfungsamt der Technischen Hochschule Berlin

Mit 160 Textfiguren.
In Leinwand gebunden Preis M. 10,—.

Diese neue Arbeit des bekannten Verfassers, der durch seine verschiedenartigen Untersuchungen auf dem Gebiete der Textiltechnik in den Fachkreisen einen guten Namen hat, ist eine praktische Zusammenstellung des in der Literatur zerstreut vorliegenden Materials für den täglichen Gebrauch in Fabrik und Laboratorium. Dabei sind gleichzeitig die im Königl. Materialprüfungsamt zu Berlin-Lichterfelde angewandten Prüfverfahren und Apparate eingehend behandelt worden, wodurch das Buch seinen besonderen Wert erhält.

Die Arbeit bildet zusammen mit den beiden früher erschienenen Büchern des Verfassers „Koloristische und textilchemische Untersuchungen", siehe Seite 4 des Prospektes, und „Färbereichemische Untersuchungen", siehe Seite 5 des Prospektes, gewissermaßen ein Ganzes. In den letzteren sind die chemischen Untersuchungsverfahren der Textil-Erzeugnisse sowie die Prüfverfahren der in der Textilindustrie verwendeten Farbstoffe und Chemikalien, in dem neuen Buch die mechanischen und physikalischen Untersuchungsverfahren ab-

Verlag von Julius Springer in Berlin W. 9.

gehandelt. Die vorliegenden 3 Bände umfassen nunmehr nahezu das gesamte Gebiet der „textiltechnischen Untersuchungen“.

Als Anhang zu vorstehender Arbeit hat der Verfasser die wichtigsten technischen Lieferungsbedingungen und Abnahmevorschriften des Heeres, der Marine, der Artillerie, der preußischen Staatseisenbahnen usw. aufgenommen. Da hier die farbtechnischen und chemischen Vorschriften und Prüfverfahren nicht gut von den mechanischen getrennt werden konnten, wurden erstere mit eingeschlossen. Dieses erscheint umso berechtigter, als die chemischen Prüfungsvorschriften der genannten Behörden in den früher erschienenen oben genannten Arbeiten noch nicht berücksichtigt wurden.

Inhaltsverzeichnis.

Die Lupe und das Mikroskop.
Allgemeines und Theorie — Die Lupe und das einfache Mikroskop — Das Mikroskop — Das Objektiv, das Okular — Einrichtung des Mikroskopes — Zeichenapparate — Mikrometer — Polarisations-Mikroskop — Mikroskopierlampe — Prüfung und Behandlung des Mikroskopes — Gebrauch des Mikroskopes — Herstellung von Präparaten — Farbstoffe für Mikroskopie.

Mikroskopie textiler Faserstoffe.
Flachs oder Lein — Hanf — Jute — Ramie oder Chinagras — Nesselfaser — Manilahanf — Neuseeländischer Flachs — Domingohanf — Sisalhanf — Aloehanf — Kokosfaser — Baumwolle — Merzerisierte Baumwolle — Kapok — Kunstseiden — Stroh, Holz, Rohr, Kautschuk, Papier — Analytische Übersichtstabelle der wichtigsten pflanzlichen Textilfasern — Schafwolle (Merinowolle und ihre Verwandten, Leicester- und Newleicesterwolle, Gewöhnliche Landwollen, Gerberwolle, Färbung der Schafwolle, Kunstwolle) — Ziegenhaare (Gemeines Ziegenhaar, Geißbarthaar, Mohair- oder Angorawolle, Tibet- oder Kaschmirwolle) — Kamelhaare — Kamelziegenhaar (Alpakawolle) — Kalb- und Kuhhaare — Rehhaare — Schweinsborsten — Roßhaare — Die Seide (Die edle Seide, Tussahseide) — Asbest — Glas — Metalle.

Messung und Regelung der Luftfeuchtigkeit.
Das Messen der Luftfeuchtigkeit — Aspirations-Psychrometer — Die Regelung der Luftfeuchtigkeit.

Die Konditionierung oder Trockengehaltsbestimmung.
Konditionierung der für den Kleinhandel bestimmten Garne — Konditionier-Apparate — Abweichungen von der Baumwollgarn-Sollnummer.

Garn-Numerierungs-Systeme.
Die metrische oder internationale Garnnumerierung — Die englische, die französische, die österreichische, die niederländische Baumwollgarn-Numerierung — Gebräuchliche Gespinstnummern für Baumwollgarne — Umwandlungstafel der Nummerierungssysteme für Baumwollgarne — Die Numerierung der Zwirne, von Flachs-, Werg- und Hanfgarnen, von Jutegarn, von Ramiegarn — Umwandlungstafel für die gebräuchlichsten Numerierungen von Garnen aus Baumwolle, Leinen und Jute — Die Numerierung der Wollgarne — Umwandlungstafel für Wollgarnnummern verschiedener Systeme — Die Numerierung von Kunstwollgarn Die Titrierung der gehaspelten Seide — Die Numerierung der gesponnenen Seide, der Kunstseiden.

Das Messen und Wägen.
Das Messen und Wägen der Fasern.
Längenmessungen der Fasern — Breiten- oder Dickenmessungen der Fasern — Das Wägen der Fasern.
Das Messen und Wägen der Gespinste.
Längenmessungen der Gespinste — Der Haspel oder die Weife — Dickenmessungen der Gespinste — Das Wägen der Gespinste — Bestimmung der Garnnummer.
Das Messen und Wägen der Gewebe.
Das Messen der Gewebe — Das Wägen der Gewebe.

Verlag von Julius Springer in Berlin.

Prüfung harter Kammgarne.
> Neue Anweisung für die Abfertigung harter Kammgarne — Altes Verfahren für die Abfertigung harter Kammgarne.

Drehung der Garne und Zwirne.
> Zwirnung — Geschleifte Garne.

Festigkeitsprüfungen.
> Allgemeine Begriffsbestimmungen.
> Festigkeit, Dehnung, Bildung der Mittelwerte, Gleichmäßigkeit oder Gleichförmigkeit, Reißlänge, Elastizität und Gleitwiderstand, Zerreißarbeit oder Zähigkeit.
> Allgemeine Prüfungsgrundsätze.
> Einspannlänge, Querschnitt, Qualitätszahlen, Drehung, Belastungsart, Luftfeuchtigkeit und Lufttemperatur.
> Festigkeitsprüfer oder Dynamometer.
> Taschenkraftmesser, Federdynamometer, Dynamometer in Bogenform, Automatische Festigkeitsprüfer, Dynamometer von Baer, Schoppersche Festigkeitsprüfer, Dynamometer von v. Tarnogrocki, Dynamometer von Goodbrand, Dynamometer von Usteri Reinacher, Dynamometer von Leuner, Dynamometer von Perreaux.
> Vorbereitung des Probematerials und Technik der Ausführung.
> Streifenentnahme.

Gewebe-Anlagen.
> Zweiband-, Köper-, Atlasbindung — Kreppbindungen — Aufzeichnung der Bindung eines Gewebes — Rechte und linke Seite des Gewebes — Ketten- und Schußrichtung — Fadendichte oder Dichte des Gewebes — Dichte und undichte Gewebe — Ermittelung der Dichte bei Schußsammet — Bestimmung der Garnnummern in Geweben.

Bestimmung der äußeren Eigenschaften von Garnen.
Das Auswaschen und die Bestimmung des Auswaschverlustes.
Das Entschlichten und Entappretieren.
Die Abkochung von Rohseide.
Bestimmung des Einlaufens oder Krumpfens.
Saugfähigkeitsbestimmung.
Aufnahmefähigkeit für Flüssigkeiten.
Bestimmung der Falzfähigkeit.
Bestimmung der Abnutzung oder Abreibung.
Bestimmung der Wasserdichtigkeit.
> Muldenversuch, Büretten- und Trichterversuch, Wasserdruckversuch, Entnahme der Versuchsstücke, Berieselungsversuch.

Bestimmung der Luftdurchlässigkeit oder Porosität.
> Luftdurchlässigkeitsprüfer von Pohl-Schmidt — Beispiele von Prüfungsergebnissen der Luftdurchlässigkeit und Wasserdichtigkeit.

Bestimmung der Wasserstoffdurchlässigkeit von Ballonstoffen.
Bestimmung der Zerplatzfestigkeit von Ballonstoffen.
Bestimmung der Wärmedurchlässigkeit.
Lichtdurchlässigkeit.
Bestimmung des spezifischen Gewichtes.
Farb-, färberei- und appreturtechnische Untersuchungen.

Anhang.

> Lieferungsbedingungen und Abnahmevorschriften nach der Dienstanweisung für die Bekleidungsämter — Materialvorschriften der deutschen Kriegsmarine — Lieferungsbedingungen und Abnahmevorschriften der Artilleriewerkstätten — Lieferungsbedingungen des Kgl. Preußischen Eisenbahn-Zentralamts für Dienstkleidungsmaterialien — Lieferungsbedingungen der Preußischen Staatseisenbahnverwaltung — Lieferungsbedingungen der Eisenbahn-Brigade — Vorschriften der Kolonialverwaltung über Lieferungen für das Bekleidungsdepot der Schutztruppen — Lieferungsbedingungen der Kaiserlichen Oberpostdirektion — Einige zolltechnische Bezeichnungen und Unterscheidungen — Maße und Gewichte — Firmen, welche Apparate und Hilfsapparate für textiltechnische Prüfungen herstellen — Literatur — Sachregister.

Zu beziehen durch jede Buchhandlung.

Im Frühjahr 1912 erschien:

Die Mercerisation der Baumwolle und die Appretur der mercerisierten Gewebe.

Von **Paul Gardner,**
Technischer Chemiker.

Zweite, völlig umgearbeitete Auflage.
Mit 28 Textfiguren.
In Leinwand gebunden Preis M. 9,—.

Dr. P. Krais urteilt i. d. „Zeitschr. f. angew. Chemie" 1910, Nr. 42 über die 1. Auflage:
.... Es wird wohl kaum ein Buch auf dem Gebiete der Färberei und Appretur geben, das soviel Aufsehen gemacht, soviel Anregung gegeben hat und soviel zitiert worden ist, wie Paul Gardners Mercerisation. Wer viel mit den Problemen und Aufregungen in der stets auf- und abschwankenden, alles Neue mit leidenschaftlicher Hast ergreifenden oder doch ergreifen wollenden Appreturindustrie zu tun hat, wird es dem Verfasser dieses Buches, der wahrscheinlich ein Patentbeamter war oder ist, nicht verdenken, daß er sein Werk unter einem Pseudonym veröffentlicht hat. Man schlägt noch gern dieses Buch nach, das eine klare Basis in am Ende des vorigen Jahrhunderts recht unklaren, in rapider Entwicklung begriffenen Zuständen geschaffon hat.

Aus den ersten Urteilen über die neue Auflage.

Appretur-Zeitung 1912, Nr. 9.
Der Verfasser, der zuerst vor etwa 16 Jahren in eingehender Weise die Entwicklung der Mercerisation der Baumwolle beschrieb, bekundet aufs neue seine gründliche Vertrautheit mit ihr, den zahlreichen Verfahren, einschlägigen Vorrichtungen und insbesondere mit der reichen Patentliteratur, deren Schriften er je nach ihrer Bedeutung wörtlich oder auszugsweise wiedergibt, kritisch beleuchtet und gegeneinander vergleicht.

Im Frühjahr 1912 erschien:

Die künstliche Seide.
Ihre Herstellung, Eigenschaften und Verwendung.

Mit besonderer Berücksichtigung der Patent-Literatur
bearbeitet von
Dr. Karl Süvern,
Regierungsrat.

Dritte, stark vermehrte Auflage.
Mit 214 Textfiguren.
In Leinwand gebunden Preis M. 18,—.

Kunststoffe 1912, Nr. 4.
Das große Interesse, das weite Kreise an der Kunstseide nehmen, geht schon daraus hervor, daß in verhältnismäßig kurzer Zeit bereits die dritte Auflage des Süvernschen Buches nötig wurde; die starke Vermehrung des Inhalts zeigt, wie eifrig auf diesem Gebiete erfunden wird, denn der weitaus größte Teil des Buches (580 Seiten) behandelt die Herstellung der künstlichen Seide, bzw. die nach dieser Richtung im In- und Ausland genommenen Patente.
Das mit großer Sachkenntnis und vielem Fleiß bearbeitete Werk ist für alle auf dem Gebiet der Kunstseide und verwandten Industrien tätigen Chemiker und Industrielle von großem Werte, einer besonderen Empfehlung bedarf das Buch, das vom Verlag Springer in bekannt guter Weise ausgestattet ist, nicht mehr.

Zu beziehen durch jede Buchhandlung.

43. 6. 12. 160.

Für Rückgewinnung der Flotte und sofortige Spülung des Materials auf dem Apparat nach stattgehabter Färbung sind die entsprechenden Einrichtungen vorgesehen.

Der Apparat wird in den verschiedensten Größen geliefert — von den kleinsten Quanten bis ca. 150 kg Fassung pro Partie. — Die Ausführung richtet sich nach den zu färbenden Materialien.

Fig. 78. Färbeapparat für Kreuzspulen, System Lindner.

Einen ebenfalls hauptsächlich zum Färben von Kreuzspulen bestimmten Apparat der gleichen Firma stellt die Fig. 78 dar.

Der rechteckig geformte Färbebehälter ist mit Abdichtungsrahmen für die Materialträgerplatte, mit Ablaßventil und Heizvorrichtung versehen. Die Materialträgerplatten sind herausnehmbar angeordnet. Der Verschluß derselben erfolgt durch Flächendichtung.

Der Flottenkreislauf vollzieht sich unter Druck von innen nach außen durch die Wickel und wird durch eine Spezial-Hocheffekt-Turbopumpe bewirkt.

Für die Zuführung der Farbstoffzusätze ist außerhalb des Apparates eine besondere Einrichtung getroffen, welche derart funktioniert, daß die Farbzusätze von der Flottenzirkulationspumpe angesaugt, gründlich gemischt werden und dann erst mit dem vollen Flottenstrom zirkulieren.

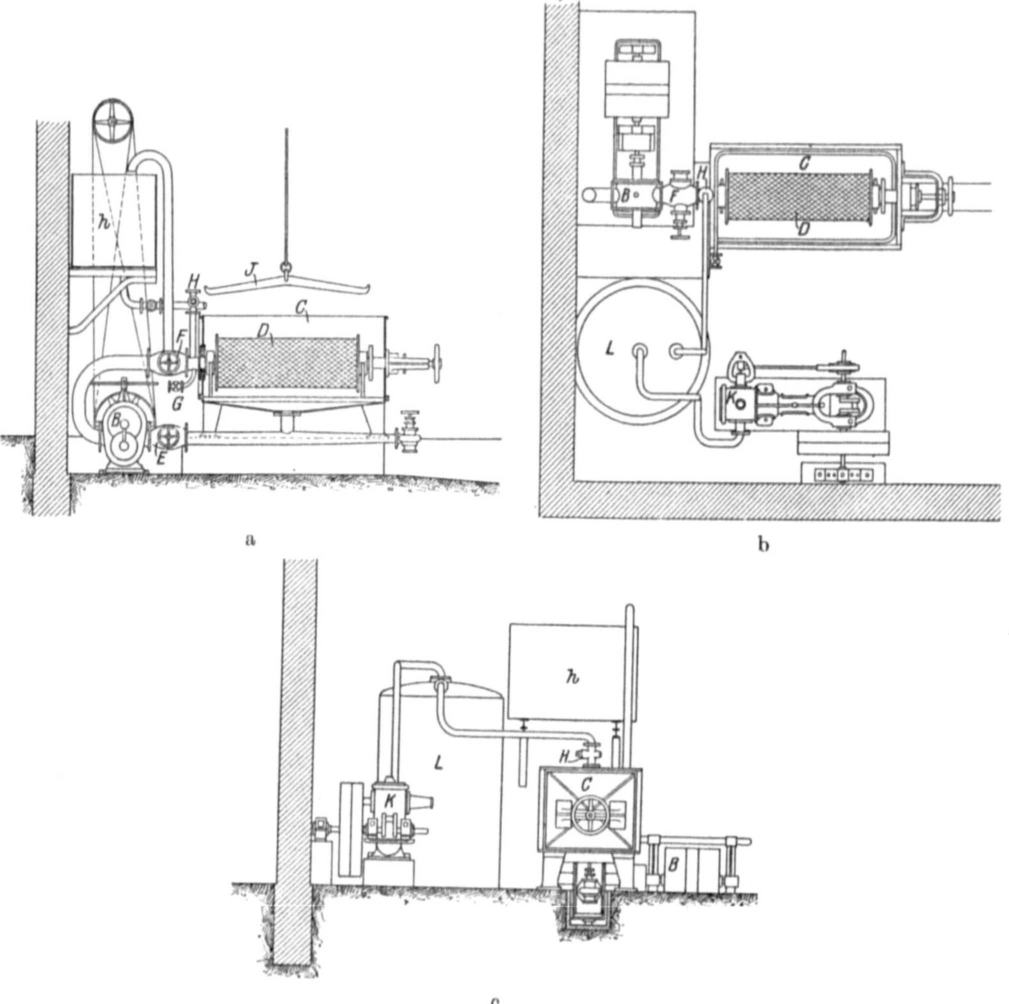

a

b

c

Fig. 79 a—c. Kettenbaumfärbeapparat, System Lindner.

Durch die kräftig wirkende Pumpe wird eine lebhafte Flottenzirkulation bewirkt, die ein gutes und gleichmäßiges Durchfärben der Wickel auch bei nur einseitiger Flottenströmung gewährleistet.

Der Apparat ist ferner ausgestattet mit Vorrichtung zur Rückgewinnung der Flotte zwecks eventl. Wiederverwendung und zur Spülung des Färbematerials.

Da der Materialträger auswechselbar gehalten ist, so können auf dem gleichen Apparat auch Cops gefärbt werden, indem an Stelle der Kreuzspulenplatte eine Copsplatte eingesetzt wird.

Konstruktion und Wirkungsweise eines von derselben Firma gebauten Kettenbaumfärbeapparates ist aus den Schnittzeichnungen (Fig. 79a, b, c) ersichtlich, so daß sich eine nähere Erläuterung dieses Apparates wohl erübrigt, zudem er den von anderen Firmen zu dem gleichen Zweck gebauten Apparaten gleicht.

Zum Färben von loser Baumwolle, Stranggarn, Kreuzspulen usw. im Packsystem, sowie gleichzeitig zum Färben von Kreuzspulen und Cops im Aufstecksystem geeignet, baut die Firma H. Schirp, Vohwinkel-Elberfeld, einen Apparat in viereckiger Form, an welchem sie die Neuerung angebracht hat, daß die Flotte am tiefsten Punkt des Warenbehälters eingeführt wird, wodurch das Entwässern leichter vor sich geht. Fig. 80 zeigt den Apparat mit Packsystem. Das zu färbende Material wird in zwei getrennte Abteilungen in den Warenbehälter eingepackt. Zwischen den beiden Warenschichten befindet sich die Flottenverteilungskammer, die durch den äußeren nicht perforierten Mantel und durch zwei in bestimmter Entfernung von einander fest angebrachte, gelochte Böden gebildet wird. An diese mittlere Abteilung ist ein Stutzen angesetzt, der mit dem Pumpendruckrohr zu verbinden ist. Auf jeder Seite der Flottenverteilungskammer wird die Hälfte des zu färbenden Materials eingepackt. Zu diesem Zwecke wird der Warenbehälter mit seinen seitlichen Achsen in die Lager des Hebewerks gelagert, um zirka 20 cm gehoben und um 90° gedreht. Ist die eine Seite gefüllt, so wird ein gelochter Deckel auf die Ware gelegt, letztere zusammengepreßt und das Material durch Querstäbe in der Lage gehalten.

Nach Füllung der einen Seite wird der Warenbehälter im Hebewerk gedreht und die andere Seite gefüllt. Der Warenbehälter wird dann um eine viertel Wendung gedreht, der kleine Wagen darunter gefahren und der Behälter mittels des Hebewerkes auf den Wagen herabgelassen. Mittels der Drehscheibe wird der gefüllte Warenbehälter jetzt auf das Nebengeleise geführt.

Inzwischen ist ein zweiter, bereits im Flottenbehälter befindlicher Warenbehälter ausgefärbt, die Flotte mittels der Pumpe nach einem Reservoir gepumpt und die im Warenbehälter befindliche Ware im Apparat gespült.

Ein Hochziehen mittels Kranes oder Flaschenzuges ist bei dem Färbe-Apparat „System Schirp" nicht erforderlich; es ist vielmehr nur notwendig, die Schrauben, mit welchen die abnehmbare Wand vor dem Flottenbehälter angeschraubt ist, zu lösen, umzuklappen und mittels Kontregewichts die Wand hochzuziehen oder bei niedrigen Räumen zur Seite zu stellen. Die Verbindung des auf der Flottenverteilungskammer

Fig. 80. Mechanischer Färbeapparat, System Schirp.

befindlichen Stutzens mit dem Pumpendruckrohr, die durch Bajonettverschluß hergestellt ist, ist zu lösen und der ausgefärbte Kessel, der ebenfalls auf einem kleinen Wagen lagert, auf den Eisenbahnschienen nach dem Hebewerk zu fahren.

Der neugefüllte Behälter auf dem Nebengleise wird über die Drehscheibe in den Warenbehälter geführt, die Verbindung des Stutzens mit dem Pumpendruckrohr hergestellt, die abnehmbare Wand herabgelassen und vorgeschraubt.

Die im Reserve-Flottenbehälter aufgespeicherte Flotte läßt man in den Flottenbehälter laufen, und der Färbe-Prozeß beginnt. Auf diese Weise ist der Apparat mit nur wenigen Minuten Unterbrechung im Betriebe.

Sobald die eine Abteilung des ausgefärbten Warenbehälters entleert ist, wird diese zweckmäßig gleich wieder gefüllt.

Statt des Hebewerkes kann der Warenbehälter auch mittels eines Flaschenzuges um ca. 20 cm gehoben und auf einem geeigneten Lagerbock gewendet werden, wodurch sich die Anlage einfacher gestaltet und weniger Kraft beansprucht.

Wird der Warenbehälter durch einen rechteckigen schmalen Flottenkasten, mit an beiden Seiten aufgeschraubten Spindeln ersetzt, so kann der Apparat auch zum Färben von Cops und Kreuzspulen im Aufstecksystem verwendet werden.

Eine doppelt wirkende Kreiskolbenpumpe ermöglicht es, die Flotte sowohl von innen nach außen, als auch von außen nach innen durch das Material zu führen.

In der Rohrleitung ist ein Dreiweghahn eingeschaltet, um die Flotte nach beendetem Färbeprozeß nach einem Reservoir pumpen zu können zwecks beliebigen weiteren Gebrauchs.

Der Spülprozeß geschieht im Apparat.

Um das Schleudern der im Aufstecksystem gefärbten Cops oder Kreuzspulen zu vermeiden, ist an der tiefsten Stelle der Flottenverteilungskammer ein Rohr angebracht, welches die Verbindung mit einer Vakuumstation vermittelt.

Fig. 81 zeigt einen Apparat der gleichen Firma, welcher speziell zum Färben von Cops und Kreuzspulen im Aufstecksystem konstruiert ist.

Die Kreuzspulen oder Cops werden auf perforierte Nickelinspindeln aufgesteckt und während des Färbeprozesses in keiner Weise deformiert.

Beim Färben der Kreuzspulen „Alexander" werden auf jede perforierte Nickelinspindel zwei Kreuzspulen übereinander aufgesteckt. Zwischen jede Spule wird ein Doppelkonus eingesetzt. Da die Spindeln ebenfalls an ihrem unteren Teile und auch der lose Endverschluß mit Konus versehen sind, so werden die Kreuzspulen nach allen Seiten vollkommen abgedichtet und wird auf diese Weise ein Flottenverlust während des Färbeprozesses vermieden. Der Endverschluß ist derart konstruiert, daß er in der Länge der Spindeln verstellbar ist, so daß, wenn auch kleine Differenzen in der Länge der Kreuzspulen vorkommen, die Ausfärbungen tadellos vor sich gehen; dagegen werden von Kreuzspulen „Soleil" auf jede Spindel 8 Bobinen übereinander aufgesteckt.

Fig. 81. Cops- und Kreuzspulen-Färbeapparat, System Schirp.

Fig. 82. Färbeapparat für Packsystem,
G. De Keukelaere, Gand.

Fig. 83. Universalfärbeapparat,
System De Keukelaere.

Die Pumpe ist mit einem Umschaltautomat versehen, der in bestimmt vorher festzusetzenden Zwischenräumen die Flottenrichtung der Pumpe umschaltet.

Der Apparat besitzt 2 getrennte Färbebehälter, welche unter sich und mit der Pumpe durch Rohrleitung verbunden sind. Die Flotte passiert das aufgesteckte Material in der einen Abteilung unter Druck- und in der anderen unter Saugwirkung. Durch entsprechende Abstellung der Flottenleitung besteht aber auch die Möglichkeit, nur auf einem Apparat zu färben, während der andere mit frischem Material beschickt wird. Auch in diesem Falle wird die Flotte abwechselnd durch das Material gedrückt und gesaugt.

Das Spülen des gefärbten Materials geschieht im Apparat, nachdem die Flotte mittels der Pumpe nach einem Reservoir gepumpt ist. Auf Wunsch liefert die Firma H. Schirp auch eine Vorrichtung mit, die es ermöglicht, die Flüssigkeit aus den Cops oder Kreuzspulen mittels Vakuum-Apparat abzusaugen.

Von der Firma Gustave De Keukelaere, Gand (Belgien) werden in der Hauptsache zwei Apparattypen gebaut; der eine nur für Packsystem mit Flottendruck von innen nach außen, der andere für Aufsteck- und Packsystem mit wechselseitiger Flottenzirkulation.

Der Packapparat (Fig. 82) eignet sich zum Färben aller Materialien und Farben, die sich im Packsystem herstellen lassen.

Der Apparat besteht im wesentlichen aus der Pumpe, den Rohrverbindungen und Ventilen, dem festen Flottenbehälter und dem beweglichen Waren-Behälter.

Die Größe der Apparate ist so berechnet, daß in möglichst kurzer Flotte gearbeitet werden kann.

Die Flottenzirkulation wird durch eine Zentrifugalpumpe bewirkt.

Der Materialbehälter ist entweder aus Stahl oder Kupfer, je nach der Art der zu verwendenden Farben, hergestellt. Vier durchlöcherte Scheidewände teilen ihn in drei Abteilungen. Die festen inneren Scheidewände bilden zusammen die Zentral-Abteilung, und die äußeren beweglichen die seitlichen Abteilungen, die dazu bestimmt sind, das Färbermaterial aufzunehmen.

Am Boden dieses Behälters, unter der Zentralabteilung und mit dieser in Verbindung stehend, befindet sich eine Öffnung mit einem Konus versehen, der dazu dient, die Verbindung mit dem Druckrohr der Pumpe herzustellen, wenn man den Warenbehälter in die Kufe einläßt. Sobald dies geschehen, kann ohne Verschraubungen unverzüglich der Färbeprozeß beginnen.

Das Fassungsvermögen des Materialbehälters beträgt 60—150 kg lose Baumwolle, 80—120 kg Kardenband, 125—225 kg Stranggarn.

Fig. 84. Flottenumstellungsvorrichtung.

Nach dem Sandfüllungsverfahren Patent Gustave De Keukelaere kann man färben 100—180 kg Kreuzspulen; 100—160 kg Cops.

Das Spülen der Färbungen kann im Apparat erfolgen.

Fig. 83 zeigt den Universal-Apparat, auf dem Baumwolle in jeglicher Form gefärbt werden kann, der aber besonders für das Färben von Kreuzspulen und Cops nach dem Aufstecksystem geeignet ist.

Dieser Apparat ist wie der vorhergehende gebaut, außerdem aber mit Vorrichtungen versehen, die es ermöglichen, den Lauf der Farbflotte, während die Pumpe arbeitet, augenblicklich umzustellen.

Der Apparat besteht in der Hauptsache aus der Pumpe, dem festen Behälter, der Flotten-Umstellungsvorrichtung, dem Kreuzspulen- und Cops-Träger.

Die Vorrichtung zur Umstellung der Flottenrichtung, während die Pumpe arbeitet, wird zwischen dieser und dem großen festen Behälter angebracht.

Durch vier Schieber-Ventile (Fig. 84) kann das Innere des Warenbehälters oder der Spulenträger abwechselnd mit dem Saug- oder Druckrohr der Pumpe in Verbindung gesetzt werden.

Diese vier Schieber können durch einen einzigen Stahlgriff umgestellt werden. Ist dieser nach rechts gedreht, so ist der untere rechte

Schieber offen und bringt das Innere des Spulenträgers mit dem Saugrohre der Pumpe in Verbindung. Die Flotte wird dann durch das Färbegut hindurchgesaugt und fließt durch den oberen, linken Schieber in den Flottenbehälter zurück.

Ein Handdruck legt den Griff nach links um, und die zwei geöffneten Schieber schließen sich, während die beiden anderen sich öffnen. Die Flotte wird dann in den Flottenbehälter gesaugt und durch das Färbegut gedrückt.

Die Umstellung der Schieber erfolgt im Augenblick, ohne daß die Pumpe aufhört zu arbeiten.

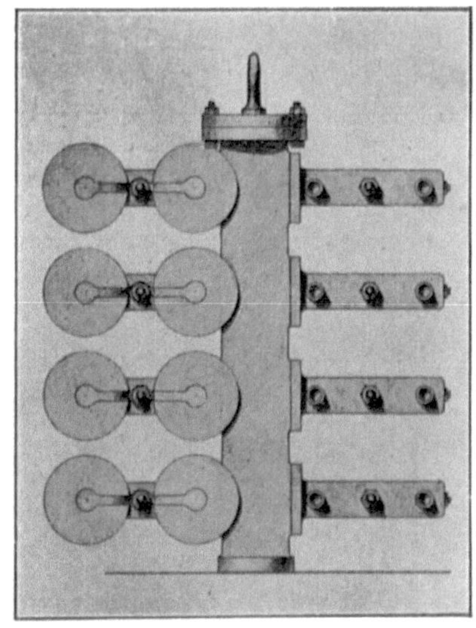

Fig. 85. Kreuzspulenträger.

Die Kreuzspulen sind auf durchlochte Röhren aus Nickelin gewickelt. Diese Röhren passen auf konische Ansätze an den Armen des Spulenträgers (Fig. 85). Dieser Träger besteht aus mehreren auswechsel baren Elementen, die durch 4 Bolzen gehalten werden. Man kann auch ein oder mehrere Elemente fortnehmen, um nicht mehr konische Ansätze zu haben, als genau der Zahl der zu färbenden Spulen entspricht.

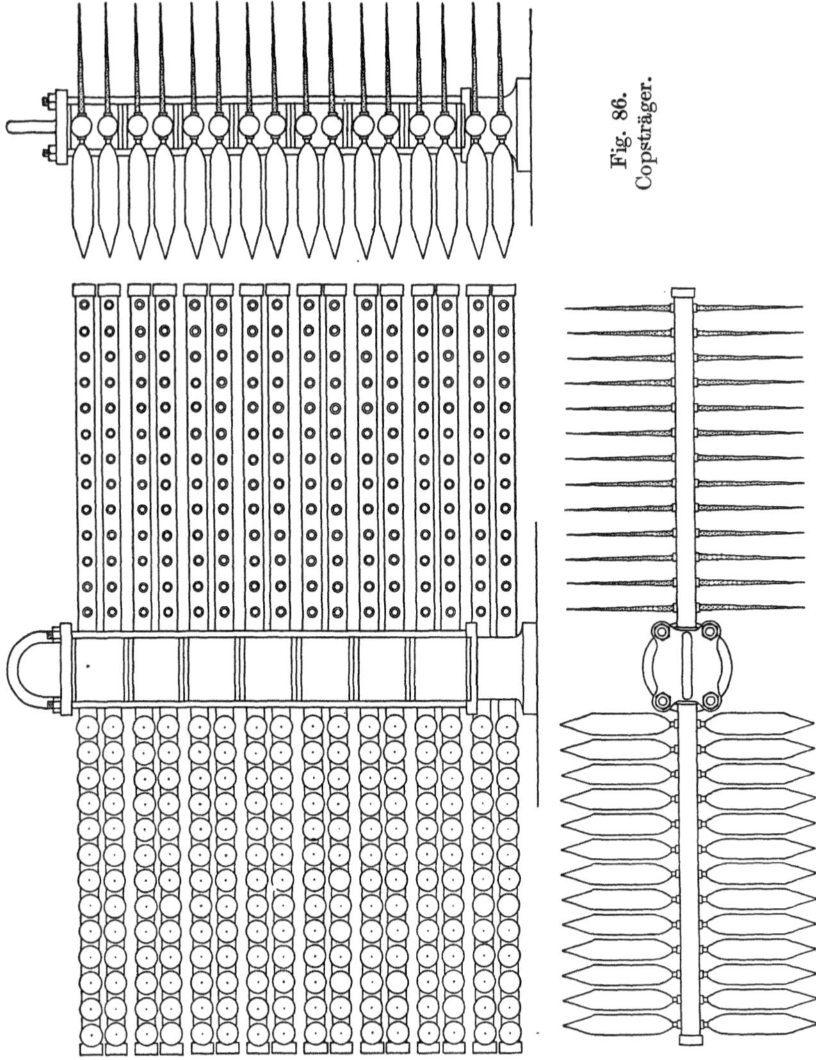

Fig. 86.
Copsträger.

Dieser Kreuzspulen-Träger wird aus Gußeisen oder aus Bronze hergestellt. Man kann demnach darin alle Farben färben.

Der Träger für Pincops oder Warpcops (Fig. 86) besteht aus mehreren auswechselbaren Elementen, welche alle durch vier Bolzen festgehalten werden.

Die Elemente tragen eine große Anzahl perforierter Spindeln, welche je einen Pincops oder Warpcops aufnehmen.

Um die Cops aufstecken zu können, löst man die Muttern der vier Bolzen und nimmt die Elemente heraus. Man legt diese nacheinander vor sich auf den Tisch und steckt die Cops nach einanderauf, wobei man sie ganz in der Hand hält, bis sie richtig aufgesteckt sind.

Die beladenen Elemente werden dann zusammengesetzt und bilden den Copsträger.

Fig. 87. Universalfärbeapparat, System Dülken. Friedr. Haas, G. m. b. H., Lennep.

Die Zusammensetzung dieses Trägers aus mehreren selbständigen Elementen macht es möglich, auch geringere Quantitäten, als die für den ganzen Apparat berechneten, zu färben.

Die Firma Friedrich Haas, Lennep, hat den Bau und Vertrieb der Färbeapparate „System Dülken" übernommen.

Die Apparate sind so konstruiert, daß in denselben sowohl im Packsystem wie im Aufstecksystem gefärbt werden kann; also loses Material, Stranggarne, Cops und Kreuzspulen gepackt oder aufgesteckt.

Aus der Abbildung (Fig. 87) ist zu ersehen, in welcher Weise die Einrichtung für Pack- und Aufstecksystem für die diversen Aufmachungen von Kreuzspulen, Cops usw. getroffen ist. Die Flottenzirkulation wird mittels Zentrifugalpumpe bewirkt.

Durch eine besondere Umsteuervorrichtung wird der Flottenlauf in regelbaren Zeitabschnitten, die ganz beliebig kürzer oder länger bemessen werden können, automatisch umgestellt. Das Material wird von innen nach außen und von außen nach innen durchströmt, und zwar stetig und regelmäßig wechselnd, ohne Zutun des Arbeiters, so daß eine absolut gleichmäßige Durchfärbung gewährleistet wird. Da ferner der Materialbehälter in geschlossenem Zustande unter Druck, dessen Höhe an einem Manometer ablesbar ist, arbeitet, wird eine intensive Durchfärbung des Materials erzielt.

Für alle im Packsystem zu färbenden Materialien ist im Deckel des Behälters eine Druckvorrichtung zum Nachpressen des Farbgutes auch während des Färbens vorgesehen, bestehend in einem haubenförmigen Aufsatz, welcher bei geschlossenem Apparat über den Innenzylinder gestülpt ist und beim Öffnen des Apparates mit dem Außendeckel abgehoben wird. Bedient wird diese Vorrichtung durch eine Spindel, die durch Handrad über dem Deckel, also von außen, gedreht wird. Der Druck im Inneren des Materials und die Dichtigkeit der Einlagerung ist also leicht kontrollierbar und auf gleicher Höhe zu erhalten.

Die Umsteuerung erfolgt bei stets gleichbleibendem Gang der Pumpe, da das selbsttätige Steuergehäuse, resp. der in diesem sich drehende Kegel, unabhängig von der Pumpe arbeitet. Letztere hält ihre Drehungsrichtung bei, ohne daß Stoßwirkungen in ihr auftreten können.

Als Absperrvorrichtungen sind in den Rohrleitungen Wasserschieber anstatt der sonst üblichen Ventile eingebaut, so daß die Flotte, ohne gedrosselt zu werden, die Rohre passiert.

Die einzelnen Materialbehälter sowie Kreuzspulen- oder Copsträger werden lose auf den in der Abbildung ersichtlichen Konus gesetzt, der Deckel geschlossen, und der Apparat ist fertig zum Färben.

Im Innern des Behälters befindet sich eine Heizschlange mit Regulierventil, durch welche die Farbflotte auf der erforderlichen Temperatur erhalten wird.

Je nach den zu verwendenden Farben werden die Apparate ganz aus Eisen, aus Kupfer oder aus Nickelin hergestellt, so daß sie also auch in dieser Beziehung allen Anforderungen angepaßt werden können.

Der Deckel des Apparates wird nach Lösung der für ihn vorgesehenen Kippschrauben durch eine an den Apparat selbst angebrachte Vorrichtung hoch- und nach hinten geklappt. Das Ausheben der Materialbehälter und der Aufsteckböden erfolgt durch Flaschenzug oder Kran, welche in die oben an den Behältern oder Böden angebrachten und aus der Abbildung ersichtlichen Ösen eingreifen. Zweckmäßig wird von den Behältern und Böden je ein Reserveexemplar vorrätig gehalten, um den zweiten Behälter oder Boden mit neuem Material zu füllen, während der eine zur Durchführung des Färbeprozesses in dem Apparat ruht.

Als Hebevorrichtung wird am zweckmäßigsten ein Drehkran vorgesehen. Dieser hat den Vorteil, daß man die zwei Materialbehälter je nach einer Richtung absetzen kann.

Über die allgemeine Ausführung der Apparate ist noch zu bemerken, daß alle Zubehörteile auf einer gemeinsamen gußeisernen Fundamentplatte zusammenmontiert sind, so daß sie ein geschlossenes Ganzes bilden. Für die Betriebsorgane sind dabei separate Antriebsvorrichtungen mit Fest- und Losscheibe, sowie Ein- und Ausrückvorrichtung vorgesehen. Es betrifft dies also die Pumpe für die Flottenzirkulation einerseits und die Umsteuervorrichtung andererseits.

Ausschließlich nach dem Prinzip des Aufstecksystems sind die Apparate folgender Firmen konstruiert:

Der Apparat der Firma Erckens & Brix, Reydt, auf welchem sich Kreuzspulen, Soleilspulen, Banc a broche Bobinen etc. im Aufstecksystem färben lassen. Kardenband wird in der Kanne um einen Stab gelegt und mittels letzterem herausgehoben, unter einer Presse auf perforierte Tuben zusammengepreßt und gleichfalls im Aufstecksystem gefärbt. Auch Kettenbäume lassen sich in diesem Apparat, entweder einzeln, oder zwei Stück gleichzeitig färben und ist zum Entwässern derselben eine Vakuumstation vorgesehen. Der Apparat, in Fig. 88 verbildlicht, besteht in der Hauptsache aus einem viereckigen Flottenbehälter, welcher durch eine um etwa 10 cm niedrigere Scheidewand in zwei Abteilungen geteilt ist. Über dem Boden einer jeden Abteilung ist ein mit der Flottenleitung in Verbindung stehendes Rohrsystem gelagert, auf welchem die perforierten Metallhülsen aufgeschraubt sind, und zwar ist die Anordnung getroffen, daß beispielsweise bis zu 4 Kreuzspulen übereinander aufgesteckt werden können. Durch Feststellung eines über jede Abteilung gelegten Lattenrostes mittels Spindeln werden die aufgesteckten Spulen in ihrer Lage erhalten und vor Schwankungen während des Betriebes bewahrt. Die Flottenzirkulation wird durch eine in zwei Richtungen arbeitende Rotationspumpe bewirkt, welche etwa 150 Touren pro Minute macht.

Die Einrichtung des Apparates wird vervollständigt durch die Flottenrohrleitung und die nötigen Hähne, sowie je eine für direkten und indirekten Dampf berechnete Heizschlange.

Die Flottenrohrleitung ist ferner mit einem in gleicher Höhe des Apparates stehenden Behälter verbunden, in welchem der Ansatz der Farbbäder vorgenommen werden kann, der aber auch gleichzeitig zur Aufbewahrung der benutzten Farbbäder zwecks Weiterverwendung dient.

Der Flottenkreislauf ist wechselseitig derart angeordnet, daß die Flotte jeweilig durch das in der einen Abteilung aufgesteckte Material gesaugt und durch das in der anderen Abteilung befindliche Färbegut gedrückt wird. Über die Zwischenwand, welche die beiden Abteilungen trennt und bis zur Höhe der obersten Kreuzspulen reicht, läuft die Flotte aus der einen in die andere Abteilung über.

Fig. 88. Färbeapparat, System Erckens & Brix.

Die Apparate werden in verschiedenen Größen gebaut und können zum Färben von substantiven und Schwefelfarben, wie auch diazotierbaren Farbstoffen dienen. Erwähnt sei hier noch, daß die Apparate „System Erckens und Brix" in Frankreich von der Firma Casimir Fastenaekels in Watrelos bei Roubaix gebaut werden und zum Färben von Ryo-Spulen und Alexandre-Spulen eine ausgedehnte Verbreitung gefunden haben.

Der Apparat der Firma Fr. Gebauer, Berlin (Fig. 89), ebenfalls nur als Aufstecksystem gebaut, und zwar speziell zum Färben von Kreuzspulen eingerichtet, besteht aus einem schmiedeeisernen, liegenden Hochdruckkessel, eingerichtet zum Einfahren eines Wagens, der den Spulenhalter trägt. Auf diesem sitzen beiderseitig je zwei Reihen Kreuzspulen,

durch Nippel untereinander verbunden, und mittels Quer- und Längs-
bändern zu einem vollkommen starren System vereinigt, so daß ein Berühren der Kreuzspulen untereinander ausgeschlossen ist. Die Zirkulation
der Flotte durch die Spulen geschieht von innen nach außen und umgekehrt vermittelst einer automatisch umschaltenden Hochdruck-Präzi-
sionsräderpumpe, System **Fr. Gebauer.** Die Heizung der Bäder
während des Färb- bzw. Kochprozesses erfolgt durch Injektor und im
Kessel angebrachte Heizschlange.

Fig. 89. Kreuzspulen-, Bleich- und Färbeapparat, System Gebauer-Rothemann.

Die Kreuzspulen werden auf perforierte, imprägnierte Papier-
oder Nickelinhülsen gespult und so im Apparat zu beiden Seiten der
Platte aufgesteckt, und zwar mit Hilfe von Nickelin-Nippeln. Beide
Reihen der aufgesteckten Spulen werden durch ein Schienensystem
fixiert. Die Verteilung der Flotte erfolgt dann nach oben und nach
unten durch die Spulen von der Trägerplatte aus, die mittels eingedrehter
Dichtungsringe an den Rohranschluß im Apparat mit Hilfe der Gegen-
drucksspindel abgedichtet wird. Das Drehen des Einsatzes erfolgt
entweder von Hand aus oder maschinell. Es hat sich in der Praxis
gezeigt, daß es besser ist, die Drehung des Apparates von Hand zu
betätigen, da man dadurch in der Lage ist, das Wenden des Einsatzes
dem Egalisierungsvermögen des betreffenden Farbstoffes anzupassen,
wie ja auch das Drehen hauptsächlich während der Zeit, in welcher
der Farbstoff aufzieht, nur in Betracht kommt. Der Flottenkreislauf,
der infolge der Schwerkraft sich immer mehr nach den unteren Spulen-
schichten zu bewegt, ist automatisch umschaltbar.

Die Bedienung des Apparates ist eine sehr einfache und kann
der Arbeiter nach Ingangsetzung Nebenarbeiten, wie Aufstecken der
Spulen, Ansetzen der Farbbänder usw. verrichten, oder gleichzeitig
mehrere Apparate bedienen

Die Zirkulation ist sehr energisch und wirkt wechselweise auf das Material mit dem großen Vorteil, daß man beim Arbeiten mit Flüssigkeiten unter 100⁰ C auch bei nicht vollem Kessel mit Überdruck arbeitet. Die zur Anwendung kommende Pumpe arbeitet äußerst zuverlässig, sowohl saugend als drückend, speziell auch bei Verwendung von kochenden, unter Druck stehenden Flotten.

Bei Wiederanwendung der Farbbäder läßt sich die Flotte aus dem Kessel fast vollständig in die Bassins zurückpumpen, daher geringer Farbstoffverlust. Da bei diesem Apparat im geschlossenen Kessel, event. im Vakuum, aber ohne Bewegung der Flotte durch Saug- und Druckluft gefärbt werden kann, so ist der Verlust an Reduktionsmitteln, wie Schwefelnatrium und Hydrosulfit, auf ein Minimum beschränkt.

Ein ganz besonderer Vorteil des Systems ist die Schonung der angewendeten Metall- resp. imprägnierten Papierhülsen. Durch die eigenartige Konstruktion des Spulenträgers wird eine Druckentlastung der übereinander angeordneten Bobinen durchgeführt.

Die Apparate werden für alle in Betracht kommenden Farben für etwa 50 kg und 100 kg Inhalt ausgeführt und sind, falls auch in ihnen diazotiert oder gebleicht werden soll, mit Bleiblech ausgeschlagen oder homogen verbleit, während für Kreuzspulenträger und Wagen in diesen Fällen Nickelinmetall zur Anwendung kommt.

Der Apparat ist bereits in vielen Ausführungen im Betrieb und hat sich in der Praxis zum Färben aller Farbstoffgruppen bestens bewährt.

Die Firma C. H. Weisbach, Chemnitz, hat den Bau und Verkauf der Färbeapparate „System Kirchhoff" übernommen. Der Apparat zählt zur Klasse der Aufstecksysteme und wird in zwei Größen, für etwa 25 kg und für etwa 50 kg Füllung, gebaut. Die Bestandteile des Apparates setzen sich im wesentlichen zusammen aus dem Färbekasten, der Zirkulationspumpe, den Materialträgerplatten und einem oberhalb des Apparates angeordneten und mit diesem durch Rohrleitung verbundenen Flottenbehälter. Der Färbekasten ist für Baumwollmaterial in der Regel aus Eisen gebaut, im oberen Teile offen und dient zur Aufnahme der Materialträgerplatten, welch letztere mit ihren perforierten Metallspindeln die Cops bzw. die Kreuzspulen tragen. Das Beschicken und Entleeren der Platten erfolgt außerhalb des Apparates, zu welchem Zwecke sie mittels Flaschenzug ein- und ausgehoben werden. Mit dem Färbekasten einerseits und dem Flottenbehälter anderseits ist eine große rotierende Pumpe durch entsprechende Rohrleitung verbunden, welcher die Aufgabe der Zirkulation der Farbstoffe zufällt.

Im Innern des Färbekastens sind Einrichtungen getroffen, die eine absolut gleichmäßige Flottenverteilung gewährleisten.

Die Wirkungsweise des Apparates, in Fig. 90 abgebildet, ist folgende: Nachdem die Materialträgerplatten beschickt sind, werden sie in den

Apparat gehoben, und es erfolgt zunächst, falls nötig, das Abkochen unter Tätigkeit der Pumpe, welche die im Flottenkasten auf dem nötigen Hitzegrad erhaltene Flotte im Kreislauf durch das Material saugt und wieder übergießt.

Nach beendigtem Kochprozeß wird die Farbstofflösung eingesaugt und das Färben unter beständiger Zirkulation der Flotte in gleicher Weise wie beim Abkochen vorgenommen. Nachdem wird die Färbeflotte wieder in den Flottenbehälter zurückgedrängt, und es erfolgt das Abwässern und Spülen in analoger Weise.

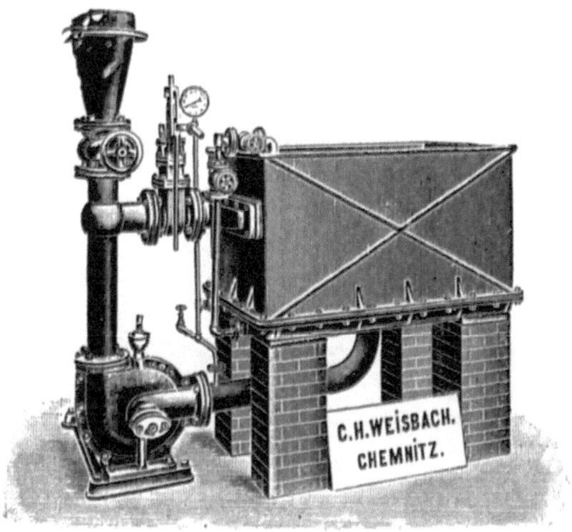

Fig. 90. Färbeapparat, System Kirchhoff.

Alsdann werden die Platten herausgehoben und das gefärbte Material auf dem patentierten Absaugapparat mittels Vakuumpumpe entwässert, und zwar in der Weise, daß immer nur eine Reihe Cops oder Kreuzspulen entwässert wird, wodurch eine ganz besonders intensive Wirkung erzielt und das nachfolgende Trocknen auf Horden oder Trockenmaschinen wesentlich unterstützt wird.

Auf dem Apparat können alle Farbstoffe, welche keine Niederschläge bilden, gefärbt werden, und ist der Ausfall der Färbungen, selbst bei hellsten Nuancen, ein tadelloser.

Die Einfachheit und leichte Zugänglichkeit des Apparates verbürgt eine bequeme und übersichtliche Bedienung, so daß ein Arbeiter mit Leichtigkeit mehrere Apparate überwachen kann.

Die Leistungsfähigkeit ist eine sehr große, da die Materialträgerplatten außerhalb des Apparates beschickt und entleert werden, dieser also mit Ausnahme der zum Ein- und Auslegen der Platten erforderlichen geringen Unterbrechungen beständig im Betriebe bleibt. Das

Flottenverhältnis ist ein sehr günstiges, der Flottenstand bleibt immer gleich, und durch den einfachen Flottenweg wird ein absolut gleichmäßiges Durchfärben gesichert. Für das Färben mit Schwefelfarbstoffen eignet sich der Apparat in gleichfalls vorzüglicher Weise dadurch,

Fig. 91. Cops- und Kreuzspulenfärbeapparat, Gebr. Wansleben, Krefeld.

daß besondere Einrichtungen getroffen sind, welche das Anfallen bzw. Oxydieren verhindern. Das Mustern und Nuancieren ist leicht und bequem, da der Apparat oben offen und der Stand des Färbeprozesses jederzeit kontrolliert werden kann.

Mehrmalige Färbungen erfolgen ohne Umstecken des Materials, und eine Verstärkung der Flotte ist durch das Einsaugen der Farbstofflösung auf die einfachste Art möglich. Die Ausführung in Holz läßt auch die Anwendung metallempfindlicher Baumwollfarbstoffe zu.

Ein einfacher und leicht zu bedienender Apparat zum Färben von Cops und Kreuzspulen jeder Art und Größe und in jeder Färbung im Aufstecksystem wird von der Firma Gebr. Wansleben, Krefeld, gebaut. Der Apparat ist in Fig. 91 veranschaulicht.

Die Glocke des Apparates ist mit Hohlnippeln versehen, in welche die auf Hohlspindeln gebrachten Cops oder Kreuzspulen gesteckt werden.

Die Flottenzirkulation, welche nur in saugender Wirkung von außen nach innen erfolgt, wird durch eine angebaute Zentrifugalpumpe bewirkt.

Im Apparat ist eine der Firma besonders geschützte, ringförmige Scheidewand angebracht, die den inneren Teil der Farbflüssigkeit in vollkommener Ruhe erhält, während diese um den Ring herum stark zirkuliert.

Die Maschine wird in verschiedenen Größen hergestellt, und zwar zur Aufnahme von 120 bis zu 2000 Cops.

Die Firma J. P. Bemberg, A.-G., Barmen-Rittershausen, hat die Ausführung des Apparates „System Mommer" schon seit etwa 10 Jahren aufgegeben und statt dessen den Bau und Vertrieb eines wesentlich vereinfachten Apparates zum Färben von Cops und Kreuzspulen im Aufstecksystem, sowie von Kettenbäumen übernommen. Leider waren Abbildungen der genannten Apparate nicht zu erhalten, ich muß mich daher auf eine kurze Beschreibung der Apparate beschränken, die ich den Mitteilungen der Firma J. P. Bemberg entnehme.

Die Apparate besitzen in der Regel zwei Einsatzplatten, welche zusammen ca. 16 Pfund Cops oder ca. 20 Pfund Kreuzspulen aufnehmen. Die Färbedauer beträgt ca. 15—20 Min. Es sind 4—6 Reserve-Einsatzplatten erforderlich, um die rohen Cops oder Kreuzspulen aufzustecken und die fertigen abzunehmen, während sich die anderen Platten im Farbbade oder im Spülbade befinden. Da stets in so kleinen Partien gefärbt wird, so sind die Apparate besonders da geeignet, wo viel verschiedenfarbige kleine Partien in Frage kommen. Zu bemerken ist, daß die Cops auf perforierten Papierhülsen, die Kreuzspulen auf perforierten Papier- oder Metallhülsen gewickelt sein müssen. Die gespülten Cops werden in einem besonderen Abdrückapparat mit Hochdruckgebläse bis auf ca. 80% Feuchtigkeit im Verhältnis zum Garngewicht abgedrückt. Zentrifugieren lassen sich die Cops nicht gut, weil das Format zu sehr darunter leidet und dann zu viel Abfall entsteht. Dagegen werden die Kreuzspulen auf einer mit Einsätzen versehenen Zentrifuge ausgeschleudert, weil hierdurch mehr Farbflotte ausgedrückt werden kann, als auf dem Abdrückapparat mit Gebläse. Der Flottenkreislauf ist einseitig und wird durch Zentrifugalpumpe bewirkt. Die Apparate sind für Indigo und für Schwefelfarben, sowie für alle anderen direkten Farbstoffe geeignet, mit denen sich auf Apparaten färben läßt.

Die Kettenbaumfärbeapparate der gleichen Firma beruhen auf demselben Grundprinzip, haben also einseitigen Flottenkreislauf durch Zentrifugalpumpe. Nach dem Spülen werden die Bäume auf einem offenen Absaugeapparat abgesaugt, und nur wenn mit Indigo gefärbt wird, gelangt ein Abdrückapparat mit vertikaler, schmiedeeiserner Glocke und Druckluftpumpe zur Anwendung, um das Vergrünen zu beschleunigen. Die Bäume fassen in der Regel je nach Größe ca. 120 bis 200 Pfund Garn.

Schließlich sei noch eines Aufsteckapparates, speziell für Cops Erwähnung getan, welcher von der Firma Carl Wolf, Schweinsburg, gebaut wird. Der Apparat besitzt automatisch wechselnde Flottenzirkulation in zwei Richtungen, drückend und saugend. Die eine Waud des Flottenbehälters ist abnehmbar angeordnet; von dieser Seite wird die Materialträgerplatte in den Apparat eingeschoben und mittels Exzenter oder einer Vorrichtung für hydraulischen Druck gegen eine an den Wandungen des Behälters angebrachte Dichtung gepreßt. Die Copsplatten sind mit kurzen konischen Hülsen versehen, die in durchgehenden Löchern der Platte eingesetzt sind. Auf diese Hülsen werden die entsprechend geformten Copsspindeln aufgesteckt. Das Wechseln der Copsplatten wird durch Verwendung fahrbarer Gestelle erleichtert, die mit Rollen versehen sind. Ein mit dem Apparat durch Rohrleitung verbundenes Flottenreservoir dient zum Ansatz und zur ev. Aufbewahrung der Farbflotten.

Zum Schluß seien noch einige Apparate beschrieben, welche ausschließlich für das Färben im Packsystem bestimmt sind.

Seiner verhältnismäßig niedrigen Anschaffungskosten und des geringen Raumbedarfs wegen, besonders aber in Anbetracht seiner Verwendbarkeit auch für Küpenfarbstoffe, sei aus dieser Apparatkategorie der Färbeapparat „System Wörner" hervorgehoben, welcher von der Firma G. Woerner, Calw i. Württ. gebaut wird und in deren eigener Färberei, sowie in vielen anderen Betrieben bereits erprobt ist.

Die Konstruktion des Apparates ist aus Fig. 92 ersichtlich.

Die Flottenzirkulation wird mittels Zentrifugalpumpe bewirkt, und zwar ist der Kreislauf der Flotte von innen nach außen angeordnet.

Der Apparat ist mit einer Zentrifuge verbunden, so daß die gefärbte Ware durch einfache Umschaltung und ohne den Materialbehälter herausheben zu müssen, ausgeschleudert und die Farbflotte in ein etwas höher stehendes Reservoir zurückgepumpt werden kann.

Durch Zuführung von Frischwasser wird das Farbgut ohne jeden Zeitverlust im Apparat durchgespült, wieder ausgeschleudert, dann der

Fig. 92. Färbeapparat mit Schleudervorrichtung, System Wörner

Warenbehälter mittels Hebezeug zum Auspacken herausgehoben und durch den inzwischen fertig gepackten zweiten Behälter ersetzt.

Fig. 93. Färbeapparat für Packsystem, Scholz & Mathesius, Crimmitschau.

Besonders geeignet ist der Apparat zum Färben mit Küpenfarbstoffen, da die Oxydation auf dem denkbar einfachsten Wege durch Aufsetzen einer Turbinenhaube beim Schleudern, die der gefärbten Ware

Fig. 94. Färbeapparat „Koloß", Jean Schmitt, Belfort.

frische Luft zuführt, bewerkstelligt wird. Mit Küpenfarbstoffen gefärbtes Material läßt sich daher auf diesem Apparat unmittelbar nach dem Färben mittels der der Firma G. Woerner patentierten Oxydationsvorrichtung sofort oxydieren, spülen, seifen und schleudern.

Fig. 95. Färbeapparat „Koloß", Jean Schmitt, Belfort.

Der Apparat ist für das Färben von Schwefel- uud Küpenfarbstoffen im Packsystem einer der rationellen, da auf demselben ohne jede Unterbrechung gearbeitet werden kann.

Zum Färben von loser Baumwolle, Jute, Kokosfaser usw. empfiehlt die Firma Scholz & Matthesius, Crimmitschau, einen Packapparat,

Fig. 96. Färbeapparat „Koloß", Jean Schmitt, Belfort.

welcher dem System Obermaier entspricht, aber ebenso wie der bereits beschriebene „Lindner-Apparat" mit Kreiskolbenpumpe statt mit Zentrifugalpumpe ausgerüstet ist. Der Apparat besitzt auswechselbare Materialzylinder, welche mittels Kran ein- und ausgeladen werden. Zum

Fig. 97. Färbeapparat „Koloß", Jean Schmitt, Belfort.

Ansatz und zur Rückgewinnung der Flotte dient ein höher stehender Behälter. Der Apparat ist in Fig. 93 verbildlicht.

Einen eigenartigen Apparat baut die Firma Jean Schmitt in Belfort, der besonders für große Produktion bestimmt ist. Eine Reihe von Ab-

Fig. 98. Färbeapparat „Koloß", Jean Schmitt, Belfort.

bildungen veranschaulichen den Apparat in seinen verschiedenen Gebrauchszuständen.

Fig 94 zeigt den Apparat vollkommen abgerüstet nach dem Färben und bereit, eine neue Partie aufzunehmen. In der Mitte einer starken

Fig. 99. Färbeapparat „Koloß", Jean Schmitt, Belfort.

Bodenplatte ist ein starres, perforietes Steigrohr montiert, das an seinem oberen Ende mit einem Gewinde versehen ist. Dieses dient für eine Flügelschraube zum Niederpressen des Deckels.

Die Flotten-Zirkulation ist nach Art der Obermaier-Apparate horizontal. Die das Material direkt umgebende äußere, perforierte Hülle be-

Fig. 100. Färbeapparat „Koloß", Jean Schmitt, Belfort.

steht aus 8 Segmenten, die zu 4 und 4 eine Rundung ergeben und in zwei Etagen übereinandergesetzt werden. Am Boden sowohl, wie unter sich werden diese beiden aus je 4 Teilen bestehenden Hälften mit starken Bolzen und Krampen befestigt, siehe Fig. 95 und 96.

Beim Beschicken des Apparates werden nun zunächst die unteren 4 Segmente auf dem Boden befestigt und vollgepackt.

In Fig. 97 sehen wir den fertig gepackten Apparat mit aufgelegtem Deckel nebst der zum Zusammenpressen angebrachten Flügelschraube.

Fig. 101. Färbeapparat, System Calvert & Co.

Fig. 98 zeigt den Apparat mit seinem Flottenmantel umgeben, der auch aus 4 Segmenten besteht, fertig zum Gebrauch, mit angeschraubter Flottenleitung.

Fig. 99 und Fig. 100 endlich zeigen das Herausnehmen des Färbegutes nach beendetem Färben: Der Mantel wird abgenommen, und die äußere perforierte Hülle erst in der oberen Hälfte entfernt. Das Material kann nun bequem mittels Haken heruntergerissen werden.

Der Apparat ist mit einem oder mehreren Flottenbehältern verbunden, um alte Flotten weiter benutzen zu können.

Der Apparat dient in der Hauptsache zum Färben von loser Baumwolle, Abfallbaumwolle, Lumpen usw., doch lassen sich ev. auch Kreuzspulen und Stranggarn besonders in Schwefelschwarz gleichmäßig darauf färben.

Fig. 101 zeigt eine Färbemaschine der Firma Calvert & Co., Ltd., Huddersfield.

In der Abbildung ist eine Seitenplatte herausgenommen, um die innere Einrichtung zu zeigen. das Färbegut wird zwischen zwei perforierte Platten gepackt und die Farbflotte entweder von oben nach unten oder umgekehrt mittels Zentrifugalpumpe hindurchgedrückt. Die Wechselwirkung wird durch entsprechend konstruierte Hähne erzielt.

Der Apparat ist sowohl für Schwarz als auch für Farben verwendbar und kann mit Vorteil für die verschiedensten Materialien benutzt werden, als: lose Baumwolle, Abfall, Lumpen, Stranggarn und Kreuzspulen.

Die Leistungsfähigkeit beträgt 500—700 engl. Pfund (entspricht ca. 225—315 kg) bei dreimaligem Ausfärben täglich. 2—3 Apparate können bequem von einem Mann bedient werden.

Längs des Apparates sind Reservebehälter angebracht, in welchen die Farbflotten angesetzt und gebrauchte Flotten aufbewahrt werden können; auch sind diese Behälter mit Vorteil für Zusätze bei empfindlichen Farben zu benutzen.

Da keine Messing oder Kupferteile für den Bau des Apparates verwandt werden, so eignet er sich für Schwefelfarben, ohne eine außergewöhnliche Abnutzung zu bedingen.

Die denkbar größte Einfachheit in bezug auf Konstruktion und Handhabung besitzt ein von der Firma A. Riedel, Neumünster i. Holst., gebauter Apparat, welcher sich zum Färben von Schwefelfarben, besonders Schwefelschwarz auf loses Material eignet und in zahlreichen Betrieben, speziell in Neumünster im Gebrauch ist.

Der Apparat besitzt die Form der bekannten Hydrosulfitküpe mit perforiertem, kippbaren Einsatz und ist in Fig. 102 veranschaulicht.

Das Zirkulieren der Farbflotte wird ohne Pumpe oder Dampfstrahlgebläse, in der einfachsten Weise durch ein abwechselnd einseitig wirkendes Heizungssystem, durch D.R.P. geschützt, bewirkt, wobei die Farbflotte abwechselnd in verschiedenen Richtungen auf die Materialschicht im Einsatz überfließt und diese gleichmäßig von oben nach unten durchströmt.

Nach beendetem Färbeprozeß wird der Einsatz mittels Winde hochgezogen, sodaß die Farbflotte in die Kufe zurückfließen und das Herausnehmen des Materials erfolgen kann.

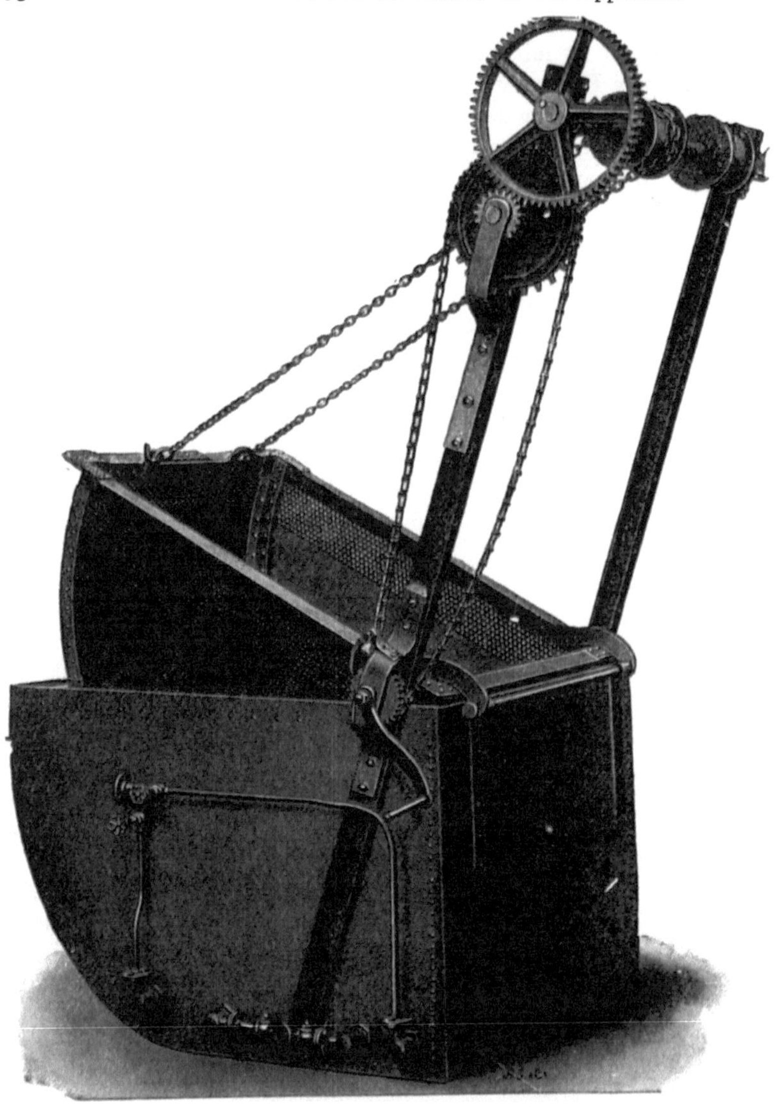

Fig. 102. Färbeapparat, System Riedel.

In neuester Zeit hat die Firma Wilh. Schiffers, Maschinenfabrik in
Aachen, einen Packapparat auf den Markt gebracht, welcher in ähnlicher
Weise wie die Apparate System Wörner und System Haubold-Giebe ein
Färben und Ausschleudern des Materials nacheinander in einer Maschine
ohne Umpacken und ohne Transport des Materials gestattet. Die Schleuder-
welle ist eingerichtet zur Aufnahme auswechselbarer Warenbehälter,
so daß während der Zeit, in der sich ein Warenbehälter in der Maschine

befindet, der andere gepackt werden kann. Der Verschluß dieser Zylinder erfolgt durch Preßdeckel, welche auf dem Färbegut aufsitzen und bei Volumenverringerung selbsttätig folgen. Eine entsprechende Rohrleitung bringt das Innere dieser Zylinder in Verbindung mit der Zirku-

Fig. 103. Verschließbarer Färbeapparat mit Schleudervorrichtung.
Wilh. Schiffers, Aachen.

lationspumpe, welche kalte und heiße Flüssigkeiten gleich gut fördert und die Farbflotte gleichmäßig und energisch durch das eingepackte Material bewegt. Der Verschlußdeckel des Färbebottichs ist, um ein bequemes Einsetzen des Färbezylinders zu ermöglichen, anhebbar und ausschwingbar angeordnet. Die Maschine ist mit einem Apparat versehen, welcher einerseits zum Absaugen der Luft aus der Maschine und dem zu färbenden Material, also zur Herstellung eines Vakuums, und andererseits zum Durchlassen von Preßluft durch das gefärbte Material zu Oxydationszwecken dient. Die Farbflotten wirken also auf vollständig entlüftetes Material ein, wodurch die Bildung von Luftflecken vermieden und ein zuverlässiges Durchfärben gewährleistet wird. Der Luftabschluß wird auch beibehalten beim Abschleudern und der Zurückgewinnung unverbrauchter Flotte.

In der Pumpenrohrleitung sind Anschlüsse von und zu den Farbereservoiren und zu der Spülwasserleitung vorgesehen. Auch ist zwischen der Pumpenleitung und dem Farbreservoir ein Filter angeordnet, um mit filtrierten Farbflotten arbeiten zu können.

Im Apparat selbst sind Heizschlangen für direkten und indirekten Dampf angeordnet, die ein Aufkochen der Flotten in kurzer Zeit und ein Beibehalten der gewünschten Temperatur ermöglichen.

Der Apparat ist in Fig. 103 veranschaulicht. Zur Erläuterung des Arbeitsvorganges möge noch folgendes dienen:

Nachdem der gleichmäßig gepackte Warenbehälter mittels Hebezeug in den Apparat gebracht und der Deckel luftdicht verschlossen worden ist, wird zur Erreichung eines Vakuums die Luft aus dem Apparat und aus dem zu färbenden Material ausgesaugt. Die Höhe des Vakuums ist an einem an dem Apparat befindlichen Vakuummeter ablesbar.

Hierauf wird durch Öffnen eines Ventils die Farbflotte vom Reservoir der Pumpe zugeführt und von dieser durch das Material in den Färbeapparat gedrückt. Ein Wasserstandsglas zeigt den Stand der Farbstoffe im Apparat an. Wenn sich genügend Farbflotte in dem Apparat befindet, wird das Ventil umgestellt, und die Flotte kreist dann in derselben Weise durch das Material wie beim Obermaier-Apparat.

Nach beendigtem Färben wird das Material im Apparat selbst ausgeschleudert und gleichzeitig die abgeschleuderte Farbflotte zum Flottenreservoir zurückgepumpt ohne Zutritt der äußeren Luft. Hierauf beginnt bei allen Farben, die zu ihrer Entwicklung einer Luftoxydation bedürfen, also beispielsweise bei allen Küpenfarben und vorteilhaft auch bei Schwefelfarben der Oxydationsprozeß. Zu diesem Zwecke wird mittels des vorher beschriebenen Apparates ein starker Luftstrom abwechselnd von innen nach außen und von außen nach innen durch das Material gepreßt, so daß in ca. 4 Minuten eine vollständige Durchlüftung des Materials und dadurch eine vollkommene Fixierung des Farbstoffes stattfindet. Hiernach wird durch Umstellen eines Ventils das Spülwasser auf demselben Wege durch das Material gepreßt wie vorher die Farbflotte, und es erfolgt ein absolutes Klarspülen in wenigen Minuten. In der gleichen Weise können die Färbungen auch mit kochender Seifenlösung behandelt werden. Nach dem Spülen bzw. Seifen wird die Zentrifuge in Tätigkeit gesetzt und das Material so trocken geschleudert, wie es nur auf einer guten Zentrifuge möglich ist. Der Färbezylinder wird nunmehr herausgehoben, und das Material ist reif für die Trockenmaschine.

Die Bedienung der Maschine ist eine sehr einfache. Durch Umstellen einiger Handräder und Handgriffe werden alle vorher angeführten Manipulationen ausgeführt, und sind Verwechselungen bei einigermaßen aufmerksamer Bedienung ausgeschlossen, da an allen Handgriffen entsprechende Schriftschilder angebracht sind. Der Färbebottich ist so montiert, daß er ohne Zuhilfenahme von Podesten oder Treppen in der bequemsten Weise bedient werden kann. Der Apparat wird vorläufig in zwei Größen gebaut.

Endlich sei noch ein nach dem Packsystem arbeitender Apparat erwähnt, welcher in Frankreich weitgehende Verbreitung gefunden hat und von der Firma Le Saché, Virvaire & Co., Paris, gebaut wird. Der Apparat besitzt genau die gleiche Konstruktion und Wirkungsweise wie der Obermaier-Packapparat; es erübrigt sich daher, auf denselben näher einzugehen.

4. Apparate mit Schaumsystem.

Das Färben im Schaum ist eine Erfindung von Conrad Wanke in Zwickau i. Böhmen; dieser hat jedoch die Früchte seiner Erfindung nicht ernten können, da er es versäumte, sich dieselbe patentrechtlich schützen zu lassen, seine Erfindung ist daher Allgemeingut geworden.

Die zur Schaumfärberei benötigten Apparate sind die denkbar einfachsten, da sie ohne jede mechanische Kraftbeanspruchung arbeiten. Ihre Konstruktion kann unter Zuhilfenahme eines Schreiners und Kupferschmiedes in jeder Färberei leicht selbst ausgeführt werden. Die beistehende Abbildung zeigt die überaus einfache Einrichtung.

In einem etwa 1,8 m hohen, viereckigen Bottich, Fig. 104a, dessen Seiten 1 m bzw. 0,9 m breit sind, ist ein transportabler Lattenkasten, Fig. 104b, eingesetzt, dessen Füße etwa 0,25 m vom Boden des Bottichs entfernt sind. Eine Heizschlange für indirekten Dampf, deren Heizfläche $2\frac{1}{2}$ mal so groß sein soll als der Inhalt der Bodenfläche, ist in möglichst vielen Windungen auf dem Boden des Bottichs gelagert und endigt in ein dünnes, nach oben führendes Ausgangsrohr.

Durch Einschaltung eines Ventils in dieses Rohr läßt sich der Dampf beliebig drosseln und der Abfluß des Kondenswassers regulieren.

Das sich abscheidende Kondenswasser dient zur Ergänzung der verdampfenden Farbflotte. Zu diesem Zweck wird das Rohr in die Öffnung eines Trichters geleitet, an dessen unterem Ende ein Hahn und an diesen

anschließend ein bis auf den Boden des Bottichs reichendes Röhrchen
angebracht ist. Durch Stellung des Hahnes hat man die Regulierung
des Wasserzuflusses in der Hand, auch kann unter Umständen statt des
Kondenswassers gut gelöster Farbstoffzusatz nach und nach zugeführt
werden.

Betreffs Regulierung des Flottenstandes ist es zweckmäßig, unmittelbar über dem Boden ein Glasröhrchen in die Wandung des Bottichs ein-

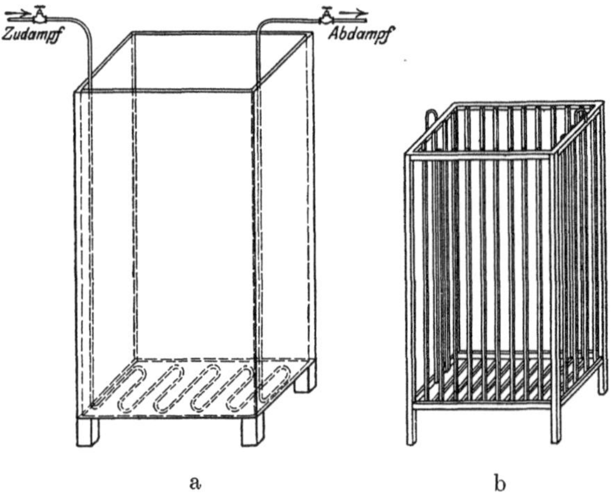

Fig. 104 a, b. Schaumfärbeapparat, System Wanke.

zuführen, dieses ist im rechten Winkel nach oben gebogen und zeigt die
jeweilige Höhe des Flottenstandes an.

Zur Erzielung eines guten, gleichmäßigen Schäumens verwende man
möglichst trockenen, hochgespannten Dampf; es ist daher zweckmäßig,
den Apparat in die Nähe des Dampfkessels zu plazieren.

Die Beschickung des Apparates geschieht durch ein einfaches Über-
einanderschichten des zu färbenden Materials in das dafür bestimmte
Lattengestell, welches dann in den Apparat mittels Flaschenzuges, oder
einer auf Rollen laufenden, mit Gegengewicht beschwerten Kette eingehängt wird. Nach beendetem Färben wird der Lattenbehälter herausge-
wunden und mit dem Material in ein danebenstehendes Spülbad gebracht.
Für substantive Farben, welche nicht gespült zu werden brauchen, hat
man unter Wegfall des Lattenbehälters den Apparat noch einfacher konstruiert. Ungefähr 25 cm über dem Boden des Farbbottichs ist ein Lattenboden angebracht, auf welchen das Material aufgeschichtet wird. An der
Vorderseite des Bottichs sind gut schließende, bis unten an den Lattenboden reichende Türen vorgesehen, durch welche die Beschickung und
Entleerung des Apparates vor sich geht.

Es hat an Versuchen nicht gefehlt, die Schaumapparate hinsichtlich Erzielung gleichmäßigerer Farbresultate zu vervollkommnen und Einrichtungen zu schaffen, welche speziell die Bildung dunkler oder schmutziger Anliegestellen auf Cops und Kreuzspulen verhindern sollen. All diese Konstruktionen, wie beispielsweise der Apparat von Rudolf Fischer, Bocholt, haben jedoch den Nachteil verhältnismäßig geringer Produktion, zeitraubender Beschickung und Bedienung und erhöhter Anschaffungskosten. Auch dürften die Farbresultate, besonders hinsichtlich der Möglichkeit des Nuancierens nach Muster, doch niemals an die Aufsteckapparatsysteme heranreichen. Es ist daher meiner Ansicht nach richtiger, statt auf komplizierte Verbesserungen der Schaumapparate zu sinnen, bei der einfachen Konstruktion derselben zu bleiben, denn gerade die verblüffende Einfachheit dieses Systems ist sein größter Vorzug. Die dem System anhaftenden Mängel werden ohnedies nicht völlig aus der Welt zu schaffen sein, sind auch belanglos für die Waren, für welche im Schaum gefärbtes Material in Frage kommt; für diese spielt nur die Billigkeit der Herstellung die ausschlaggebende Rolle.

Das Färben im Schaum wird besonders für Kreuzspulen angewendet, wo es sich um die Herstellung von Stapelnuancen handelt, und zwar erzielt man die besten Resultate auf lose gewickelte Kreuzspulen; auch Cops und Stranggarne lassen sich in der gleichen Weise im Schaum färben, wenn nicht zu hohe Ansprüche an Egalität gestellt werden.

5. Spezialapparate.

Außer den beschriebenen Apparatsystemen sind einige in ihrer Konstruktion völlig abweichende Spezialapparate im Gebrauch, welche ich nicht unerwähnt lassen möchte. In diese Kategorie gehört vor allem eine Maschine zum Färben von Kardenband im Kontinuesystem, eine Erfindung des Ingenieurs Diego Mattei in Genua, welche sich speziell zum Färben großer Partien in einer Farbe eignet und in bedeutenden Baumwollspinnereien vielfach Eingang gefunden hat. Die Maschine wird von der Firma Mather & Platt in Manchester gebaut und besteht je nach dem auszuführenden Färbeverfahren aus einer Anzahl hintereinander angeordneter und miteinander korrespondierender Apparate und Maschinen, durch welche das Kardenband fortlaufend hindurchgeführt wird. Die erste Maschine dient zum Netzen bzw. Entlüften der in dieselbe gleichzeitig eintretenden 6 Kardenbänder, in den folgenden Maschinen wird in ununterbrochener Folge ev. gefärbt, gespült, diazotiert, entwickelt und wirder gespült, oder je nach Bedarf andere Färbeoperationen vorgenommen, in der letzten Maschine wird das abgepreßte Kardenband in Form von flachen Scheiben aufgewickelt.

Die Maschine arbeitet vollständig automatisch und ist mit selbsttätiger Abstellvorrichtung versehen, sobald ein Band reißt, was jedoch, wenn die Spannung richtig gestellt ist, nur selten vorkommt.

Ein nicht zu unterschätzender Vorteil beim Arbeiten mit dieser Maschine ist, daß das Kardenband während seines Laufes durch die Apparate fast überall sichtbar zutage liegt, sodaß alle Stadien des Färbeprozesses beständig kontrolliert werden können.

Zur Bedienung der Maschine genügen zwei Mann.

Da das Färben nur in kurzen Passagen von wenigen Minuten Dauer erfolgt, müssen die Farbbäder besonders konzentriert gehalten werden. Die Ergänzung der Farbflotten geschieht automatisch von einem über den Maschinen befindlichen Bassin aus.

Eine Abbildung dieser Maschine, welche die Arbeitsweise derselben in ihrem ganzen Umfange veranschaulicht, war leider nicht zu erhalten.

Die Versuche, welche man mit dem Färben von Indigo auf loser Baumwolle in Packapparaten verschiedenster Konstruktion gemacht hat, haben bisher noch zu keinem völlig befriedigenden Resultat geführt, teils in bezug auf das Ergebnis der Färbungen, teils in Hinsicht auf die Produktion. Um die genannten Schwierigkeiten zu umgehen, haben die Höchster Farbwerke eine Maschine konstruiert, auf der man Indigo auf loser Baumwolle in befriedigender Weise färben kann. Bei dem Problem, lose Baumwolle mit Küpenfarbstoffen, speziell mit Indigo, zu färben, ging man in erster Linie von der Idee aus, daß es nötig sei, eine Maschine zu bauen, die mit möglichst wenig Arbeitskraft eine große Produktion hervorbringt. Dies ist nur auf dem Wege des sogenannten Kontinue-Betriebes möglich.

Über diesen Kontinue-Färbe-Apparat, „System Farbwerke Höchst", der von der „Elsässischen Maschinenbau-Gesellschaft" in Mülhausen i. Els. gebaut wird und in den Industrieländern patentrechtlich geschützt ist, möge folgendes mitgeteilt sein:

Das fortlaufende Färben von losem Textilgut mit Küpenfarbstoffen konnte bisher praktisch nicht durchgeführt werden, weil eine gleichmäßige Durchfärbung wegen der mangelhaften Aufnahmefähigkeit des durch die Flotte geführten Materials nicht zu erreichen war. Der Grund hierfür liegt einesteils in dem ungleichmäßigen Eindringen der Flotte, dann darin, daß die von dem Textilgut mitgeführte Luft den Färbeprozeß, besonders bei Küpenfarbstoffen, ungünstig beeinflußt. Mit der neuen Maschine läßt sich die lose Baumwolle dagegen fortlaufend gut und gleichmäßig färben. Dies wird dadurch erreicht, daß man die Baumwolle beim Eintreten in die Farbflotte durch Pressen von der mitgeführten Luft befreit und weiterhin das Textilgut unter der Flotte abwechselnd auspreßt und wieder aufquellen läßt. Hierdurch werden die

Fasern so vollständig von der Küpe durchtränkt, daß eine gleichmäßige Durchfärbung entsteht.

Die Querschnittzeichnung, Fig. 105, veranschaulicht die Konstruktion der Maschine.

Die lose Baumwolle passiert ein oder zwei Öffner und eine Schlagmaschine und wird in bekannter Weise aufgewickelt. Etwa vier solcher Wickel A werden der Färbemaschine vor· gelegt und übereinander in das Färbebad gezogen. Die so vereinigten Wickel haben die gleiche Breite, wodurch das gleichmäßige Abquetschen beim Ausgang aus der Färbemaschine ermöglicht wird.

Die Kontinuemaschine besteht aus einer Kufe aus Stahlblech, die mit Zu- und Abflußrohr und Entleerungsventil versehen ist. In ihrem unteren Teil befinden sich rotierende Rührwerke K, sowie eine Heizschlange J. Die beiden endlosen Ketten bestehen aus Nickelstahl und sind vermittelst Querstäbe aus Flacheisen verbunden. Das Walzenpaar C, wovon die eine fest, die andere lose gelagert ist, faßt das von der Luft befreite Textilgut an den Walzen B und taucht es zwangläufig unter die Flotte. An den Führungswalzen E beim Zusammenschließen der beiden Ketten wird die Flotte ausgepreßt, und in den horizontalen Führungen werden die beiden Ketten durch Rollen wieder voneinander entfernt.

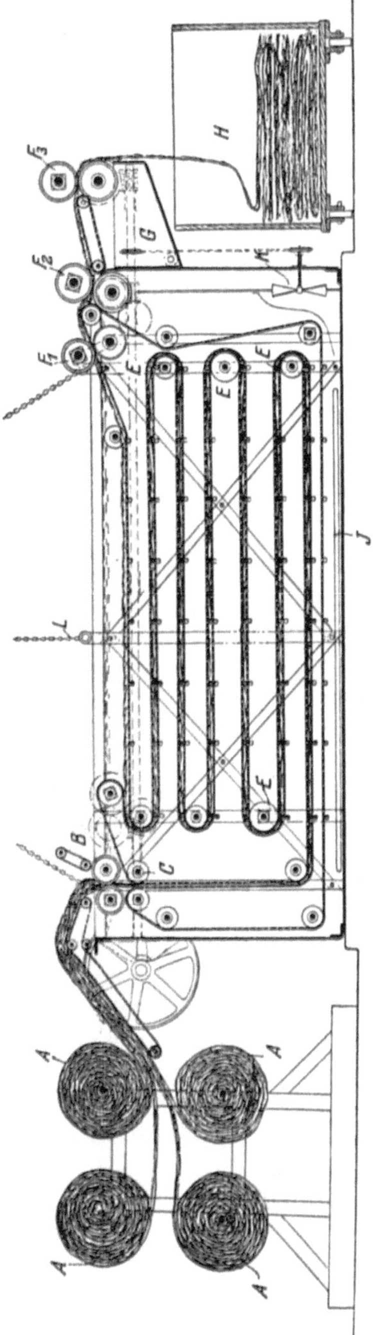

Fig. 105. Kontinue-Färbeapparat, System Farbwerke Höchst.

Am Eingang der Maschine ist ein Transportband zum Einführen der Ware angebracht, und unmittelbar dahinter zwei Quetschwalzen B aus Eisen, mit Gummiüberzug, zum Entfernen der Luft aus dem Textilgut vor dem Eintritt in die Flotte; die eine dieser Walzen ist fest gelagert, die Gegenwalze mit Federpression versehen. Jede Kette wird separat durch zwei Zugwalzen angetrieben, mit Spannvorrichtung und verschiedenen Führungswalzen.

Beim Ausgang des Textilgutes aus der Maschine sind 3 Paar Quetschwalzen F1, F2, F3 vorgesehen, zwei Vorquetschwalzen F1 zum Auspressen der Flotte, wovon die eine aus Eisen festgelagert und die Gegenwalze ebenfalls aus Eisen, aber mit Gummiüberzug und Federpression versehen ist, einem mittleren Paar Quetschwalzen F2 aus Eisen, mit Gummiüberzug, wovon die untere festgelagert, die obere mit doppelter Hebelpression versehen ist, und endlich das dritte F3 und letzte Ausquetschwalzenpaar, gleich den vorstehend Beschriebenen.

Zwischen diesen zwei letzten Quetschwalzen befindet sich ebenfalls ein Transportband.

Die durch das dritte Quetschwalzenpaar F3 aus der Ware ausgepreßte Flotte wird durch einen kleinen Sammeltrog G besonders abgeleitet.

Die Quetschwalze B am Eingang des Textilgutes in die Kufe, sowie die Vorquetschwalze F1 am Ausgang und die sämtlichen Zug- und Führungswalzen der Ketten im Innern der Kufe, sind in schmiedeeisernen Ständern gelagert, durch Quer- und Kreuzstangen fest miteinander verbunden und bildet das Ganze ein starres System, das samt den Ketten L vermittelst einer Hebevorrichtung zwecks Reinigens ausgehoben werden kann. Die letzten zwei Paar Quetschwalzen F2, F3 drehen sich in fest an der Kufe befestigten gußeisernen Lagern.

Der Rührer K wird durch Winkelräder vom Hauptantrieb aus, die Zug- und Ausquetschwalzen durch Räderübersetzung und Winkelräder ebenfalls vom Hauptantrieb aus angetrieben.

Sämtliche Antriebe sind durch eine Längswelle miteinander verbunden, mit Hauptantrieb vermittelst Fest- und Losscheibe.

Bei einer Länge der Kufe von 3,8, einer Breite von 1,5 und einer Tiefe von 1,5 m leistet die Maschine bei einer Breite der Bänder von 1,2 m 1000 kg in achtstündiger Arbeitszeit. Natürlich können auch Maschinen von größerer oder geringerer Leistungsfähigkeit gebaut werden.

Man erhält mit 10 bis 15 g Indigo-Teig im Liter mit einem Zuge ein gutes, volles Mittelblau von recht guter Reibechtheit.

Was die Kosten der Färbung anbetrifft, so ist es natürlich, daß ein Garn, aus gefärbter loser Baumwolle hergestellt, im allgemeinen mehr Farbstoff enthält, als ein auf gleiche Tiefe gefärbtes Garn. Aber diese Differenz spielt gegenüber den vielfachen Vorteilen, welche die nach ersterer Methode hergestellten Garne aufweisen, für sehr viele Artikel keine so ausschlaggebende Rolle. Aus diesem Grunde wird ja auch Anilinschwarz, die Schwefelfarbstoffe und die substantiven Farben in großen Mengen auf loser Baumwolle gefärbt, weil es eben der vorteilhafteste Weg ist, billig grobe Garne bis zu etwa Nr. 27 zu spinnen. Neben gleichmäßiger Durchfärbung erhält man auf diese Weise durch den Spinnprozeß auch ganz gleichmäßige Färbungen. Eingehende Versuche haben gezeigt, daß mit Indigo in der losen Baumwolle gefärbte Garne gegenüber Indigo-Garnfärbungen wesentliche Vorteile aufweisen. Zunächst bleiben diese Garne schon beim Verweben dunkler, weil die Färbung nicht so leicht abscheuert, die daraus hergestellten Stoffe sind reib- und waschechter, weisen daher eine bessere Tragechtheit auf und schließlich lassen sich die Garne auch für gerauhte Stoffe verwenden, weil sie eben durch und durch blau gefärbt sind. Um wieviel solche Garne teurer werden als gewöhnliche Garnfärbungen, läßt sich nur von Fall zu Fall feststellen, da sich hartgedrehte oder gezwirnte Garne weniger durchfärben lassen als lose und weniger gedrehte.

Aber nicht nur für Indigo allein hat die Maschine große Bedeutung, sondern auch für eine Reihe neuerer Küpenfarbstoffe. Bekanntlich werden in allen Armeen zu Bekleidungs- und Ausrüstungsgegenständen neutrale Farben verlangt, wie Feldgrau, Khaki usw., für deren Herstellung nur die Küpenfarbstoffe ihrer vorzüglichen Echtheitseigenschaften wegen verwendet werden dürfen.

Diese besitzen jedoch den Mangel, sehr schwer durchzufärben. Die in Frage kommenden Uniform-, Zelt-, Brotbeutelstoffe usw. werden zudem aus hartgezwirnten Garnen sehr dicht gewebt, so daß die Durchfärbung auch dadurch noch erschwert wird. Für diese Artikel dürfte daher das Färben in der losen Baumwolle von größter Bedeutung sein.

Für die schweren, aus hartgedrehten Garnen hergestellten Stoffe würden die Mehrkosten des Färbens im losen Material, gegenüber den großen Vorteilen, welche diese Gewebe dadurch erhalten, kaum eine Rolle spielen.

In neuerer Zeit ist von Spanien aus ein Apparat auf den Markt gebracht worden zum Färben von Indigo auf Baumwollstranggarn. Dieser Apparat, Pat. Jaumandreu, wird von der Firma Planella & Co. in Barcelona gebaut. Die Konstruktion des Apparates ist im Prinzip dieselbe wie die eines dem gleichen Zweck dienenden Apparates, welcher bereits vor einer Reihe von Jahren von der Firma H. Krantz, Aachen, herausgebracht wurde, sich aber s. Z. merkwürdigerweise nicht in der Praxis einführen konnte. Einige von Planella an dem Apparat vorgenommene Verbesserungen haben diesem neuerdings die Verwendbarkeit in der Praxis gesichert.

Fig. 106 zeigt die Frontalansicht, Fig. 107 die Seitenansicht der Maschine. Diese beiden Abbildungen veranschaulichen das Eintreten der Stränge in die Küpe und ihr Passieren über den Vergrünungsrahmen,

Fig. 106. Maschine zum Färben von Indigo auf Baumwollstranggarn.
Planella & Co., Barcelona. Vorderansicht.

während Fig. 108 die Rückansicht der Maschine darstellt und das Ausquetschen der Stränge zwischen den Gummiwalzen ersichtlich macht. Fig. 109 stellt die Seele der Erfindung dar, nämlich die flachen Stäbe, an welchen das Garn aufgehängt die Maschine passiert. Fig. 110 zeigt ebenso ein anderes hauptsächliches Element des Patentes, dies sind

Fig. 107. Seitenansicht.

Fig. 108. Rückansicht.

die parallelen Ketten ohne Ende, welche die Stäbe auf ihrem Wege
durch das Bad führen, und zwar so, daß der Winkel, den ihre Fläche
mit der Vertikalen bildet, fortwährend wechselt, und dadurch die
Lage der Stränge auf den Stäben stets verändert wird. Da auf diese
Art die Berührungspunkte der Stränge mit den Stäben andauernd
verändert werden, wird eine vollständige und gleichmäßige Durch-
tränkung des Garnes mit Farbflüssigkeit erzielt. Die Ketten sind an
vielen Stellen mit Haken versehen, in welche die, an jedem Ende mit

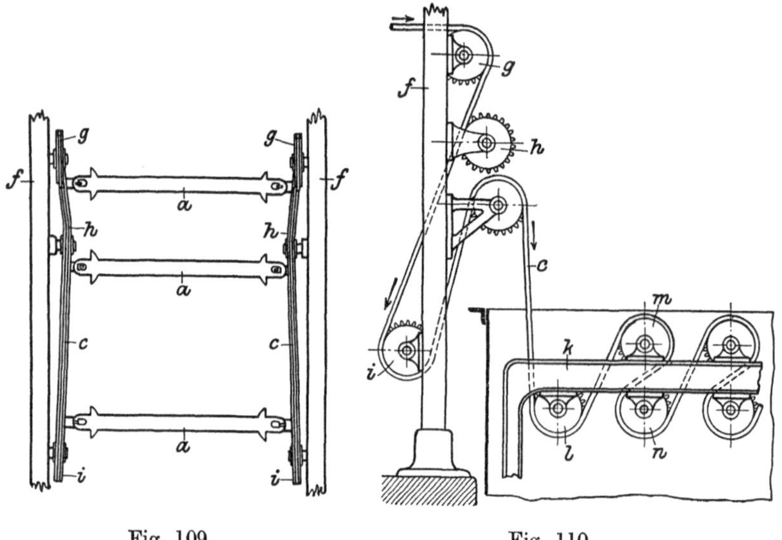

Fig. 109.   Fig. 110.

länglichen Löchern versehenen Stäbe eingehängt werden. Der Gang
der Ketten ist derart angeordnet, daß sich die Stäbe niemals von den
Haken ausheben können; es kann dies nur durch den den Apparat
bedienenden Arbeiter bewerkstelligt werden. An der Stelle, an welcher
die Stäbe mit den Strängen in die Ketten eingehängt werden, kann
man letztere zwecks besserer Handhabung einander nähern; bei dem
weiteren Transport straffen sich die Ketten selbsttätig auseinander
und verhindern somit ein Herausspringen resp. Aushängen der Stäbe.

Beim Austritt aus dem Färbebade werden die Garnstränge durch
zwei Kautschukwalzen ausgequetscht, wie es Fig. 108 darstellt, und
nachdem sie den aus Fig. 107 ersichtlichen Weg behufs Oxydation
zurückgelegt haben, kommen sie an der Stelle an, an welcher sie wiederum durch ein leichtes Zusammendrücken der Ketten von den Haken
abgenommen werden können. Eine äußerst einfache automatische
Vorrichtung streift den auf der Oberfläche gebildeten Schaum ab,

so daß das gefärbte Material erst nach vollständigem Ausringen mit
der Luft in Berührung kommt.

Die Färbeküpe wird automatisch von der Stammküpe gespeist und
kann so immer auf der gewünschten Konzentration gehalten werden.
Die Aufwendungen für Arbeitslohn bei Verwendung der Maschine
sind ganz erheblich geringer als bei der Handfärberei, da nur wenige
Arbeiter zur Bedienung der Maschine nötig sind, und man mit weniger

Fig. 111. Garnfärbemaschine für Türkischrot. Zittauer Maschinenfabrik.

Zügen eine gleich tiefe Färbung erreichen kann; ebenso läßt sich eine
nicht unwesentliche Ersparnis an Indigo und Reduktionsmitteln erzielen.

Die Maschine ist in der Hauptsache für die Hydrosulfitküpe geeignet, aber auch für die Zink-Bisulfit-Natron- oder für die Zink-
Kalkküpe anwendbar.

Die auf der Maschine erzielbare Produktion beträgt etwa 4000 kg
Garn in hellen Tönen und etwa 1000 kg Garn in ziemlich dunklen
Färbungen pro Arbeitstag.

In Türkischrot-Färbereien findet man häufig eine Garnfärbemaschine im Gebrauch, die das mechanische Durchpassieren der Garnstränge durch das Ausfärbebad zum Zweck hat.

Die Maschine, welche von der Zittauer Maschinenfabrik, Zittau i. Sa., gebaut wird und in Fig. 111 veranschaulicht ist, besteht aus zwei großen Rädern aus Bronze mit je einem äußeren und einem inneren Ring zur Aufnahme der Garnstäbe.

Die Lagerungen für die Garnstäbe sind derart, daß an einem Rade nur runde Löcher und an dem anderen schlitzförmige Lager vorgesehen sind, die letzteren werden durch eine sinnreiche Vorrichtung verschlossen, und zwar innen je 5 und außen je 3 auf einmal.

Die beiden Bronzeräder bzw. Materialträger sind auf einer besonders kräftigen Welle drehbar gelagert und erfolgt der Hauptantrieb mittels Fest- und Losscheibe derart, daß der Materialträger durch einen außerhalb angeordneten kombinierten Hebel- und Zahnradmechanismus mit Kurbelwelle eine fortschreitende, drehende und gleichzeitig auch eine vor- und rückwärts Drehbewegung, sogenannte „Pilgerschrittbewegung“ erhält, wodurch ein gleichmäßiges und gutes Durcharbeiten der auf den Stäben hängenden Garne gesichert ist.

Für das Einlegen der Garnstränge ist eine besondere, dem Antrieb gegenüberliegende Drehvorrichtung vorgesehen, und wird diese mittels Schnecke und Schneckenrad und von Hand betätigt.

Der Materialträger ist in einem Kasten bzw. Trog eingebaut, welcher eine entsprechende Form hat und an dessen oberem Teil eine Tür zum bequemen Einlegen und Abnehmen der Garne angebracht ist. Der Trog mit Aufsatz ist aus dauerhaftem Holz gefertigt und in seinem unteren Teil entsprechend stark gehalten, so daß die Lagerungen für den Materialträger sowie den Antrieb direkt anmontiert sind.

Im unteren Teile des Troges befinden sich zwei große kupferne, geschlossene Heizschlangen mit zwei Dampfeinlaßventilen und einem gemeinsamen Kondenstopf, und ist ferner noch ein perforiertes Kupferrohr für direkte Heizung vorgesehen.

Außen am Trog ist weiter noch ein Fülltrichter mit Rohr aus Kupfer und einem Absperrhahn aus Bronze, sowie für den Ablaß ein großer Hahn vorhanden.

Die Maschine ist eingerichtet zur Aufnahme von 160 Pfund Garn für einmalige Beschickung, bei einer Fassung von 2 Pfund per Stab, was bei viermaliger Beschickung eine Tagesleistung von 640 Pfund ergibt.

B. Färbeweise der verschiedenen Farbstoffe auf Apparaten.

Nachdem ich im verhergehenden Kapitel die hauptsächlich in Frage kommenden Apparatsysteme hinsichtlich ihrer Eignung für die verschiedenen Baumwollmaterialien besprochen habe, will ich nun auf die Anwendung der einzelnen Farbstoffgruppen für die Apparatfärberei näher eingehen.

1. Basische Farbstoffe.

Das Färben mit basischen Farbstoffen kann auf Apparaten sowohl im Packsystem, wie im Aufstecksystem vorgenommen werden. Es empfiehlt sich jedoch, Kreuzspulen und Cops im Aufstecksystem zu färben, spez. in helleren Nuancen, wenn man klare, gleichmäßige und auch an der Außenseite fleckenlose Färbungen erhalten will. Naturgemäß müssen dann die Tannin- und Brechweinsteinbäder der längeren Flotte wegen stärker angesetzt werden.

Eiserne Apparate sind der Tanninbeize wegen für basische Farben nicht geeignet, da der sich bildende Tannin-Eisenlack die Färbungen trübt. Man verwendet dafür Apparate aus Holz mit Hartblei- oder Nickelinverkleidung; Pumpe, Rohrleitungen und Armaturen müssen ebenfalls aus Hartblei, Nickelin oder Phosphorbronze hergestellt sein.

Die Färbeweise ist folgende: man tanniert mit 3—6 % Tannin, geht bei Siedetemperatur ein und läßt bei abgestelltem Dampf etwa 1 bis 2 Stunden laufen. Hierauf drückt man die Tanninflotte behufs Weiterverwendung in ein Flottenreservoir zurück, schleudert das Material oder saugt es ab; dann fixiert man mit 1,5—3 % Brechweinstein etwa ½ Stunde bei 20—25⁰ C, spült gut, schleudert oder entwässert durch Absaugen.

Da mit gerbsaurem Antimonoxyd gebeizte Baumwolle eine bedeutende Affinität zu basischen Farbstoffen besitzt, so bestellt man das kalte Färbebad zunächst mit 3—5% Essigsäure und imprägniert damit das Material während etwa 10 Minuten. Der Zusatz von Essigsäure hat den Zweck, das Aufziehen der basischen Farbstoffe zu verlangsamen, was gerade in der Apparatfärberei zur Erzielung gleichmäßiger, nicht abrussender Färbungen von besonderer Wichtigkeit ist.

Zum Färben basischer Farbstoffe auf Apparaten darf nur kalkfreies Wasser, am besten Kondenswasser verwendet werden.

Ganz besondere Sorgfalt muß dem Lösen der basischen Farbstoffe zugewendet werden. Man verfährt dabei am besten so, daß man den Farbstoff mit wenig verdünnter Essigsäure zu einem Brei anteigt, dann mit kochendem Kondenswasser übergießt und gut verrührt. Der gut gelöste Farbstoff wird sodann durch ein feines Haarsieb und darüber gebreitetes Filtertuch dem Färbebade in mehreren Portionen zugeführt, und zwar gibt man nicht eher einen neuen Farbstoffzusatz, bis der vorhergehende ziemlich aufgezogen ist. Ist man mit der betreffenden Partie annähernd am Muster, so kann man zur völligen Erschöpfung des Farbbades langsam auf etwa 60—70⁰ C erwärmen. Nach dem Färben wird gut gespült.

Um das Durchfärben festgewickelter Pincops oder Kettenbäume mit basischen Farbstoffen zu erleichtern, empfiehlt sich in den Fällen, wo dies der zu erzielenden Nuance wegen angängig ist, ein Zusatz von farbgleichen substantiven Farbstoffen zum Tanninbade.

Die substantiven Farbstoffe besitzen an sich die Fähigkeit, als Beize für basische Farbstoffe zu dienen. Um dunkle Färbungen mit basischen Farbstoffen zu erzielen, ist es daher angebracht, die Baumwolle mit substantiven Farbstoffen zu grundieren, zu spülen und auf frischem Bade mit basischen Farbstoffen zu überfärben. Es müssen natürlich solche substantive Farbstoffe gewählt werden, welche im Farbton, resp. in der Kombination mit den basischen Farbstoffen, der jeweilig zu erzielenden Nuance entsprechen. Das Verfahren eignet sich sehr gut für die Apparatfärberei, da man nur mit zwei Bädern zu arbeiten braucht; es ist besonders empfehlenswert für Stapelnuancen, für welche die Rezeptur durch Vorversuche festgelegt ist. Um die Waschechtheit derartiger Färbungen auf die Höhe der mit Tannin-Antimon gebeizten zu bringen, setzt man dem Farbbade des substantiven Farbstoffs etwas Tannin zu.

Das Färben basischer Farbstoffe auf Apparaten erscheint der teuren Apparatur wegen nur für Massenfabrikation lohnend, aus diesem Grunde empfiehlt es sich, für Betriebe, welche große Produktion in basischen Farben haben, zwei oder drei Apparate für diesen Zweck gleichzeitig zu verwenden, und zwar einen Apparat zum Tannieren und Fixieren, einen zweiten zum Färben und ev. einen dritten, um das Spülen darauf vorzunehmen, damit man auf den beiden ersteren kontinuierlich weiter arbeiten kann. In diesem Falle können auch der Färbe- und der Spülapparat aus Eisen konstruiert sein. Für den Färbeapparat ist es zweckmäßig, daß er eine Vorrichtung zum allmählichen Verstärken der Farbflotte besitzt.

2. Substantive Farbstoffe.

Die substantiven Farbstoffe eignen sich wegen ihrer einfachen und raschen Färbeweise, ihrer im allgemeinen leichten Löslichkeit und ihres guten Egalisierungsvermögens in hervorragender Weise für die Färberei auf Apparaten, sie haben daher die ausgedehnteste Verbreitung in der Apparatfärberei gefunden, zumal man diese Farbstoffe auf eisernen, also verhältnismäßig billigen Apparaten färben kann.

Bezüglich der Färbeweise sei folgendes als besonders wichtig zur Erzielung guter Farbresultate hervorgehoben.

Man löst die Farbstoffe unter Umrühren mit kochheißem Kondenswasser und überzeugt sich von deren vollständiger Lösung durch Eintauchen eines Streifens Filtrierpapier, an welchem keine Farbstoffpartikelchen mehr haften bleiben dürfen. Etwaige schwer lösliche Produkte verwende man nicht für die Apparatfärberei.

Helle Nuancen färbt man am besten bei langsam steigender Temperatur von 30—60⁰ C. Es ist daher nötig, das Material vorher im Apparat zu netzen, und zwar geschieht dies am sichersten durch $3/4$—1-stündiges Abkochen mit 3% Soda calc., oder 1,5% Natronlauge 40⁰ Bé unter Zusatz von 0,5—1% Türkischrotöl, ev. auch mit Türkonöl oder Monopolseife allein. Dem Auskochen muß gutes Spülen mit kaltem Wasser folgen, damit auch die inneren Schichten des Materials abgekühlt werden, andernfalls würden diese den Farbstoff schneller aufnehmen und Unegalitäten entstehen.

Beim Färben von Pincops empfiehlt es sich, ein Abkochen und darauf folgendes Spülen zu unterlassen, da diese Manipulation die Wickel stark zusammenzieht und noch schwerer durchlässig für die spätere Farbstoffaufnahme macht.

Unegalitäten heller Copsfärbungen sind nach meiner Erfahrung häufig auf diesen Umstand zurückzuführen. Wenn irgend angängig, tut man gut, Pincops, auch wenn diese für helle Farben bestimmt sind, direkt mit kochender Farbflotte unter Zusatz von Verzögerungsmitteln gleichzeitig zu netzen und zu färben, wofür man dann besonders leicht egalisierende Farbstoffe auswählt.

Das Färbebad, für welches man möglichst kalkfreies Wasser verwendet, beschickt man zunächst mit der nötigen Menge Soda für den Fall, daß die zur Verwendung kommenden Farbstoffe in alkalischem Bade gefärbt werden können, was ja bei den meisten Farbstoffen der Fall ist. Alsdann setzt man den gut gelösten Farbstoff durch ein Filtertuch zu und gibt etwa $1/2$—1% Türkonöl oder Monopolseife bei, welche das Egalisieren befördern. Beim Färben loser Baumwolle für Feinspinnerei müssen indes derartige Zusätze von Ölen oder Seifen unterbleiben, da diese ein Verkleben der Faser und dadurch erschwertes Arbeiten in der Spinnerei verursachen.

Der Ansatz des Farbbades geschieht zweckmäßig stets in den mit dem Apparat durch Rohrleitung verbundenen Flottenansatzbehältern. Man läßt die fertig angesetzte Flotte unter langsamem Erwärmen etwa 20—30 Minuten durch das Material zirkulieren. Ist die Temperatur von 60⁰ C erreicht, so stellt man den Dampf ab und läßt die Farbflotte noch etwa 20 Minuten durchströmen. Wenn es zur Erschöpfung des Bades resp. zur Erzielung der gewünschten Nuance unbedingt nötig ist, kann man dem Farbbade geringe Mengen Salz zusetzen.

Bei dieser Gelegenheit möchte ich bemerken, daß man in der Apparatfärberei stets das leichter lösliche krist. Glaubersalz an Stelle des Kochsalzes verwendet.

Mittlere bis dunkle Farben erfordern nicht so große Vorsicht. Da diese kochend gefärbt werden, so kann das Abkochen vor dem Färben wegfallen.

Je nach dem Egalisierungsvermögen der Farbstoffe und je nach der Tiefe der Nuance kann man für das Färben mittlerer bis dunkler Nuancen folgende Verfahren einschlagen: man läßt zunächst den zum Färben nötigen Sodazusatz unter Beifügung von Türkonöl oder Monopolseife kochheiß durch das Material zirkulieren, gibt sodann den Farbstoff und später das Glaubersalz in mehreren Portionen unter möglichster Verdünnung zu. Dies ist das vorsichtigste Verfahren und überall da anzuwenden, wo man des leichten Egalisierens nicht vollkommen sicher ist. Man kann dies Verfahren ev. dahin variieren und abkürzen, daß man den Farbstoffzusatz auf einmal gibt und später mit dem Glaubersalzzusatz ebenso verfährt. Gut egalisierende Farben, spez. Schwarz, können derart gefärbt werden, daß man die Verzögerungsmittel mit dem Farbstoff zusammen zusetzt und nur das Salz nach einiger Zeit dem Färbebade zugibt.

Kombinationen verschiedener Farbstoffe egalisieren bekanntlich nicht so gut und nicht so rasch als Färbungen mit nur einem einheitlichen Farbstoff, letztere benötigen daher auch in der Apparatfärberei weniger Vorsichtsmaßregeln als die erstgenannten.

Von wesentlichem Einfluß auf ein gleichmäßiges und schnelles Durchfärben ist die Konstruktion und Wirkungsweise des zur Verwendung kommenden Färbeapparates. Besitzt dieser eine intensive Flottenzirkulation, und steht das Material beispielsweise unter wechselseitigem Druck der Flotte von innen nach außen und umgekehrt, wie dies in geschlossenen Apparaten der Fall ist, so lassen sich die oben angegebenen Vorsichtsmaßregeln erheblich einschränken und die Färbedauer abkürzen. Andererseits besitzen die geschlossenen Apparate den Nachteil, daß man die Farbflotte während des Betriebes nicht beobachten und nicht so leicht Muster entnehmen kann, auch wird der Anschaffungspreis in jedem Falle ein höherer sein, als der offener Apparate bei gleichem Fassungsvermögen.

Die anzuwendenden Vorsichtsmaßregeln richten sich natürlich auch nach dem zu färbenden Material, so erfordert loses Material naturgemäß weniger Aufmerksamkeit, da hier beim Färben etwa entstehende kleine Ungleichheiten durch den Spinnprozeß wieder ausgeglichen werden. Kreuzspulen egalisieren, wenn sie nicht zu fest gewickelt sind, besser als Cops, desgl. Warpcops besser als hartgewickelte Pincops. Für Kreuzspulen und Cops kommt außerdem in Betracht, daß man diese Spinnkörper im Aufstecksystem leichter egalisieren kann als im Packsystem. Am schwierigsten gestaltet sich das Färben von Stranggarn im Packsystem, letzteres ist daher nur für Stapelnuancen in dunklen Tönen, für welche ein Nuancieren nicht in Frage kommt, zu empfehlen. Man arbeitet am besten derart, daß man zunächst die Verzögerungsmittel für das Aufziehen der Farbstoffe etwa 20 Minuten kochheiß durch das eingepackte Garn zirkulieren läßt, sodann den gut gelösten Farbstoff zusetzt und erst nach einiger Zeit das Glaubersalz in mehreren Portionen zugibt, damit die Farbstoffe möglichst langsam aufziehen. Um einerseits ein egales Durchfärben des Materials zu erzielen, andererseits die Farbbäder möglichst zu erschöpfen, färbt man zunächst ½ Stunde unter schwachem Kochen, stellt dann den Dampf ab und läßt die erkaltende Flotte noch ½ Stunde zirkulieren.

Ein Nuancieren der Farben nach Muster ist außer für loses Material, bei welchem wie gesagt ein Ausgleich kleiner Unegalitäten durch den Spinnprozeß stattfindet, nur für Cops und Kreuzspulen im Aufstecksystem anzuraten. Zu diesem Zwecke saugt oder drückt man die Flotte in das Flottenreservoir zurück, setzt den vorher separat gut gelösten, zum Nuancieren nötigen Farbstoff zu, rührt gut auf und läßt dann die Farbflotte wieder in den Apparat einströmen. Werden nur sehr geringe Farbstoffzusätze zum Färben nach Muster benötigt, so kann man diese auch in einem Eimer anrühren und durch geeignete Vorrichtungen, welche bei vielen Apparaten zu diesem Zwecke vorhanden sind, direkt dem Färbebad im Apparat zuführen. Man läßt die Farbflotte 10 Minuten kochen und weitere 10 Minuten bei abgestelltem Dampf durchströmen und kann dann von neuem mustern.

Für helle bis mittlere Nuancen werden die Farbbäder bei jeder Partie am besten frisch angesetzt, nur für dunklere Töne empfiehlt sich der Farbstoffausnutzung wegen ein Weiterarbeiten auf altem Bade. In diesem Falle muß man mit dem Salzzusatz sehr vorsichtig sein, es ist daher stets angebracht, durch Spindeln mit dem Aräometer die Flotte ab und zu auf ihre Dichte zu prüfen. Für mittlere Nuancen soll die erkaltete Flotte nicht mehr als etwa 2^0 Bé, für dunklere Nuancen etwa 4^0 Bé spindeln. Ist diese Dichte erreicht, so muß eine weitere Zugabe von Salz für die folgenden Partien unterbleiben. Was die Farbstoffzusätze beim Weiterarbeiten auf laufenden Bädern betrifft, so richten sich diese einerseits nach dem Ausziehvermögen resp. der Affinität der betr. Farbstoffe zur Baumwollfaser, andererseits nach der Länge der Flotte; es lassen sich daher allgemein gültige Normen dafür nicht aufstellen. Der geübte Färber wird auch hier, wie bei der Färberei auf der Wanne, zu beurteilen wissen, wie es mit der Konsistenz seines Farbbades bestellt ist. Bei Kombinationen verschiedener Farbstoffe zur Erzielung von Mischnuancen verwende man solche Produkte, die in bezug auf Affinität einerseits zum Wasser, andererseits zur Baumwollfaser sich möglichst gleichartig verhalten, d. h. bei einer bestimmten Temperatur gleichmäßig auf die Baumwollfaser aufziehen. Es ist dies für die Apparatfärberei besonders wichtig, da man zumeist mit kurzen Flotten arbeitet, und eine Differenz im Aufziehvermögen der verwendeten Farbstoffe sich aus diesem Grunde um so eher durch Unegalitäten bemerkbar macht.

Die üblichen Nachbehandlungsmethoden substantiver Färbungen zur Erzielung besserer Echtheit lassen sich auf Apparaten mit wenigen Ausnahmen ausführen, eine kräftige Flottenzirkulation möglichst in doppelter Richtung vorausgesetzt. Auch hierbei sind einige Vorsichtsmaßregeln zu beobachten. Die Nachbehandlung mit Metallsalzen muß in sofern eine Einschränkung erfahren, als die Chrom-Kupfer-Nachbehandlung auf Apparaten besser unterbleibt, oder nur da anzuraten ist, wo man auf langer Flotte mindestens 1 : 25 arbeiten kann, da sonst eine Ausfällung der Salze stattfindet. Ferner ist die Nachbehandlung mit Chromkupfersalzen oder mit Kupfersalzen allein auf Eisenapparaten nicht ausführbar, man muß dazu Holz-Nickelin-Apparate verwenden. Dagegen bietet die Nachbehandlung mit Chromsalzen allein keine Schwierigkeiten, auch läßt sich diese auf Eisenapparaten ausführen, sofern man nur die Vorsicht gebraucht, den Apparat nach Benutzung mit verdünnter Sodalösung auszuspülen, um ein Rosten zu verhindern.

Die Nachbehandlung mit Metallsalzen geschieht im übrigen auf Apparaten in derselben Weise wie auf der Wanne, indem die gefärbte und gespülte Ware in 70—80⁰ C heißem Bade 20—30 Minuten mit dem betr. Metallsalz unter Zusatz von Essigsäure behandelt und dann nochmals gespült wird. Es ist besonders darauf zu achten, daß die Nachbehandlungsbäder vollkommen klar sind; sollte sich ein Niederschlag bilden, so muß dieser durch weiteren Zusatz von Essigsäure in Lösung gebracht werden.

Das Kuppeln substantiver Färbungen mit diazotiertem Paranitranitin, wie solches in haltbarer Form von den verschiedenen Farbenfabriken unter den Bezeichnungen: Azophorrot, Azogen, Benzonitrol, Nitrazol, Nitrosamin hergestellt wird, läßt sich auf Apparaten unter der Voraussetzung auszuführen, daß die Kuppler in vollständig klarer Lösung zur Anwendung kommen. Man kann eiserne Apparate hierzu verwenden. Die praktische Ausführung dieser Nachbehandlung gestaltet sich sehr einfach, indem man, um ein Beispiel herauszugreifen, die klare Lösung von 2—4 % Azophorrot, PN, mit 1—2 % essigsaurem Natron in einem kalten Bade versetzt und dieses während ½ Stunde durch das gefärbte und gespülte Material zirkulieren läßt.

Man kann im Azophorbade, wenn nötig, auch durch Zugabe geringer Mengen gut gelöster basischer Farbstoffe den Farbton etwas nuancieren, und um ein besseres Aufziehen der basischen Farbstoffe zu erzielen, das Bad wenig erwärmen. Darauf wird gespült, abgesaugt oder geschleudert und getrocknet.

Das Diazotieren und Entwickeln substantiver Färbungen wird am vorteilhaftesten auf Apparaten aus Holz mit Nickelinarmatur vorgenommen. Um das Reinigen der Apparate zu erleichtern und ein Eindringen der Farbstoffe in das Holz zu vermeiden, empfiehlt sich eine innere Verkleidung des Holzapparates mit Nickelinplatten.

Die Arbeitsweise beim Diazotieren und Entwickeln ist auf Apparaten ziemlich dieselbe wie auf der Wanne. Das gefärbte und bis zur völligen Abkühlung gespülte Material wird in einem kalten Bade, welchem je nach Tiefe der nachzubehandelnden Färbung 1,5—2,5% Nitrit und 3—6% Schwefelsäure oder 5—7,5% Salzsäure zugesetzt wurde, 15 bis 20 Minuten behandelt, die Diazotierungsflotte abgelassen und ein kurzes Spülbad gegeben. Unmittelbar darauf wird in frischem kalten Bade während 20 Minuten entwickelt, wofür die gebräuchlichen Entwickler benutzt werden können. Es ist besonders darauf zu achten, daß die Entwickler in klarer Lösung zur Anwendung kommen. Nach beendigtem Entwickeln wird zweckmäßig einmal kalt und dann noch einmal warm gespült.

Das Übersetzen substantiver Färbungen mit basischen Farbstoffen sei an dieser Stelle gleichfalls noch erwähnt. Diese Nachbehandlung, welche ein Schönen der Nuance bezweckt, läßt sich wie auf der Wanne, so auch auf Apparaten vornehmen. Die Arbeitsweise ist hierbei folgende:

Durch das vorgefärbte und gespülte Material läßt man ein kaltes Bad, welchem man 3—4% Essigsäure zugesetzt hat, einige Minuten zirkulieren und gibt sodann den separat gut gelösten basischen Farbstoff durch ein Filtertuch in mehreren Portionen zu. Apparate, welche eine geeignete Vorrichtung besitzen, um Farbstoffzusätze mit der Flotte zu mischen und dem Material zuzuführen, verdienen hierbei den Vorzug. Erst wenn der Farbtoff nahezu aufgezogen und die Nuance annähernd erreicht ist, erwärmt man das Bad langsam auf 50—60° C.

Alle vorgenannten Nachbehandlungsmethoden eignen sich vorwiegend für Cops und Kreuzspulen im Aufstecksystem, ev. für Kettenbäume. Im Packsystem lassen sich Nachbehandlungen nur auf losem Material ausführen.

Wie schon eingangs erwähnt, ist zur Erzielung eines gleichmäßigen Ausfalls eine kräftige Flottenzirkulation möglichst in wechselnder Richtung unbedingt erforderlich, nur eine solche ermöglicht es, die Nachbehandlungsbäder in kürzester Zeit durch das Material zu treiben, dieses vollständig und allseitig zu durchdringen und Unegalitäten infolge ungleichmäßiger Einwirkung zu vermeiden.

Es ist ferner noch besonders darauf zu achten, daß die Cops und Kreuzspulen ein dauerhaftes Hülsenmaterial besitzen, welches ohne aufzuweichen oder aufzuplatzen die Einwirkung der verschiedenen Spül- und Nachbehandlungsbäder auszuhalten imstande ist.

Im allgemeinen empfiehlt es sich, schon der Rentabilität wegen, Nachbehandlungen auf Apparaten nur da auszuführen, wo es sich um Massenaufträge für bestimmte Farben handelt, wo man also in der Lage ist, einen Apparat ständig für das Färben in Gang zu halten, während man einen zweiten daneben stehenden Apparat zum Spülen und Nachbehandeln der gefärbten Partien benutzt. Cops oder Kreuzspulen bleiben auf denselben Materialträgern während des ganzen Färbe- und Nachbehandlungsprozesses stecken. Man läßt sie der Reihe nach die verschiedenen Flotten passieren und sorgt durch Beschickung mehrerer Materialträger für kontinuierlichen Betrieb. Vor allem spart man bei dieser Arbeitsweise das lästige und zeitraubende Reinigen bei Benutzung nur eines Apparates für alle Manipulationen.

Beim Diazotieren und Entwickeln ist es des Kostenpunktes halber zweckmäßig, einen Apparat aus Eisen zum Färben zu benutzen und einen zweiten Apparat aus Holz mit Nickelinarmatur für das Diazotieren und Entwickeln zu verwenden. Die Materialträger müssen hierbei allerdings aus Nickelin gefertigt sein, da sie der Reihe nach alle Bäder passieren müssen.

Eine spezielle Verwendung haben die substantiven Farbstoffe in der Schaumfärberei gefunden, wofür sie sich ihrer guten Löslichkeit wegen ganz besonders eignen.

Die Konstruktion der Schaumapparate ist eingangs ausführlich beschrieben, es erübrigt sich daher nur noch, einiges über das Färben selbst zu sagen, auch dürfte es vielleicht von Interesse sein, an dieser Stelle in Kürze die Erklärung wiederzugeben, welche Prof. Dr. Quinke, Heidelberg, über die physikalischen Vorgänge bei der Schaumfärberei gegeben hat, und welche Dr. Ullmann in seinem Buch „Die Apparatefärberei" veröffentlichte. Die Begründung der Wirkungsweise der Schaumfärberei ist danach ungefähr folgende:

Während die Oberflächenspannung wässriger Lösungen an der Grenze mit Luft so groß ist, daß sie dem Eindringen von Flüssigkeiten in luftenthaltende Körper Widerstand entgegensetzt, ist die Oberflächenspannung mittels Seife oder Öl zu Schaum getriebener Flüssigkeiten wesentlich geringer. Die im Schaum enthaltene Flüssigkeit kann sich daher ausbreiten, durchbricht die Luftdecke des Garnes und dringt infolge der Kapillarwirkung bis in das Innere der Garnschichten ein.

Um einer allzu optimistischen Auffassung bezüglich der im Schaum erreichbaren Farbresultate von vornherein vorzubeugen, will ich, wie schon eingangs erwähnt, nochmals bemerken, daß sich die Schaumfärberei nur für Stapelnuancen eignet, und daß an die Egalität der Färbungen nicht allzu große Ansprüche gestellt werden dürfen, auch ist ein Nuancieren der Farben nach Muster im Schaum schwer durchführbar. Immerhin hat die Schaumfärberei für gewisse billige Artikel eine große Bedeutung erlangt, und sind es hauptsächlich Kreuzspulen, welche in bedeutenden Mengen in Schaum gefärbt werden, wobei es von Wichtigkeit ist, daß möglichst lose gewickelte Kreuzspulen zur Verwendung kommen.

Zum Ansetzen des Färbebades, dessen Flottenhöhe nur ca. 15— 20 cm betragen darf, immer aber unterhalb des Lattenbodens bleiben muß, benutzt man wenn möglich Kondenswasser, jedenfalls aber von Kalksalzen freies Wasser.

Die substantiven Farbstoffe werden in gut gelöster Form durch ein Filtertuch dem mit der nötigen Menge Soda versetzten Färbebade zugegeben, sodann werden die schaumbildenden Ingredienzien, wie Türkischrotöl oder Türkonöl oder Monopolseife beigefügt; ein Salzzusatz ist tunlichst zu vermeiden.

Nachdem das Material auf dem Lattenboden eingeschichtet und die Türen geschlossen, oder der mit Material bepackte Lattenkasten eingesetzt worden ist (vgl. Seite 172), wird die Flotte durch Erhitzen zum Schäumen gebracht. Es muß besonders darauf geachtet werden, daß das Material von Schaum stets vollständig bedeckt ist. Man erreicht dies durch Regulierung des Dampfzutrittes sowie des Kondenswasserzulaufs. Der Schaum soll ferner stets gleichmäßig feinblasig sein; ein Zusatz zum Färbebade von 2 % Türkonöl und 1% Schmierseife oder aber von 2% Monopolseife hat sich für diesen Zweck recht gut bewährt, auch mit Türkischrotöl allein erzielt man einen geeigneten feinblasigen Schaum. Die Beobachtung dieser beiden Momente, sowie die Verwendung reiner Materialien und Filtration derselben sind von besonderer Wichtigkeit zur Erzielung einer vollständigen und gleichmäßigen Durchfärbung.

Für besonders diffizile helle Nuancen empfiehlt es sich, die Kreuzspulen vorher ½ Stunde mit Türkonöl im Schaum zu netzen, und die Farbstoffe in gutgelöstem Zustande in mehreren Portionen nach und nach zuzusetzen.

Die Färbedauer beträgt ca. 1—1½ Stunde.

Ein Aufbewahren der Farbflotten hat wenig Zweck, zumal man fast immer mit Rezepten für frische Flotte berechnet arbeitet.

Nach dem Färben brauchen substantive Farben nicht gespült zu werden, man schleudert sogleich und trocknet.

3. Schwefelfarbstoffe.

Die Schwefelfarben haben sich bekanntlich in der Baumwollechtfärberei einen wichtigen Platz erobert; überall da, wo es sich um Herstellung gut waschechter Artikel handelt, sind sie zur Einführung gelangt, zudem besitzt eine ganze Anzahl derselben auch eine gute Licht- und Wetterechtheit.

Da die meisten dieser Farbstoffe neben einfacher Anwendungsweise eine leichte Löslichkeit und verhältnismäßig gutes Egalisierungsvermögen aufweisen, so haben sie auch in der Apparatfärberei rasch Eingang gefunden, zumal sie sich wie die substantiven Farben auf eisernen Apparaten färben lassen. Kupferne Apparate, sowie alle Kupfer- oder Messingarmaturen sind für Schwefelfarben absolut ungeeignet, da diese Metalle von Schwefelalkalien zersetzt werden, und dieser Zersetzungsprozeß vice versa nachteilig auf die Farbstoffe und die Färbungen einwirkt.

Die Verwendung von Druckluft für die Zirkulation der Flotte ist bei Schwefelfarben tunlichst zu vermeiden, weil dadurch das Schwefelnatrium eine zu starke Oxydation erleidet.

Hartes, kalkhaltiges Wasser darf weder zum Färben, noch zum Spülen von Schwefelfarben Verwendung finden, da der starke Alkaligehalt selbst der ersten Spülbäder ein Ausfällen von kohlensaurem Kalk verursachen und zu Fleckenbildung Veranlassung geben würde.

Bezüglich der Färbeweise der Schwefelfarben auf Apparaten dürfte folgendes von spezieller Wichtigkeit und daher der Beachtung wert sein:

Besondere Aufmerksamkeit ist dem Lösen der Farbstoffe zu schenken. Das Lösen geschieht am besten in eisernen Eimern, welche mit Ausguß und seitlichen Handgriffen versehen sind und je nach der für gewöhnlich zu lösenden Farbstoffmenge in der Größe variieren. In einem derartigen Eimer wird zunächst der Farbstoff mit wenig kochendem Kondenswasser angeteigt, die nötige Menge Schwefelnatrium zugesetzt, entsprechend Wasser aufgefüllt und das Ganze mittels eingesetzter Dampfschlange aufgekocht. Diese Lösung gießt man durch ein feines Drahtsieb in den vorher mit kochendem, kalkfreien Wasser und der zum Färben nötigen Menge Soda beschickten Flottenansatzbehälter, fügt je nach Bedarf Glaubersalz zu und läßt nochmals kurz aufkochen. Ein Zusatz geringer Mengen Türkonöl oder Monopolseife befördert ein gleichmäßiges Durchdringen der Farbflotte durch das Material und damit die Egalität der Färbungen.

Die zum Lösen eines Schwefelfarbstoffs nötige Menge Schwefelnatrium ist von den betr. Farbenfabriken tabellarisch genau festgelegt, ebenso ist das Verhältnis der Farbstoff- und Schwefelnatriummengen beim Weiterfärben auf laufendem Bade durch eingehende Versuche annähernd genau bestimmt worden, und können diese Angaben ohne weiteresr auf die Apparatfärberei übernommen werden, wobei jedoch dem jeweiligen Flottenverhältnis Rechnung getragen werden muß.

Zu erwähnen wäre noch, daß helle Modefarben des schwierigeren Egalisierens wegen eine Erhöhung der Schwefelnatriummengen auch in der Apparatfärberei bedingen. Überhaupt ist ein geringer Überschuß an Schwefelnatrium ohne schädlichen Einfluß auf die Farbbäder, ein Zuwenig dagegen bewirkt Farbstoffausscheidungen, welche bei der Apparatfärberei unter allen Umständen vermieden werden müssen. Man überzeuge sich daher stets durch Eintauchen eines Streifens Fließpapier, ob der Farbstoff vollständig gelöst ist. Setzen sich noch Farbstoffpartikelchen an, so muß durch weitere Zugabe von Schwefelnatrium der Farbstoff restlich in Lösung gebracht werden. Diese Erscheinung tritt besonders auf, wenn durch zu starkes, anhaltendes Kochen das Schwefelnatrium in alten Bädern oxydiert oder bei längerem Stehen der Farbbäder durch Luftoxydation verbraucht wurde. Man kocht ein derartig degeneriertes Farbbad unter Zufügung von 1—2 g Schwefelnatrium pro Liter auf und erhält dann eine wieder brauchbare Farbflotte.

Den Salzzusatz zu den Farbbädern anlangend, möchte ich folgendes bemerken: im allgemeinen ist an der Regel festzuhalten, daß die Salzmenge um so größer zu nehmen ist, je tiefer die zu färbende Nuance und je länger die Flotte, d. h. je größer die Flüssigkeitsmenge im Verhältnis zu dem zu färbenden Material ist. Da man nun in der Apparatfärberei, besonders im Packsystem mit sehr kurzen Flotten arbeitet, so kann als ungefähre Norm dienen, daß man bei einem Flottenverhältnis von 1:4 selbst bei dunklen Färbungen gar kein Salz gibt, während man bei einem Flottenverhältnis von beispielsweise 1:10 nur im Ansatzbad 15% krist. Glaubersalz zusetzt, bei den weiteren Partien jedoch die Salzzugabe unterläßt. Beim Aufstecksystem hat man zumeist mit längeren Flotten zu rechnen, und dürfte bei einem Flottenverhältnis von 1:15 der Zusatz von 25% krist. Glaubersalz im ersten Bade, 5% im zweiten und 3—0% zu den weiteren Bädern angebracht sein, während bei einem Flottenverhältnis von 1:30 sich die Zugabe von 50% krist Glaubersalz im ersten, 10% im zweiten, 5% im dritten und 3—0% in den weiteren Bädern erforderlich macht. Diese Angaben beziehen sich auf dunkle Farbentöne, beispielsweise Schwarz. Für mittlere Nuancen verringert man die Salzzugabe entsprechend. Helle Modefarben färbt man am besten ganz ohne Salz, auch selbst auf langer Flotte.

Zweckmäßig ist es, den Salzgehalt der Flotte durch Spindeln mit einem Aräometer von Zeit zu Zeit festzustellen. Für mittlere Nuancen soll die Flotte nach dem Erkalten nicht mehr als 3—4 Grad Bé, für dunkle nicht mehr als 6—7 Grad Bé spindeln. Ist diese Dichte erreicht, so unterläßt man eine weitere Zugabe von Salz für die nächsten Partien. Beim Färben nicht ganz leicht egalisierender Schwefelfarbstoffe, besonders aber bei Kombinationen, ist es angebracht, das Glaubersalz in mehreren Portionen dem Färbebade nach und nach zuzugeben.

Der Sodazusatz zum Farbbade ist gleichfalls nach der Flottenlänge und der Tiefe der Färbung zu bemessen, variiert jedoch nicht so erheblich als der Salzzusatz. So gibt man beispielsweise für dunkle Färbungen bei einem Flottenverhältnis von 1 : 4 2,5% Soda calc. im ersten, 0,5% im zweiten und weiteren Bädern und steigert diese Mengen bei einem Flottenverhältnis von 1 : 30, immer dunkle Färbungen vorausgesetzt, bis zu 6 % calc. Soda im ersten, 2% im zweiten und 1,5% im dritten und folgenden Bädern. Für mittlere und helle Nuancen nimmt man entsprechend weniger, doch darf der Sodazusatz nie ganz unterbleiben, da Soda die Lösungswirkung des Schwefelnatriums auf Schwefelfarbstoffe unterstützt.

Die meisten Schwefelfarben werden kochend gefärbt, d. h. man läßt die kochende Flotte auf das trocken in den Apparat eingepackte Material während einer Viertelstunde einwirken, stellt sodann den Dampf ab und läßt die langsam sich abkühlende Flotte noch ca. ³⁄₄ Stunde durch das Material zirkulieren. Nur für besonders helle und zarte Nuancen empfiehlt sich ein vorheriges einstündiges Netzen des Materials mit kochender Sodalösung unter Zugabe von etwas Türkischrotöl, Türkonöl oder Monopolseife. Dem Netzen muß Spülen mit kaltem, kalkfreien Wasser folgen. Gefärbt werden diese hellen Nuancen bei einer von 30 bis 60 Grad C. langsam gesteigerten Temperatur während ca. ³⁄₄ Stunde.

Die Zirkulation der Flotte muß eine möglichst ruhige, kontinuierliche sein und darf keinesfalls stoßweise erfolgen, damit die Flotte so wenig wie möglich mit Luft in Berührung kommt; auch ist darauf zu achten, daß das zu färbende Material stets vollständig von Farbflotte bedeckt ist.

Bilden sich während des Färbens Ausscheidungen von Farbstoff oder scheiden sich sonstige Unreinigkeiten an der Oberfläche der Farbflotte ab, so sind diese vor Herausnahme der Materialträger aus dem Färbebade sorgfältig abzuschöpfen, damit sie sich nicht auf dem Material ablagern und Veranlassung zur Fleckenbildung geben.

Ebenso wichtig als die Beachtung der genannten Vorsichtsmaßregeln beim Färben selbst ist die möglichst schnelle Befreiung des gefärbten Materials vom Flottenüberschuß nach beendetem Färben und die Erzielung einer gleichmäßigen Oxydation der auf und in der Faser verbleibenden Farbstoffmengen. Mehr oder weniger stellen alle Schwefelfarbstoffe in ihrer Lösung in Schwefelalkali eine Art Leukoverbindung dar, welche erst durch Luftoxydation entwickelt und in unlöslicher Form auf der Faser gebunden wird. Überschüssig dem Material anhaftende Farbflotte gibt daher Veranlassung zu bronzierenden und abrußenden Färbungen. Besonders beim Färben im Packsystem bietet dieser Umstand einige Schwierigkeit. Vor allem müssen die Apparate derart eingerichtet sein, daß ein möglichst rasches Absaugen oder Zurückpumpen der Farbflotte in das Farbreservoir unmittelbar nach beendetem Färbeprozeß möglich ist. Hierauf läßt man kalkfreies Wasser in den Apparat einströmen und zwar nur soviel, daß das Material eben davon bedeckt ist und läßt dieses kurze Spülbad ca. 10 Minuten durch das Material zirkulieren. Für Schwefelfarbstoffe, welche stark zum Bronzieren neigen, empfiehlt es sich, dem ersten Spülwasser 2 ccm Natronlauge 40° Bé und 1 g Schwefelnatrium krist. pro Liter Flotte zuzusetzen, die Färbungen fallen dadurch allerdings ein wenig heller, aber auch blumiger aus. Nach beendetem Spülen wird dieses erste Spülwasser, welches besonders bei dunklen Färbungen noch wiel Farbstoff enthält, zur Ergänzung der Farbflotte dem Farbreservoir zugeführt. Das Material wird sodann ausgepackt und mindestens 15 Minuten möglichst in eisernen oder verbleiten Zentrifugen geschleudert, wodurch eine Luftzirkulation durch das ganze Material bewirkt wird, welche zur Entwicklung und Befestigung der Farbstoffe auf der Faser förderlich, teilweise sogar notwendig ist. Loses Material wird hierauf in der Waschmaschine, Garne und Kreuzspulen auf der Barke bezw. im Apparat fertig gespült.

Die Ausnutzung der Farbflotte, sowie die Fixierung des Farbstoffs sind beim Arbeiten nach dieser Methode so vollständig wie möglich, gleichzeitig wird das Bronzieren und Abrußen der Färbungen tunlichst vermieden. Es empfiehlt sich daher nach der angegebenen Arbeitsweise zu verfahren bei allen Farbstoffen, welche zu ihrer Entwicklung einer Luftoxydation bedürfen und stark zum Bronzieren neigen, was bei einer ganzen Reihe von Schwefelblaumarken bekanntlich der Fall ist. Besonders geeignet zum Färben für Schwefelblau wie für Schwefelfarben überhaupt sind daher Packapparate, welche ein Ausschleudern des Materials ohne Auspacken ermöglichen, sei es, daß der Materialbehälter herausgehoben und auf eine Zentrifugenvorrichtung gesetzt wird (Obermaiersystem), sei es, daß im Färbeapparat selbst geschleudert werden kann (System Haubold, System Woerner und System Schiffers). Weniger diffizile Schwefelfarbstoffe können sogleich nach dem Färben fertig gespült werden, derartige Färbungen fallen jedoch in der Regel etwas heller aus als die durch Luftoxydation entwickelten. Für Apparate, die mit einer Schleudereinrichtung nicht verbunden sind, empfiehlt sich die Anbringung einer Vorrichtung, die gestattet, die überschüssige Farbflotte mittels hochgespannten, also möglichst trockenen Dampfes abzudrücken und das Material auf diese Weise zu entwässern; durch Einschaltung eines Luftinjektors kann die Färbung nach erfolgtem Abdrücken der Farbflotte dann auch noch einer Luftoxydation zwecks Entwicklung unterzogen werden.

Zum Färben mit Schwefelfarbstoffen im Packsystem eignet sich in der Hauptsache loses Material, ferner auch Stranggarn und Kreuzspulen, sofern es sich um Stapelfarben handelt, denn ein Nuancieren von Schwefelfarben ist im Packsystem ausgeschlossen, es müßten denn die Farben vor erneutem Farbstoffzusatz oxydiert und gespült werden, was jedoch sehr zeitraubend und höchstens in einem mit Zentrifugenvorrichtung versehenen Apparat einigermaßen rationell ausführbar ist.

Eine ausgedehnte Verbreitung hat das Färben mit Schwefelschwarz auf Apparaten im Packsystem gefunden, und möchte ich bei dieser Gelegenheit speziell auf die flüssigen Schwefelschwarzmarken hinweisen, deren Verwendung mir für die Apparatfärberei immer besonders praktisch erschienen ist. Diese flüssigen Produkte schließen zunächst jede Fleckenbildung, welche durch nicht sachgemäßes Lösen der Pulvermarken entstehen kann, von vornherein aus, da sie den Farbstoff in vollständig gelöster Form als Leukoverbindung enthalten; es fällt bei ihnen ferner die Belästigung fort, die durch das Stauben der Pulverware beim Abwiegen usw. entsteht. Ein weiterer Vorzug ist ihre unbegrenzte Haltbarbeit gegenüber der leichten Zersetzbarkeit der konzentrierten Pulvermarken, welche sich bei feuchter Lagerung bis zur Selbstentzündung steigern kann. Vor allem aber dürfte der Hauptvorteil bei Verwendung flüssiger Schwefelschwarzmarken darin zu suchen sein, daß sie sich infolge des geringen Schwefelnatriumverbrauches sowie durch Fortfall des zeitraubenden Lösens billiger kalkulieren als Pulvermarken.

Im Aufstecksystem lassen sich Cops, Kreuzspulen und Kettenbäume mit Schwefelfarbstoffen sehr vorteilhaft färben, sofern die betr. Apparate eine ruhige Flottenzirkulation, Beheizung mit indirektem Dampf sowie eine Vorrichtung besitzen, die es ermöglicht, das Material nach beendigtem Färben rasch von dem Flottenüberschuß zu befreien, ev. ganz kurz zu spülen und dann Luft hindurchzusaugen; ja ich möchte behaupten, daß Garne auf Cops mit Schwefelfarben sich gleichmäßiger, schneller und bequemer färben lassen als Stranggarne auf der Barke, und zwar besteht der Vorteil in der Möglichkeit, die Cops nach dem Färben rasch zu entwässern und den Farbstoff durch Luftoxydation zu entwickeln, wodurch das Färben nach Muster wesentlich beschleunigt und erleichtert wird. Voraussetzung hierfür ist natürlich, daß die betr. Apparate die oben erwähnten Vorrichtungen besitzen.

Bei Kreuzspulen gestaltet sich die Entfernung des Flottenüberschusses etwas schwieriger, da diese infolge ihrer Wicklung sich nicht so vollständig entwässern lassen als Cops. Man entfernt daher die Flotte soweit als angängig durch Absaugen, gibt dann sofort ein kurzes Spülbad, läßt nochmals absaugen und spült fertig.

Um Cops und Kreuzspulen besonders in hellen Farben die sich störend bemerkbar machende etwas dunklere Oberfläche zu nehmen, empfiehlt sich ein heißes Nachseifen, welches natürlich in vollständig kalkfreiem Wasser geschehen muß, und zwar läßt man die Seifenflotte nicht durch das Material zirkulieren, sondern wippt die an dem Flaschenzug hängenden Materialträger einigemal auf und nieder. Zu dem gleichen Zweck hat sich auch ein Verfahren recht gut bewährt, welches jedoch nur bei Vorhandensein einer Druckluftleitung anwendbar ist. Man verfährt für helle Färbungen, für welche sich ein Aufbewahren der Farbflotte nicht lohnt, derart, daß man nach beendigtem Färben die Farbflotte ablaufen und gleichzeitig frisches Wasser von oben in den Apparat eintreten läßt, so daß das Material stets von Flüssigkeit bedeckt bleibt und mit der Luft nicht in Berührung kommt. Gleichzeitig läßt man Druckluft von innen nach außen die Wickel durchströmen. Wenn ein Weiterfärben auf laufendem Bade ratsam erscheint, drückt oder saugt man die Farbflotte nach dem Färben in ein Reservoir zurück, füllt den Apparat möglichst schnell mit frischem Wasser und verfährt wie für helle Farben angegeben.

Beim Färben von Kettenbäumen mit Schwefelfarben habe ich folgende Methode als zweckmäßig erprobt: die Bäume werden trocken in den Apparat eingelegt, man läßt sodann die Farbflotte während einer Viertelstunde unter schwachem Kochen zirkulieren, in welcher Zeit die Durchströmungsrichtung der Flotte einigemal gewechselt werden kann. Darauf wird der Dampf abgestellt und die Flottenzirkulation während weiterer $3/4$ Stunde nur von innen nach außen bewirkt. Letzteres gilt nur für offene Apparate, während in hermetisch geschlossenen Apparaten in regelmäßigen Abständen wechselseitig gearbeitet werden kann.

Nach beendigtem Färben werden die Kettenbäume durch kräftiges Absaugen vom Flottenüberschuß befreit, alsdann läßt man die Bäume ca. 6 Stunden in einem feuchtwarmen Raum, am besten in der Färberei selbst liegen und spült sie erst dann. Um den Betrieb kontinuierlich zu gestalten, empfiehlt es sich, ca. 6 Bäume nacheinander zu färben und diese dann der Reihe nach zu spülen. Nach dieser Methode erzielt man unter möglichster Ausnützung der Farbflotte entsprechend dunkle Nuancen, da besonders durch das Liegenlassen die Farbstoffe voll zur Entwicklung gelangen, speziell bei Dunkelblau und Schwarz. Ein ev. Bronzieren der Außenseite schadet insofern nicht, als bei Kettenbäumen die oberste Garnlage von ca. 2 m sowieso in Wegfall kommt. Für das Spülen von Kettenbäumen hat sich das Durchdrücken von Wasser aus einem mindestens 10 m höher liegenden Bassin praktischer und wirksamer erwiesen als das Spülen mittels Pumpe, ich kann diese Einrichtung wo angängig daher nur empfehlen.

Nicht alle Schwefelfarbstoffe eignen sich für die Apparatfärberei, man beachte daher den neuerdings in den Zirkularen aller Farbenfabriken enthaltenen Passus, welcher auf Eignung des betr. Farbstoffs für Apparatfärberei ausdrücklich hinweist und stelle auch selbst Lösungsversuche an.

Für die Schaumfärberei sind Schwefelfarbstoffe weniger geeignet, da hier die Grundbedingungen für einen guten Ausfall nicht gegeben sind. Die im Schaum enthaltene Luft übt eine stark oxydierende Wirkung auf das Schwefelnatrium und die Schwefelfarbstoffe aus, die Oberfläche der Kreuzspulen zeigt daher immer einen bronzierenden Überzug, welcher abreibt. Ferner bleibt das Spülen der Kreuzspulen mangels Flottenzirkulation stets ein sehr unvollständiges.

Es ist daher zumeist nur Schwefelschwarz, welches auf Kreuzspulen im Schaum gefärbt wird, und auch dieses nur für billige Artikel, bei denen Unegalitäten resp. bronzige Stellen mit in den Kauf genommen werden.

Auch für die Schaumfärberei sind die flüssigen Schwefelschwarzmarken besonders geeignet, nur muß man etwas mehr Schwefelnatrium als gewöhnlich verwenden.

Im übrigen vollzieht sich das Färben in derselben Weise wie unter direkten Farbstoffen angegeben. Man arbeitet im Lattenkasten, welcher nach beendetem Färben hochgewunden und in einen mit Wasser gefüllten Bottich von entsprechender Größe versenkt wird, wo durch Zu- und Ablauf von Wasser die Kreuzspulen möglichst gut gespült werden. Diesem ersten Spülpsozeß läßt man zweckmäßig noch ein Überbrausen mit Wasser während des Schleuderns folgen.

Eine Nachbehandlung von Schwefelfarben mit Metallsalzen ist nur in den seltensten Fällen erforderlich, da diese Farbstoffe an sich schon einen hohen Echtheitsgrad besitzen. Es dürfte daher eine Nachbehandlung auch in der Apparatfärberei nur dann in Frage kommen, wenn es sich um Herstellung von ganz besonders wasch- und wetterechten Färbungen handelt.

Wird Chromkali oder Chromalaun allein zur Nachbehandlung verwendet, so kann dies auf allen Apparaten geschehen, einerlei aus welchem Metall diese bestehen; kommt dagegen Kupfervitriol und Chromkali oder Kupfervitriol allein zur Anwendung, so müssen die Apparate aus Holz, Kupfer oder Nickelin konstruiert sein und Eisenteile vermieden werden.

Die Lösungen der Metallsalze müssen vollständig klar sein, man arbeitet daher am besten mit einem geringen Überschuß an Essigsäure.

Erwiesenermaßen haben alle im sauren Bade vorgenommenen Metallsalznachbehandlungen von Schwefelfarben eine Schwächung der Faser im Gefolge, und zwar nimmt man an, daß durch Oxydationswirkung eine Abspaltung von freier Schwefelsäure vor sich geht, welche einen zerstörenden Einfluß auf die Baumwollfaser ausübt. Um diesem Übelstande abzuhelfen, werden in der Strangfärberei auf der Barke die mit Metallsalzen nachbehandelten Garne mehrmals gut gespült, ev. setzt man dem letzten Spülbade etwas essigsaures Natron zu. In der Apparatfärberei, wo es auf rationelle Ausnützung der Maschinen ankommt, dürften diese Manipulationen zu zeitraubend und mithin kostspielig sein, zumal für festgewickelte Cops und Kettenbäume, bei welchen es eines öfteren und langdauernden Spülens bedarf, um die schädigenden Einflüsse der sauren Nachbehandlung gänzlich zu entfernen. Aus diesem Grunde möchte ich zur Nachbehandlung von Schwefelfarben auf Apparaten die alkalische Chromlösung (3 % Chromkali und 5 % Natronlauge 40 ⁰ Bé) empfehlen, welche besonders für Schwarzfärbungen eine erhöhte Echtheit gegen kochende Seifen- und Sodalösung hervorbringt. Ein Zurückbleiben geringer Mengen Alkali schadet der Baumwollfaser nicht, es genügt daher bei diesem Verfahren nur ein einmaliges Spülen.

Eine Nachbehandlung mittels Dämpfen, welche zur Entwicklung einiger Schwefelblaumarken notwendig ist, hat sich in der Apparatfärberei nicht gut bewährt. Der innere Kern der so behandelten Cops, Kreuzspulen oder Kettenbäume fällt in der Regel heller aus, da der Dampf zumeist nicht trocken genug zur Anwendung kommen kann. Dagegen läßt sich eine Nachbehandlung mit Natriumperborat (1 g pro 1 L Wasser bei 40⁰ C) recht gut auf Apparaten ausführen. Ich möchte jedoch nicht unterlassen hierbei zu bemerken, daß sowohl die durch Dämpfen als auch die durch Natriumperborat entwickelten Färbungen zwar wesentlich lebhaftere, jedoch nicht so waschechte Blautöne ergeben, als die durch Luftoxydation entwickelten.

Von einem Übersetzen von Schwefelfarben mit basischen Farbstoffen im essigsauren Bade auf Apparaten möchte ich abraten, einerseits des schwierigen Egalisierens, andererseits der Faserschwächung wegen. Dagegen läßt sich ein Schönen des Farbtones mit ganz geringen Mengen basischer Farbstoffe im Seifenbade auf Aufsteckapparaten wohl ausführen, nur muß natürlich vollständig kalkfreies Wasser zur Verwendung kommen.

4. Küpenfarbstoffe.

Der älteste und bekannteste Küpenfarbstoff ist der Indigo, diesem haben sich im Laufe der letzten Jahre eine Reihe ähnlicher Produkte, welche zum Auffärben der Verküpung bedürfen, zugesellt; dahin gehören die Indanthren-, Helindon-, Thioindigo-, Algol- und Cibafarbstoffe; außerdem ein Küpenfarbstoff aus der Klasse der Schwefelfarben: das Hydronblau.

Seit der Herstellung des Indigo auf synthetischem Wege hat es an Versuchen nicht gefehlt, Spezialapparate für Küpenfärberei zu schaffen. Wenn nun diese Versuche auch noch nicht als abgeschlossen anzusehen sind, und die Zukunft uns auch auf diesem Gebiete noch Verbesserungen und neue Erfindungen bringen wird, so sind doch schon unter den bisher auf den Markt gebrachten Konstruktionen recht brauchbare Apparate vorhanden, die sich auch in der Praxis mit Erfolg eingeführt haben.

Um die Konstruktionserfordernisse und die Eignung eines Apparates für Küpenfärberei festzustellen, möchte ich zunächst auf das wesentlichste des färberischen Vorganges hinweisen.

Küpenfarbstoffe sind bekanntlich in Wasser unlösliche organische Farbstoffe, welche erst durch geeignete Reduktionsmittel in alkalilösliche Leukoverbindungen übergeführt und als solche auf und in der Faser abgelagert werden, um dann mit Hilfe des Luftsauerstoffs in unlösliche Farbkörper zurückverwandelt zu werden.

Als Reduktions- bzw. Lösungsmittel kommt für Apparatfärberei nur die Hydrosulfitküpe in Frage, da nur diese eine vollständig klare, schlammfreie Lösung ergibt.

Zur Erzielung einwandfreier Resultate mit Küpenfarbstoffen in der Apparatfärberei ist ein Haupterfordernis, daß die Verküpung der Farbstoffe eine vollständige ist. Die Verküpungsmethoden für die einzelnen Farbstoffe sind von den betr. Fabriken genau festgelegt, und man tut gut, um Fehler zu vermeiden, sich genau nach diesen Vorschriften beim Ansatz einer Küpe zu richten. Jede richtig stehende Küpe muß alkalisch reagieren, wovon man sich durch Auftragen eines Tropfens der Küpenflüssigkeit auf einen Streifen Phenolphtaleinpapier überzeugen kann, der Tropfen muß einen lebhaft karmoisinroten Rand zeigen; ist dies nicht der Fall, so muß Alkali zugesetzt werden. Die Küpenflüssigkeit muß ferner klar sein, es dürfen keine ungelösten Farbstoffteilchen darin umherschwimmen, was man durch Eintauchen einer Glasscheibe leicht feststellen kann. In diesem Falle fehlt es an Hydrosulfit.

Sind die genannten Bedingungen erfüllt, so bietet das Färben an sich, d. h. die Ablagerung der Leukokörper auf und in der Faser mit Hilfe der Hydrosulfitküpe keine Schwierigkeiten. Das Färben läßt sich auf Apparaten, die mit Pumpe oder mittels Vakuum arbeiten, ohne weiteres ausführen, sofern die Apparate eine möglichst ruhige, gleichmäßige Flottenzirkulation gewährleisten. Die Anwendung von Druckluft ist wegen der in der Flotte entstehenden Oxydation zu vermeiden. Ein Wallen der Flotte bei wechselndem Kreislauf darf unter keinen Umständen stattfinden, weil dadurch ein erhöhter Luftzutritt und demzufolge eine zu starke Oxydation der Flotte hervorgerufen würde, welche Farbstoffverluste zur Folge hat.

Erwähnt sei noch, daß das Material vor dem Färben gut genetzt, gespült und entwässert werden muß, um es aufnahmefähig für die Küpenflotte zu machen. Das Netzen geschieht am besten unter Zusatz entsprechender Mengen Natronlauge zum Netzbad. Desgleichen empfiehlt sich ein Entlüften des Materials vor Eintritt in die Farbflotte. Bei Verwendung von Küpenfarbstoffen, die ein Färben bei mittlerer Temperatur (ca. 45—50⁰ C) gestatten, kann unter Umständen das vorherige Netzen des Materials unterbleiben und durch Zugabe entsprechender Mengen das Netzen befördernder Mittel wie Türkonöl oder Monopolseife usw. zum Färbebade ersetzt werden.

Die Schwierigkeit bei der Herstellung von Küpenfarben auf Apparaten beginnt eigentlich erst nach dem Färben, wo es sich darum handelt, das mit der Lösung der Leukokörper beladene Material von der überschüssigen Küpenflüssigkeit zu befreien und der Wirkung des Luftsauerstoffes auszusetzen, wobei dann unter Freiwerden von Alkali die Rückbildung des wasser- und alkaliunlöslichen Farbstoffes erfolgt. Das Hauptgewicht bei der Fixierung der Küpenfarbstoffe in der Apparatfärberei zur Erzielung gleichmäßiger, nicht abrußender Färbungen muß daher stets darauf gelegt werden, die überschüssige Küpenflüssigkeit in noch reduziertem Zustande unmittelbar nach beendigtem Färben aus der Faser zu entfernen und eine gleichmäßige Luftoxydation des Materials herbeizuführen.

Bei Anschaffung eines Apparates, welcher speziell für Küpenfarbstoffe bestimmt ist, wird man daher gut tun, die Konstruktion gerade von diesem Gesichtspunkte aus einer Prüfung zu unterziehen.

Zwar sind nicht alle Küpenfarbstoffe in ihrer Oxydationsempfindlichkeit gleich, auch die Affinität der Baumwollfaser zu den einzelnen Küpenfarbstoffen ist verschieden. Aus diesem Grunde erklärt es sich, daß bei dem einen Farbstoff mehr, beim anderen weniger Vorsichtsmaßregeln erforderlich sind, um ein einwandfreies Färberesultat zu erzielen.

Im allgemeinen lassen sich zwei große Gruppen von Küpenfarbstoffen unterscheiden. Die erste Gruppe umfaßt Farbstoffe, welche zu ihrer vollen Entwicklung einer längeren Luftoxydation nach dem Absaugen der überschüssigen Farbflotte bedürfen, die zweite Gruppe solche Farbstoffe, deren Leukoverbindung sich sehr rasch auf der Faser entwickelt, so daß das mit diesen Farbstoffen gefärbte Material unmittelbar nach Entfernung der überschüssigen Farbflotte gespült werden kann, ohne daß die Färbungen eine Einbuße an Farbstärke und Nuance erleiden. Es würde zu weit führen, auf die Behandlungsweise der einzelnen Küpenfarbstoffe hier näher einzugehen, zumal sich diese nicht haarscharf schematisieren lassen. Die von mir getroffene Gruppeneinteilung soll daher nur die allgemeinen Richtlinien andeuten. Die betreffenden Farbenfabriken werden am besten in der Lage sein, dem Färber anzugeben, nach welcher Färbemethode sich dieser oder jener Küpenfarbstoff am zweckmäßigsten auf Apparaten färben läßt.

Die für Küpenfarbstoffe zur Verwendung kommenden Apparate können aus Eisen konstruiert sein und sind zumeist mit einem entsprechenden Behälter durch Rohrleitung verbunden, in welchem der Ansatz der Stammküpe stattfindet. Ist es im allgemeinen schon von Wichtigkeit, die Apparate hinsichtlich des Flottenverhältnisses zu dem zu färbenden Material zu psüfen, so ist eine Prüfung nach dieser Richtung bei Verwendung von Küpenfarbstoffen ganz besonders angebracht, da nur bei möglichst kurzem Flottenverhältnis ein rationelles Färben von Küpenfarbstoffen auf Apparaten möglich ist. Das zum Färben und zum Ansetzen der Stammküpe benutzte Wasser muß vorher mit Soda entkalkt werden, und darf nur das klare kalkfreie Wasser zur Verwendung kommen. Den im Wasser enthaltenen Sauerstoff macht man durch Zugabe von etwas Hydrosulfit unwirksam. Am besten benutzt man Kondenswasser, oder ein durch ein Wassesreinigungsverfahren enthärtetes Wasser.

Lose Baumwolle und Kardenband färbt man mit Küpenfarbstoffen am zweckmäßigsten auf Packapparaten, welche derart konstruiert sind, daß man das eingeschichtete Material unmittelbar nach beendetem Färbeprozeß im Packkessel direkt ausschleudern kann, ohne daß man diesen aus dem Apparat herauszuheben braucht. Das Material wird auf diese Weise sehr schnell von der überschüssigen Küpenflüssigkeit befreit und der Einwirkung eines kräftigen Luftstromes behufs Oxydation ausgesetzt. Ebenso werden Kreuzspulen besonders in volleren Farbtönen vorteilhaft auf diesen Apparaten gefärbt, da es auf Aufsteckapparaten nicht möglich ist, die in den Kreuzspulen zurückbleibende Flüssigkeit vollständig genug durch Absaugen zu entfernen, wodurch besonders beim Färben mit Indigo in dunkleren Tönen abrußende Färbungen entstehen.

Nach erfolgtem Zentrifugieren kann unter Belassung des Färbegutes im Packkesssel gepült ev. geseift werden. Apparate der vorstehend beschriebenen Konstruktion werden von den Firmen C. G. Haubold, Chemnitz, G. Wörner, Calw und Wilh. Schiffers, Aachen, ausgeführt und sind auf Seite 111, 157 u. 169 beschrieben.

Das Färben von Cops mit Indigo und anderen Küpenfarbstoffen wird zwecks Erreichung eines gleichmäßigen Ausfalles nur auf Aufsteckapparaten vorgenommen. Die Konstruktion einiger dieser Apparate gestattet auch in mehreren Zügen hintereinander zu färben, was besonders für Indigo zur Erzielung möglichst reibechter dunkler Färbungen von Vorteil ist, da man bekanntlich durch öftere Züge in nicht zu starken Küpen wesentlich reibechtere Färbungen erzielt, als wenn man die gleichdunkle Nuance in nur ein oder zwei Zügen in konzentrierter Küpe erreichen will. Für das Färben von Indigo auf Cops besonders geeignete Apparate sind der Indigo-Revolver-Apparat der Firma H. Krantz, Aachen, die Apparate der Zittauer Maschinenfabrik in Zittau, B. Thieß, Coesfeld, B. Cohnen, Grevenbroich und C. G. Haubold jr., Chemnitz.

Die oben bezeichneten Apparate arbeiten auch in ökonomischer Hinsicht zufriedenstellend, sofern es sich um Herstellung großer Mengen indigofarbiger Cops in kontinuierlichem Betrieb handelt. Die Apparate gestatten in mehreren Zügen hintereinander zu färben, haben eine ruhige gleichmäßige Flottenzirkulation und besitzen Vorrichtungen, die es ermöglichen, die Cops unmittelbar nach jedem Zuge abzusaugen (zu vergrunen) und wieder in die Küpe zu versenken zu weiterem Zuge.

Die Cops werden bei dieser Art des Färbens vollständig von der Küpenflüssigkeit durchdrungen, so daß eine Ablagerung von Indigo auch im Innern des Garnes stattfindet, also eine größere Durchfärbung herbeigeführt wird, als bei der Stranggarnfärberei. Demgemäß ist auch die Waschechtheit auf Cops gefärbter Indigotöne bei gleicher Tiefe der Färbung besser als im Strang auf der Küpe gefärbter Garne.

Kreuzspulen lassen sich auf genannten Aufsteckapparaten nur in hellen bis mittleren Tönen noch einwandsfrei färben, in dunklen Färbungen reiben diese jedoch stark ab.

Für das Färben von Kettenbäumen bedient man sich geschlossener Spezialapparate, welche evakuiert werden können, bevor man die Küpenflüssigkeit einströmen läßt. Man erzielt dadurch ein vollständiges Netzen und Durchdringen des aufgebäumten Garnes mit Küpenflotte. Die weitere Zirkulation der Flotte wird zumeist mittels Pumpe bewirkt. Das Färben erfolgt zweckmäßig nur in einem Zuge in der Hydrosulfit-Soda- oder Hydrosulfit-Kochsalzküpe.

Eine Indigomarke, welche infolge ihrer chemischen Zusammensetzung für Apparatfärberei besonders geeignet erscheint, ist Indigo MLB Küpe II der Farbwerke Höchst a. M.

Indigo-Küpe II stellt eine konzentrierte Lösung von Indigoweißnatron dar, enthält also Indigo in reduzierter Form. Die Arbeitsweise mit Indigoküpe II ist insofern rationeller, als man die Arbeit des Ansetzens der Stammküpe und den Verlust von Indigo dabei erspart. Das Färben erfolgt vorteilhaft in der Hydrosulfit-Sodaküpe, da man bei dieser Färbeweise schon in einem Zuge ziemlich volle Indigotöne erhält, was zur Erhöhung der Produktion in der Apparatfärberei von großer Wichtigkeit ist.

Da die mangelnde Reibechtheit der Indigofärbungen häufig zu Klagen Veranlassung gibt, so pflegt man da, wo nicht absolut reine

Indigofärbungen verlangt werden, diesem Übelstand dadurch abzuhelfen, daß man die Färbungen mit einem geeigneten substantiven-
oder Schwefelblau übersetzt.   In der Regel genügt für diesen Zweck
ein Auffärben von 1—2 % eines substantiven- oder von 2—3 % eines
Schwefelblau.   Diese Arbeitsweise kann auch in der Apparatfärberei
Anwendung finden und lassen sich sowohl Cops wie Kreuzspulen als
auch Kettenbäume in der angegebenen Weise übersetzen.

Für das Färben von Indigo auf Baumwollstranggarn eignet sich die
unter „Spezial-Apparate" auf Seite 178 u. 179 beschriebene Färbemaschine
von Planella & Co., Barcelona, bzw. die von der Firma H. Krantz,
Aachen, ebenfalls mit Verbesserungen versehene und neuerdings wieder
in der Praxis eingeführte Maschine gleicher Konstruktion.

Um auch Indigofärbereien, welche die Produktionsfähigkeit der
vorgenannten Maschinen nicht voll ausnutzen können, für die also
deren Anschaffung nicht rationell erscheinen würde, das Färben von
Stranggarn mit Indigo zu erleichtern, haben die Höchster Farbwerke
eine Garnquetsche konstruiert, welche das Abwinden nicht nur vollkommen ersetzt, sondern auch Färbungen von besserer Reibechtheit
und bedeutend besserer Egalität als die durch Abwinden erzielbaren
liefert.   Diese Neuerung dürfte in Interessentenkreisen um so will-
kommener sein, als geschulte, des Abwindens kundige Arbeiter immer
rarer werden.

Bezüglich des Färbens von Indigo auf lose, zu einem lockeren
Faserband vereinigte Baumwolle verweise ich auf die unter „Spezial-
Apparate" ausführlich beschriebene Kontinue-Färbemaschine der Farb-
werke Höchst Seite 175.

Das Färben von Kardenband mit Indigo ist auf dem eingangs
beschriebenen Apparat von Diego Matthëi in Genua versucht worden,
zu diesem Zweck hat Ingenieur Matthëi einige Verbesserungen an
seinem Apparat angebracht und sollen die Versuche ein günstiges
Ergebnis gehabt haben.

5. Türkischrot.

Das Färben von Türkischrot auf Apparaten hat sich bislang noch
verhältnismäßig wenig eingebürgert.   Abgesehen von der auf Seite 181
beschriebenen Garn-Ausfärbe-Maschine für Türkischrot der Zittauer
Maschinenfabrik sind zurzeit nur zwei patentierte Verfahren bekannt,
nach welchen Cops und Kreuzspulen auf Apparaten türkischrot gefärbt werden.

Nach dem einen Verfahren arbeitet seit einer Reihe von Jahren
die Firma Feites & Kornfeld, Prag. Ihr Patentanspruch, D.R.P.
Nr. 120 464 stützt sich darauf, daß nach vorhergehendem Öl- und

Tonerdebad dem Alizarinbad der zur Entwicklung der Farbe notwendige Kalk in Form von Kalziumsaccharat zugeführt wird. Die Patentschrift hebt besonders hervor, daß der Zuckerkalk mit dem sonst unlöslichen Alizarinkalk eine völlig klare Lösung bildet, welche labil genug ist, um das Alizarin an die gebeizte Baumwolle abzugeben, indem er dabei die viel unlöslichere Verbindung mit der fettsauren Tonerde eingeht. Die Faser ist nach dem Färben mit dem in ihr entstandenen unlöslichen Türkischrot-Farblack gesättigt und gleichmäßig durchdrungen. Die Färbedauer beträgt in diesem Bad 10—15 Minuten. Nach dem Färben wird 1—2 Stunden bei 1—1½ Atm. Druck gedämpft und der Farblack dann in bekannter Weise durch Avivage zur vollen Geltung entwickelt.

Das zweite Verfahren ist der Schlesischen Türkischrotfärberei in Reichenbach (Schles.) durch D.R.P. Nr. 224 580 patentiert worden.

Aus der betreffenden Patentschrift sei folgendes hervorgehoben: Zur Ausführung des Verfahrens werden beispielsweise für 30 kg Baumwolle 4 kg Alizarin 20 % in 12 Liter Wasser durch 500 g kalz. Soda gelöst und 100 l klares Kalkwasser zugesetzt. Auch kann eine Tanninmenge von etwa 60 g zugegeben werden. Gefärbt wird anfangs kalt, dann bei langsam steigender Temperatur. Nach dem Färben, das in einer Viertelstunde beendigt ist, gibt man ein schwaches Säurebad, welches am vorteilhaftesten mit einer organischen Säure (Essigsäure, Ameisensäure, Milchsäure usw., denn weniger geeignet sind anorganische Säuren) bestellt ist, dem man geringe Mengen von Zinnsalz oder Zinnsolution, hergestellt aus Zinnchlorid und Salpetersäure, beigibt. Für obige 30 kg Garn würden 0,75 l Essigsäure 40 % in Anwendung kommen. Dieses Bad von einhalbstündiger Dauer reinigt und belebt die Färbung. Hierauf folgt ein 1—2 Stunden langes Dämpfen, bei 1—1½ Atm. Druck, wodurch die völlige Bildung und Fixation des Farklackes erreicht wird. Eine darauf folgende Avivage macht das Garn noch lebhafter und weicher.

Soweit mir bekannt, sollen die mit diesen beiden Verfahren auf Cops erzielbaren Resultate recht zufriedenstellend sein. Die Rentabilität dieser Arbeitsweise dürfte jedoch in erster Linie von der Ausnutzung eines kontinuierlichen Betriebes abhängig gemacht werden müssen. Interessenten verweise ich an die Schlesische Türkischrotfärberei, Reichenbach, welche Lizenzen zur Ausführung ihres Verfahrens abgibt.

6. Pararot.

Das Färben von Pararot auf Apparaten hat nur für Cops vereinzelt Bedeutung erlangt.

Das zeitraubende Trocknen der Cops zwischen Grundierung und Entwicklung, sowie die geringe Haltbarkeit der Entwicklungsbäder, welche sich besonders in warmer Jahreszeit schnell zersetzen und höchstens für einen Tag benutzungsfähig bleiben, dürften die Haupthindernisse für Aufnahme dieser Färbeweise bilden. Zudem gestaltet sich das Färben von Pararot auf Cops nur für solche Betriebe rentabel, welche hinreichend Beschäftigung darin haben, so daß die dafür nötigen Apparate und Trockeneinrichtungen ständig zu dem gleichen Zweck benutzt werden können.

Um rationell zu arbeiten empfiehlt es sich, zwei Apparate zu verwenden, den einen zum Naphtolieren, den anderen zum Entwickeln. Die Apparate müssen ein möglichst günstiges Flottenverhältnis aufweisen, wechselweise saugend und drückend arbeitende Flottenzirkulation besitzen und an eine kräftig wirkende Absaugevorrichtung angeschlossen sein.

Das Grundieren wird zweckmäßig auf einem größeren Apparat vorgenommen, um die nötige Anzahl Cops zu naphtolieren, welche man nach erfolgtem Trocknen am nächsten Tage zur vollen Ausnutzung des Entwicklungsbades benötigt.

Zum Entwickeln bedient man sich kleinerer Apparate mit möglichst handlichen Materialträgern, die sich in kürzester Zeit durch Anziehen einer Gegendruckspindel an die Flottenleitung anschließen lassen.

Als besonders geeignet für das Grundieren und Entwickeln von Pararot auf Cops erscheint mir beispielsweise der Revolver-Färbeapparat der Firma H. Krantz, Aachen, obgleich dieser meines Wissens für den genannten Zweck bisher noch nicht verwendet wurde. Die Arbeitsweise auf diesem, in Fig. 71 illustrierten Apparat hätte in der Weise zu erfolgen, daß der eigentliche Färbeapparat zum Naphtolieren der Cops benutzt wird, während der möglichst klein zu haltende Netzapparat zum Entwickeln dient und mit einer Vorrichtung zur Ergänzung der Flotte ausgerüstet sein müßte. Das Spülen resp. Seifen der Cops könnte auf dem Spülapparat ausgeführt werden.

Das Entwicklungsbad muß möglichst konzentriert angewendet werden und die Flottenzirkulation schnell und kräftig einsetzen, da die Kuppelung momentan erfolgt.

Die Naphtolierungs- und Entwicklungsbäder müssen jedesmal nach Durchnahme eines Copsmaterialträgers entsprechend verstärkt und ihnen die abgesaugten Flotten wieder zugeführt werden.

Ein schönes Pararot auf Cops erhält man nach folgender Arbeitsweise: Man beschickt den Naphtolierungsapparat mit einer Lösung, welche 25g B-Naphtol und 40 ccm Natronlauge 22 ⁰ Bé sowie 60 ccm Natrontürkischrotöl im Liter enthält, bringt den mit trockenen Cops besetzten Materialträger ein und läßt die Flotte bei 60 ⁰ C. eine halbe Stunde zirkulieren. Sodann werden die Cops gut abgesaugt und auf geeigneten, mit Stiften versehenen Lattengestellen, also aufrechtstehend und sich nicht berührend, in Trockenapparaten mit guter Ventilation bei einer Temperatur, welche 50 ⁰ C. nicht übersteigen darf, getrocknet. Man trocknet zweckmäßig über Nacht, um Zeit zu sparen, muß sich aber durch Aufziehen eines Probecops überzeugen, daß die Cops vollständig, auch im Innern trocken sind, ehe sie zur Entwicklung kommen.

Zum Ansetzen des Entwicklungsbades verwendet man pro 10 l Flotte 210 g Paranitranilin extra, welches man mit wenig kaltem Wasser anteigt, sodann fügt man 525 ccm Salzsäure konz. unter Umrühren zu.

Nachdem man die Lösung mit Eis auf 5⁰ C. abgekühlt hat, fügt man langsam 500 ccm einer Lösung von 290 : 100 Natronlauge zu und verrührt gut, bis eine klare Lösung entsteht, welche man durch ein Filtertuch dem mit kaltem Wasser beschickten Apparat zusetzt. Zum Abstumpfen fügt man noch 45 g essigsaures Natron pro Liter Flotte bei. Dieses möglichst kalt zu haltende Entwicklungsbad läßt man ca. 5 Minuten durch die Cops zirkulieren, saugt die überschüssige Flotte möglichst vollständig ab, spült gut und seift ev. heiß, wodurch man etwas blauere, klarere, weniger abreibende Färbungen erhält.

Dritter Teil

Die Färberei der Wolle auf Apparaten.

A. Apparatsysteme und Beschickung der Apparate.

Das Bedürfnis, der Wolle die ihr von Natur eigene Kräuselung, Elastizität und Weichheit zu erhalten, sowie das Bestreben, das zu Garn verarbeitete Wollgespinst vor dem Verfilzen zu bewahren, haben in der Hauptsache dazu geführt, das bisher gebräuchliche Verfahren des Färbens im Kessel oder im Bottich zu verlassen und Wollmaterial jeder Art auf Apparaten zu färben. Keine Manipulation in der Färberei ist bekanntlich dem Wollmaterial nachträglicher, keine beeinflußt Glanz und Griff desselben mehr, als starkes und anhaltendes Hantieren in kochenden Farbbädern; und zwar treten diese Übelstände um so mehr zutage, je feiner und mithin kostspieliger das Wollmaterial ist. Man ist daher mit Recht von der Idee ausgegangen, Färbeapparate zu konstruieren, welche nach dem Prinzip des ruhenden Materials und der kreisenden Flotte arbeiten. Unter diesen Systemen hat man zu unterscheiden zwischen Apparaten, in denen das Material in gepacktem Zustande gefärbt wird und solchen, die ein Färben des Materials in Form von aufgesteckten Wickeln vorsehen.

1. Apparate mit Packsystem.

Packapparate haben in der Wollfärberei eine noch größere Bedeutung und Verbreitung erlangt als in der Baumwollfärberei. Man benutzt sie zum Färben von loser Wolle jeder Provenienz und erzielt dadurch neben Ersparnissen an Arbeitslohn und Dampf eine wesentlich bessere Spinnfähigkeit des Materials gegenüber der Kesselfärberei.

Ein ausgedehntes Anwendungsgebiet haben diese Apparate ferner gefunden zum Färben von Wollgarnen aller Art, und zwar ist man zu dieser Färbemethode übergegangen, einerseits aus ökonomischen Gründen, andererseits der Schonung des Materials wegen. Erst seit Einführung geeigneter Packapparate ist es möglich geworden, feinste Nummern einfacher Wollgarne zu färben, ohne Gefahr zu laufen, diese zu verfilzen oder zu verwirren. Natürliche Weichheit und Glanz der Garne bleiben zudem beim Färben im Apparat vollkommen erhalten.

Vereinzelt werden Packapparate auch benutzt für das Färben von Wollkreuzspulen, sofern diese nicht zu fest gewickelt und für Stapelfarben, speziell schwarz bestimmt sind; desgleichen zum Färben von Kammzug.

Es sind seit einer Reihe von Jahren eine ganze Anzahl von Apparaten zum Färben im Packsystem auf den Markt gebracht worden, die für Wollmaterial geeignet sind und sich mehr oder weniger in der Praxis eingeführt haben. Allen gemeinsam ist das Prinzip, das in runden oder viereckigen Bottichen eingepackte, also ruhende Material, mit kreisender Flotte beständig entweder in einer Richtung oder wechselseitig zu durchdringen.

Die zum Einpacken des Materials dienenden Behälter werden aus Kupfer, Holz oder Nickelin hergestellt. Holz stellt sich wesentlich billiger als Kupfer und ist, falls abgelagertes, astfreies Pitchpineholz verwendet wird, annähernd ebenso lange haltbar, es besitzt nur den Nachteil, Farbstoffe leicht aufzusaugen und wieder abzugeben. Bei häufigem Wechsel der Farben, besonders in stark abweichenden Tönen, muß man den Apparat daher einigemale auskochen, um Farbfleckenbildung zu vermeiden. Kupfer kommt hauptsächlich zur Anwendung bei Apparaten mit auswechselbaren Materialbehältern.

Die Verwendung von Kupfer hat den Übelstand im Gefolge, daß eine ganze Reihe Farbstoffe nachteilig davon beeinflußt werden. Man muß deshalb bei Ingebrauchnahme von kupfernen Apparaten die Vorsicht anwenden, beim Ansatz der Farbbäder ca. $\frac{1}{2}-1\%$ Rhodanammonium vom Gewicht der Ware zuzugeben, ehe man die übrigen Zusätze macht. Bei längerem Gebrauche überzieht sich das Kupfer mit einer Oxydschicht, welche die Nachteile der Kupferbeeinflussung zum größten Teil aufhebt oder doch wesentlich herabmindert, daher nicht etwa durch Abwaschen entfernt werden darf. Häufig wird die Vorsicht gebraucht, auf neuen Apparaten erst eine Anzahl Partien mit einem nicht metallempfindlichen Nachchromierungsschwarz zu färben, damit sich die Metallteile mit der schützenden Oxydschicht überziehen, ehe man andere diffizilere Farbtöne darauf färbt.

Nickelin stellt das sauberste, indifferenteste aber auch teuerste Material dar. Es wird nur verhältnismäßig selten zur Herstellung von Apparaten verarbeitet und nur dann gern genommen, wenn es sich um die Herstellung besonders diffiziler, heller Farben handelt; auch kommt es fast nur für Aufsteckapparate in Frage.

Die Pumpen und sonstigen Armaturen werden zumeist aus Phosphorbronze oder Nickelin gefertigt, auch Hartblei ist vereinzelt im Gebrauch, besonders bei Apparaten, in denen die Flotte nicht unter Druck steht, sogenannten Übergußapparaten. Speziell wendet man Hartblei in der Sauerbadfärberei an, da es gegen saure Farbflotten

widerstandsfähiger ist als Kupfer. Für die Rohrleitungen eignet sich
Kupfer am besten, ev. auch Hartblei. Die Verwendung von Eisen
muß bei der Konstruktion von Wollfärbeapparaten möglichst vermieden werden, da Eisen durch die sauren Farbbäder zu stark angegriffen wird und der sich ansetzende Rost fleckenbildend wirkt. Man
findet daher eiserne Apparate nur selten in Wollfärbereien, und da,
wo sie im Gebrauch sind, beschränkt sich ihre Anwendung zumeist auf

Fig. 112a. Woll-Färbeapparat mit Injektor, System Rößler.

die Herstellung eines nicht eisenempfindlichen Nachchromierungsschwarz
auf loser Wolle. Die bei dieser Färbeweise zur Verwendung kommenden
schwach essigsauren Bäder üben keinen allzu zerstörenden Einfluß auf
das Eisen aus. Zudem überzieht sich das Metall nach einiger Zeit mit
einer schützenden Schicht von Farbstofflack, so daß die Apparate
nur bei längerem Stillstand Rostansatz zeigen. Es ist daher von Vorteil, wenn eiserne Apparate ständig im Gebrauch sind. Bei Stillstand
des Betriebes während einiger Tage füllt man eiserne Apparate zweckmäßig mit Sodaflotte auf, um das Rosten zu vermeiden.

Die Flottenzirkulation der Apparate ist je nach dem zur Verwendung
gelangenden Bewegungsfaktor und je nach der Durchströmungsan-
ordnung verschieden und wird bewirkt entweder mittels Injektor oder

Dampfstrahlgebläse oder mittels Propeller oder durch Kreiskolben-
oder Zentrifugalpumpe.

Injektoren, sei es daß diese in einem in der Mitte des Apparates
aufsteigenden Rohre oder in einem an einer oder an zwei Seiten des
Apparates angeordneten Gehäuse untergebracht sind, saugen mittels
Dampfdüsen die Flotte aus dem unteren Flottensammelraum an, die

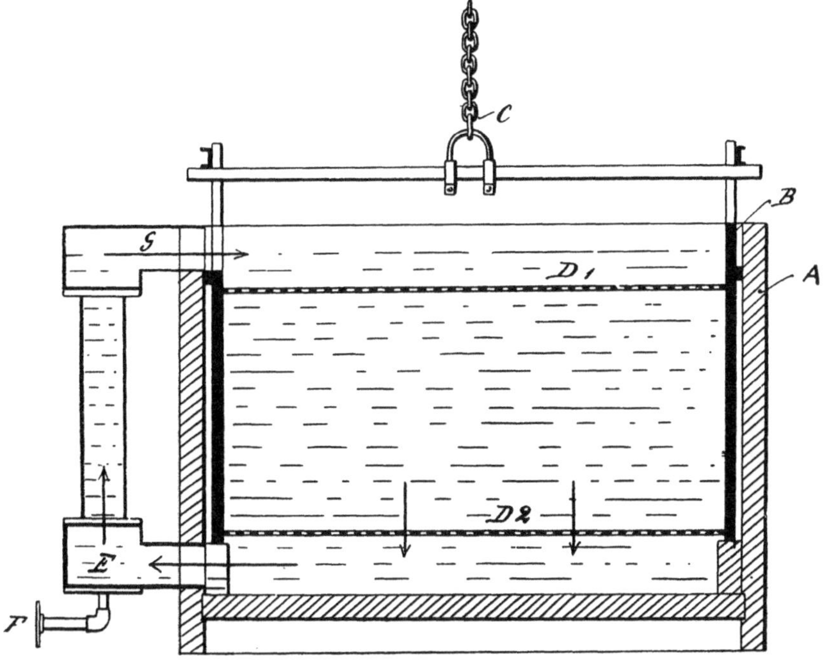

Fig. 112b. Woll-Färbeapparat mit Injektor und heraushebbarem Materialbehälter, System Rößler.

Flotte steigt in den Rohren nach oben und ergießt sich über
das eingepackte Material. Die Durchströmung der Flotte durch
das Materialgeschieht daher bei diesen Apparaten nur von oben
nach unten.

Die Materialschicht darf nicht zu hoch bemessen und nicht zu
fest gepackt sein, da die Durchdringung nur mittels des Druckes der
auf dem Material lastenden Flottensäule erfolgt.

Fig. 112a und 112b zeigen Apparate dieser Art, welcher von der
Firma Hubert Rößler, Weisweiler bei Aachen gebaut werden.

Seitlich an einem Holzbottich befindet sich ein Rohr, welches
oben und unten durch Kammern mit dem Bottich in Verbindung steht.

Innerhalb des Rohres steht ein Injektor. Die obere Kammer läßt sich durch einen Schieber verstellen, und die Flottenförderung, je nach der Menge des zu färbenden Materials, regulieren. Innerhalb des Bottichs befinden sich 2 Siebböden. Zwischen diese wird das Material trocken eingelegt und, nachdem Wasser zugegossen, das mit dem Injektor in Verbindung stehende Dampfventil geöffnet. Der Injektor ist so angeordnet, daß das Wasser sofort in die lebhafteste Zirkulation versetzt wird, die nicht nachläßt, wenn auch die Kochtemperatur erreicht ist. Während beim kalten Wasser zur gleichzeitigen Erwärmung sich die Öffnung des ganzen Ventils empfiehlt, genügt bei kochendem Wasser schon $\frac{1}{4}$ Ventilöffnung für den Umlauf.

Die Apparate sind im Innern vollständig frei, während des Färbens oben offen. Man hat das Färbegut fortwährend unter Augen und kann alle diejenigen Maßregeln treffen, die zur ordnungsmäßigen Durchführung des Färbens notwendig sind. Ist der Färbeprozeß beendet, wird das Wasser entweder laufen gelassen, in ein Reservoir gepumpt oder am allerbesten in einen zweiten inzwischen fertig gefüllten Apparat geleitet. Das Material wird alsdann im Bottich gespült nnd hernach bequem mit der Hand ausgeworfen.

Fig. 112a stellt einen Apparat älteren Systems in runder Form ohne herausnehmbaren Einsatz dar, Fig. 112b einen Apparat neuerer Konstruktion in viereckiger Form mit herausziehbarem Einsatzkessel. Die neuere Anordnung bietet den Vorteil, daß man das ganze Färbegut nach beendigtem Färben herausheben und in einen zweiten Apparat zwecks Spülens einsetzen kann. Die Farbflotte läßt sich für die nächste Partie, ohne übergepumpt zu werden, ev. gleich weiter verwenden und unter Benutzung zweier Einsatzkessel läßt sich die Produktion wesentlich steigern.

Fig. 113 ist die Querschnittzeichnung eines der Firma Adolf Urban, Sagan in Schles., patentierten Apparates, welcher unter Verwendung eines Dampfstrahlgebläses arbeitet. Zur Erläuterung diene folgendes: a ist der Fassungsraum für das Färbegut, welcher oben und unten durch Siebböden b, c begrenzt wird. Der Material-Fassungsraum wird vom Steigerohr d durchdrungen, welches oben die Prellklappe e trägt. Unter dem Boden c befindet sich der Flottensammelraum f. Dieser wird gegen das Färbegut, wenn die Flotte den Weg durch das Steigerohr d nehmen soll, durch den Wasserverschluß g abgeschlossen. Soll die Flotte umgekehrt fließen, so ist dieser Wasserverschluß durch Klappen r aufgehoben und ein anderer h ist in dem Steigerohr d eingesetzt. Im Flottensammelraum liegt die Heizschlange i und das Druckluftrohr k. l ist ein Luftdruckapparat mit Farbezusatzstutzen. Der Färbebottich ist mit einem Deckel mit Schauloch verschlossen und mit einem geeigneten Ablaßhahn versehen.

Die Flottenzirkulation wird zunächst durch Luftdruck, welcher mittels Dampfstrahlgebläses erzeugt wird, bewirkt; sobald die Flotte kocht, wird das Dampfstrahlgebläse abgestellt, und die Flotte zirkuliert durch den eignen Kochprozeß.

Beim Beschicken des Apparates ist zu beachten, daß die Flotte ca. 300 mm über dem perforierten Boden c steht, da dieses Flottenquantum zum Betriebe des Apparates stets notwendig ist.

Sobald das Material eingepackt ist, wird der perforierte Boden b mittels der Contremutter am Steigerohr d so gestellt, daß er ca. 100 mm vom Material absteht; alsdann wird die Prellkappe e aufgeschraubt und der Apparat ist fertig zum Betrieb.

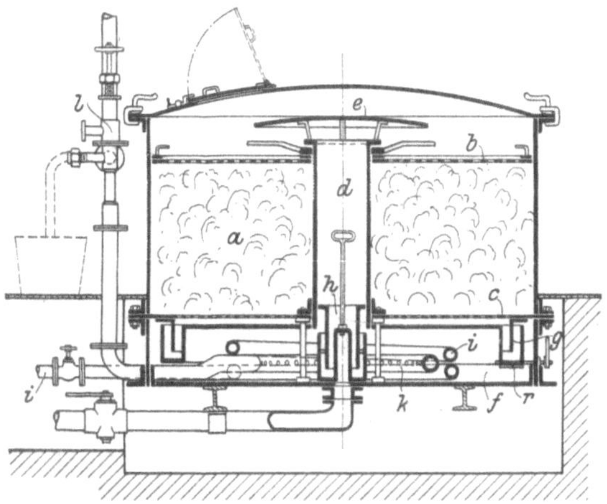

Fig. 113. Wollfärbeapparat, System Urban.

Sowohl die Apparate System Rößler, wie die des System Urban eignen sich speziell zum Färben von loser Wolle, Lumpen, Abfallmaterial usw., können aber auch für Garne besonders in Schwarz Verwendung finden.

Die Apparate dieser Art haben den Vorzug, billig in der Anschaffung zu sein und keine mechanische Antriebskraft für die Flottenförderung zu benötigen. Sie eignen sich aber nur zum Färben mit leicht egalisierenden Farbstoffen, da der durch die Dampfdüsen ausströmende Dampf die Farbflotte sehr schnell erwärmt. Ein langsames „zum Kochen treiben", wie es bei schwerer egalisierenden Farbstoffen erforderlich, ist daher nicht angängig. Immerhin haben diese Apparate eine ziemliche Verbreitung speziell für lose Wolle gefunden, da bei dieser manche Ungleichheiten in der Farbe durch den Spinnprozeß wieder ausgeglichen werden.

Apparate, welche mit einem mechanischen Bewegungsfaktor (Propeller oder Pumpe) ausgerüstet sind, haben den Injektor- und Dampfstrahlgebläse-Apparaten gegenüber den Vorteil, daß die Erwärmung der Farbflotte unabhängig von deren Förderung ist und beliebig reguliert werden kann, zudem ist die Flottenzirkulation eine energischere, man ist daher in der Lage, auch schwerer egalisierende Farben auf diesen Apparaten zu färben.

Je nach Anordnung eines einseitigen oder wechselseitigen Flottenkreislaufes lassen sich innerhalb dieses Systems drei Gruppen unterscheiden, und zwar:

1. Apparate, in welchen die Flotte in einer Richtung durch das Material gedrückt wird.

2. Apparate, in denen die Flottenzirkulation in einer Richtung durchsaugend erfolgt.

3. Apparate, in welchen die Flotte abwechselnd in entgegengesetzter Richtung durch das Material zirkuliert.

Typisch für die erste Kategorie ist der bekannte Obermaier-Apparat, welcher für die meisten derartigen Konstruktionen vorbildlich geworden ist.

Fig. 114 veranschaulicht eine Wollfärbereianlage mit Obermaier-Apparaten. Konstruktion und Wirkungsweise des Apparates ist unter Baumwollfärberei auf Seite 101 bereits ausführlich beschrieben.

Desgleichen verweise ich auf die nach dem Obermaier Prinzip arbeitenden Apparate von C. G. Haubold jr., Zittauer Maschinenfabrik, J. G. Lindner, Scholz & Matthesius und U. Pornitz & Co.

Auch auf die, ebenfalls für einseitige Flottendurchströmung in horizontaler Richtung eingerichteten Apparate von: G. Wörner, Jean Schmitt, und Wilh. Schiffers sei an dieser Stelle nochmals hingewiesen.

All diese Apparate können ebenso wie in der Baumwollfärberei, auch in der Wollfärberei Anwendung finden, sofern Holz und Kupfer an Stelle von Eisen für ihre Konstruktion verwendet wird. Sie eignen sich vorzugsweise zum Färben von loser Wolle, Lumpen, Abfallmaterial usw., werden aber auch hier und da zum Färben von Garnen, besonders für Schwarz benutzt.

Die Apparate der zweiten Kategorie mit Flottenkreislauf von oben nach unten in saugender Wirkung dienen in der Hauptsache zum Färben von Wollstranggarnen, sie werden vor allem deshalb für diesen Zweck verwendet, weil in ihnen das Material keine so starke Pressung erleidet, als in den unter Flottendruck von innen nach außen arbeitenden Systemen, der Wollfaden bleibt daher runder und offener. Da andererseits Stranggarne leichter durchlässig für Flüssigkeiten sind als die in feuchtem Zustand zu einem festen Block zusammensinkende lose Wolle, so genügt

Fig. 114 Wollfärbereianlage mit Obermaier-Apparaten.

die Flottenzirkulation mit saugender Wirkung vollkommen für dieses Material, zumal wenn, wie dies meistens der Fall, in den Apparaten eine Trennung einzelner Garnschichten vorgesehen ist.

Es kommt noch ein weiterer Umstand hinzu, welcher Apparate dieser Art zum Färben von Wollgarnen besonders geeignet erscheinen läßt, dies ist die Beschränkung der Metallverwendung auf das geringste Maß.

Materialbehälter aus Metall sind gänzlich vermieden, die Garne werden statt dessen in Holzbottiche eingeschichtet und lagern auf Latten- oder Geflechtböden, ebenso sind Holz- oder Geflechtdeckel vorgesehen.

Die Garne kommen also in keiner Weise mit Metall in direkte Berührung, es wird dadurch einerseits der Einwirkung des Metalls auf die Farbstoffe, andererseits der Fleckenbildung durch Anliegen der Garne tunlichst vorgebeugt. Selbstverständlich lassen sich diese Apparate auch zum Färben von losem Material benutzen, sofern die Materialschicht nicht zu hoch bemessen wird. Nachstehend seien einige dieser Kategorie angehörende Apparate beschrieben:

Der Automat-Färbeapparat der Firma Wegel & Abbt, Mühlhausen i. Thür., Fig. 115, besteht aus einem Flottenbottich und zwei, Ausfärbebottichen, welche gegenseitig durch Rohre verbunden sind.

Fig. 115. Automatfärbeapparat, System Wegel & Abbt.

Im Innern des Flottenbottichs ist eine Kataraktumlaufpumpe aufgestellt, deren drehbares Auswurfrohr abwechselnd den einen oder anderen der beiden Ausfärbebottiche mit Flotte beschickt.

Der Arbeitsvorgang ist folgender: Die zu färbenden Materialien werden möglichst gleichmäßig in die Bottiche eingeschichtet und nach Fertigstellung der Farbflotte wird die Kataraktumlaufpumpe in Betrieb gesetzt. Während des Färbeprozesses ist keinerlei Bedienung nötig, da der Apparat selbständig arbeitet und die Kataraktpumpe die Flotte in permanenten Kreislauf versetzt.

Nach Fertigstellung einer Färbung wird das Auslaufsrohr der Pumpe nach dem anderen Bottich geleitet, der inzwischen mit weiteren Materialien gefüllt wurde, und nach Ergänzung der Farbflotte beginnt die neue Färbung. Mit Ausnahme der für die Umschaltung benötigten wenigen Minuten kann der Apparat fortgesetzt in Betrieb gehalten werden.

Der Apparat eignet sich in der Hauptsache zum Färben von Wollgarnen mit sauer ziehenden gut egalisierenden Farbstoffen, auch für loses Material ist der Apparat benutzbar, wenn man die Vorsicht gebraucht, in dem einen Bottich zu färben, dann die Wolle in den anderen Bottich umzupacken und dort zu chromieren.

Der Färbeapparat der Firma Sächs. Anhalt. Armaturenfabrik & Metallwerke A.-G., Bernburg, dessen Beschreibung ich einem Sonderabdruck der Textil- und Färberei-Zeitung, Heft 12, Jahrgang 1911 entnehme, besteht, wie aus Fig. 116 ersichtlich, aus einem runden Bottich, mit im Innern angeschraubten Konsolen, auf welchen die zur Aufnahme des Färbegutes dienenden metallenen Materialträger mit Rohrhorden ruhen, einer Zentrifugalpumpe nebst den nötigen Rohrleitungen, einem Wechselventil, einem Ablaßventil, einer Dampfschlange mit Absperrventil und einem über dem Färbeapparat aufzustellenden Flottenbehälter (welcher in der Abbildung nicht veranschaulicht ist) mit Dampfschlange.

Die Handhabung des Apparates ist eine sehr einfache. Die Flotte wird in dem Flottenbehälter angesetzt und mittels der Dampfschlange angewärmt. Der Färbebottich, welcher durch die Anordnung der Konsolen in einzelne Etagen eingeteilt ist und von welchen die unterste als Flottensammelraum ,die übrigen als Materialräume dienen, wird während dieser Zeit bepackt, und die Flotte alsdann durch Umstellung des Wechselventils von unten in den Apparat gelassen. Ist dieser gefüllt, so wird das Wechselventil wieder geschlossen und die Zentrifugalpumpe in Tätigkeit gesetzt. Diese saugt die Flotte von unten aus dem Bottich ab und drückt sie durch den im oberen Flottenkammerraum angeordneten Flottenverteiler wieder in den Apparat zurück. Es findet also nur eine einseitige Flottenzirkulation statt. Mittels der im Flottenkammerraum angeordneten Dampfschlange wird die Flotte zum Kochen gebracht; es benötigt der Apparat bis zur Beendigung des Färbeprozesses, welcher je nach Art des Materials ca. 1 Stunde beträgt, keinerlei Wartung. Nach Beendigung des Färbeprozesses kann die Flotte entweder durch Umstellen des Wechselventils in das Flottenreservoir zurückgepumpt werden oder durch das an der tiefsten Stelle angeordnete Ablaßventil abgelassen werden. Das gefärbte Material wird alsdann gespült und ausgepackt. Der Antrieb der Zentrifugalpumpe erfolgt entweder durch Riemen, und ist die Pumpe zu diesem Zwecke mit Fest- und Losscheibe versehen, oder, falls keine Transmission vorhanden ist, mittels ventiliert gekapseltem Elektromotor, welch letzterer direkt mittels elastischer Lederbandkuppelung mit der Pumpe verbunden ist, so daß ein Zwischen- oder Rädervor-

gelege nicht angewendet zu werden braucht. Ist auch keine
Elektrizität vorhanden, so kann der Antrieb durch jeden anderen
Motor erfolgen.

Fig. 116. Bernkurger Einbottichfärbeapparat.

Dadurch, daß der Färbebottich in einzelne Etagen eingeteilt ist
und die Materialträger auf den an den Bottichwänden angeschraubten
Konsolen ruhen, erhält man im Innern des Färbebottichs eine vollständig freie Auflagefläche für das Material, wodurch ein Zerreißen

und Verfilzen desselben ausgeschlossen ist und eine vollständig gleichmäßige Durchfärbung gewährleistet wird. Durch die eigenartige und leichte, dabei doch stabile Konstruktion der Materialträger und dadurch, daß diese an dem äußeren Peripheriekranz mit Aussparungen versehen sind, welche größer sind als die angeschraubten Konsolen, ist ein einzelner Arbeiter imstande, diese bequem heraus und hinein zu heben und durch eine kleine Drehung auf den einzelnen Etagen festzulegen.

Die größeren Apparate werden mit viereckigem Färbebottich und ebenfalls mit auf Konsolen ruhenden und herausnehmbaren metallenen Materialträgern ausgeführt. Die Ausführung ist sonst dieselbe wie bei dem runden Bottich, nur sind die an den Bottichwänden angeschraubten Konsolen nach unten versetzt und die Aussparungen in den Materialträgern in jeder Etage um die obere Konsolbreite länger. Auf diese Weise ist es möglich, auch die viereckigen Materialträger bequem heraus und hinein zu heben und auf den einzelnen Etagen festzulegen, ohne die Konsole losschrauben zu müssen.

Der Apparat wird für gewöhnlich in 4 Größen ausgeführt, und zwar für 12,5, 25, 50 und 100 kg Färbegut. Die Ausführung der Bernburger Einbottich-Färbeapparate erfolgt in Pitschpineholz, wobei Konsole, Materialträger, Zentrifugalpumpe, Wechselventil usw. aus säurebeständiger Phosphorbronze und Rohrleitungen aus Kupfer gearbeitet sind.

Um größere Partien schneller färben zu können, werden die Apparate, wie Fig. 117 zeigt, auch als Doppelapparate ausgeführt.

Der Vorteil dieser Ausführung besteht darin, daß, während in dem einen Bottich gefärbt wird, der andere entleert und wieder frisch bepackt werden kann. Durch einfaches Umschalten der Ventile kann alsdann sofort weiter gefärbt werden.

Der Apparat ist speziell zum Färben von Wollgarnen, sowohl mit sauren wie mit Chromierungsfarbstoffen, geeignet.

In Fig. 118 ist ein speziell zum Färben von Wollgarn im Strang geeigneter Apparat der Firma J. G. Lindner, Grimmitschau, veranschaulicht, welcher sich bereits in zahlreichen Betrieben als praktisch und zuverlässig nicht allein für saure, sondern auch für Chromierungsfarben erwiesen hat. Die Konstruktion und Wirkungsweise des Apparates ist aus der Abbildung ersichtlich und möge zur Erläuterung der Arbeitsweise noch folgendes dienen:

Das Farbgut wird zwischen den übereinander angeordneten Siebböden locker eingelegt, und entsteht während des Färbens zwischen jedem Materialfach ein Flottenmischraum, so daß nur gründlich gemischte Flotte für alle Teile des Farbgutes zirkuliert. Das Garnmaterial verändert während der Dauer des Farbprozesses seine Lage nicht. Die

Fig. 117. Bernburger Doppelfärbeapparat.

Bildung von Kanälen innerhalb der eingelegten Farbgutschichten
ist gänzlich ausgeschlossen, da die Flotte nur von einer Seite
zirkuliert.

Der Färbebottich ist rechteckig geformt und läßt sich solcher infolgedessen bequem packen. — Die Flotte wird in dem über dem Färbebottich angeordneten Flottenbehälter angerichtet und in diesem Behälter befindet sich auch die Einrichtung für die kontinuier-

Fig. 118. Färbeapparat für Wollgarn im Strang, System Lindner.

liche Erhitzung der Flotte während des Farbprozesses, und zwar ist der Flottenbehälter in entsprechende Verbindung gebracht mit der Flottenzirkulationspumpe und dem Färbebottich dergestalt, daß die zirkulierende Flotte zuerst den Flottenbehälter passiert und dann dem Färbebottich zufließt. Da es sich um ein beständiges Zu- und Abfließen handelt, so ergibt sich, daß der Stand der Flotte in dem Flottenbehälter nur in Höhe der Heizschlangenwindungen am Boden sein muß, und ist deshalb ein Mehr an Flottenmenge nicht erforderlich. Die Einrichtung mit der vollständig separierten Heizvorrichtung hat den Zweck, die schädlichen Einwirkungen auf das Farbgut, die sich bei Vorhandensein der Beheizung im Färbebottich ergeben, gänzlich zu beseitigen. Ein Verfilzen des Materials und Ungleichmäßigkeiten in der Ausfärbung, hervorgerufen durch die naturgemäß stärkere Erhitzung der Flotte in der Nähe der Heizvorrichtung, ist somit vermieden. Auch ist dadurch erreicht, daß mit vollständig kochender Flotte gegebenenfalls gearbeitet werden kann, der Färbebottich ohne Heizvorrichtung ist und deshalb nicht überkochen kann. Die Flottenzirkulationspumpe hat bei dieser Einrichtung nicht mit Dampfbildung innerhalb ihrer beweglichen Teile zu kämpfen. Aus diesem Grunde arbeitet die Pumpe auch bei kochender Flotte fast geräuschlos und mit stets gleichbleibend intensiver Wirkung. In besonderen Fällen kann selbstverständlich auch jederzeit eine Heizvorrichtung im Färbebottich angeordnet werden.

Es ist bei dem vorliegenden Apparattyp insbesondere noch Wert gelegt auf eine äußerst starke und für alle Schichten des Farbgutes gleichmäßige Flottenzirkulation. Die Flotte wird an 8 gleichmäßig verteilten Stellen abgesaugt und von oben breit auf das Material gebracht. Alle Schichten des Farbgutes besitzen deshalb eine erhöht intensive Flottenzirkulation. Die Tourenzahl der Pumpe beträgt nur etwa 120 pro Minute und ist daher der Kraftbedarf sehr gering.

Zufolge der Konstruktion des Apparates ist man nicht an die Färbung bestimmter Quanten gebunden; es können auf einem Apparat auch kleinere Partien, als das eigentliche Fassungsvermögen ausmacht, gefärbt werden, ohne indes ein ungünstigeres Flottenverhältnis zu erhalten.

Die Arbeitsweise ist eine durchaus zuverlässige und bequeme. Ist das Färbegut in dem Färbebottich zwecks Färbens eingepackt und die Flotte in dem Flottenbehälter angerichtet, dann wird die Flotte durch entsprechende Stellung der Ventileinrichtung durch die Pumpe von unten dem Färbebottich zugeführt, so daß mit dem Eindringen der Flotte die in dem Garnmaterial vorhandene Luft nach oben entweicht. Dadurch ist die Bildung von Luftstellen in den Ausfärbungen, speziell bei feinen Kammgarnen, Zephirgarnen usw., vermieden. Zwecks Musterns der Partien wird durch Schließung des Ventils in dem Flottenbehälter die gesamte Flotte nach letzterem gepumpt und können dann beliebig ganze Stränge zum Zwecke des Musterns aus dem Färbebottich entnommen werden. Der Zusatz der Säuren usw. erfolgt durch einen am Flottenbehälter besonders angeordneten Topf mit Hahn. Durch entsprechende Stellung des Hahnes kann die Menge des Zusatzes und Zeitdauer genau eingeteilt werden.

Es zirkuliert demnach nur gründlich gemischte Flotte und ist dadurch selbst bei mehrmaligem Zusetzen und Mustern eine absolute Egalität der Ausfärbung gewährleistet. Für die Spülung ist ein besonderer Wasseranschluß vorgesehen.

Der Apparat wird in verschiedenen Größen gebaut, und zwar für eine Fassung von je 25, 50, 75, 100 und 150 kg pro Partie.

Fig. 119. Färbeapparat für Garne und loses Material mit Auflockerungsvorrichtung, System Gruhne.

Fig. 119 zeigt eine ebenfalls mit Flottenlauf von oben nach unten das Material durchdringende Apparatkonstruktion der Firma Oswald Gruhne, Görlitz, in welcher ein durch D. R. P. Nr. 215 700 geschütztes Verfahren zur Anwendung gebracht ist, um das Material während des Färbens aufzulockern, und zwar soll hierdurch einerseits einem zu festen Zusammenpressen des Materials wirksam vorgebeugt, andererseits die Bildung von Luftflecken vermieden werden.

Dieses Verfahren sowie der Apparat seien nachstehend kurz beschrieben: Der Holzbottich des Apparates ist durch eine senkrechte Holzwand in zwei Teile geteilt, von denen der größere als Materialraum, der kleinere als Flottenheiz- und Mischraum dient. Das Material wird in üblicher Weise in einer oder besser in einigen durch durchlässige Böden getrennten Schichten in den Apparat gebracht, wobei die viereckige Form des Bottichs für das gleichmäßige Einlegen der Garnsträhne sehr zweckdienlich ist. Die Flotte wird während des Färbens unterhalb des Materials abgesaugt und durch die Pumpe in den Flottenheizraum geführt, von wo sie über die niedrige Wand zwischen diesem und dem

Materialraum unmittelbar in den letzteren eintritt und das Material in der Richtung von oben nach unten durchdringt. Um nun dem infolge der Flottenströmung nach und nach eintretenden Zusammenpressen des Materials entgegenzuwirken, wird durch die gleichzeitige Umschaltung zweier durch Hebel verbundener Dreiweghähne die Flotte aus dem Heiz- und Mischraum abgesaugt und durch die Pumpe in den unteren Teil des Materialraumes geführt. Hierbei wird automatisch das Ventil eines in die Flottenleitung eingebauten Luftsaugeapparates geöffnet und es treten nun gleichzeitig Flotte und Luft in der Richtung von unten nach oben durch das Material. Durch die aufsteigenden Luftblasen wird das Material in schonender aber wirkungsvoller Weise aufgelockert; es werden aber auch zugleich die im Material haftenden kleinen Luftbläschen, welche infolge ihres geringen Auftriebes während der Abwärtsbewegung der Flotte nicht entweichen können, mit fortgeführt, so daß Luftpunkte und hellere Stellen sicher vermieden werden. Für diese Auflockerung genügt der kurze Zeitraum einer Minute, worauf die beiden Dreiwegehähne in ihre frühere Stellung zurückgebracht werden, und die Flotte durchdringt nun in erleichterter Weise das Material wieder in der Richtung von oben nach unten, bis eine wiederholte Auflockerung desselben erforderlich erscheint. Der Heizraum wird sowohl mit geschlossener Dampfschlange, als auch mit offenem Heizrohr versehen, so daß die Erwärmung der Flotte nach Belieben direkt oder indirekt erfolgen kann. Infolge seiner Einfachheit ist der Apparat der Abnutzung und Reparaturen nur wenig unterworfen.

In Apparaten der dritten Kategorie wird die Farbflotte mittels Propeller oder Zentrifugal- oder Kreiskolbenpumpe zunächst in vertikaler Richtung von unten nach oben durch das eingepackte Material gedrückt, sodann mittels Umschaltung der Umdrehungsrichtung des Propellers oder der Pumpe der Kreislauf der Flotte verändert, so daß diese dann von oben nach unten durch das Material gesaugt wird. Bei Verwendung von Zentrifugalpumpen, welche bekanntlich Flüssigkeiten nur nach einer Richtung fördern können, wird der Wechsel des Flottenkreislaufs durch Einschaltung eines Vierwegehahnes bewirkt, dessen Umstellung die beiden zum Apparat führenden Verbindungsrohre abwechselnd als Druck- oder Zuleitungsrohr der Flotte für die Pumpe dienen läßt.

Die Apparate mit umschaltbarem Flottenkreislauf vereinigen in sich die Flottenbewegung der beiden vorgenannten Systeme. Sie dienen vor allem zum Färben von losem Material in großen Partien, werden aber auch in besonders dafür geeigneten Konstruktionen zum Färben von Stranggarn und Kreuzspulen im Packsystem verwendet.

Aus dieser Gruppe seien folgende Apparate erwähnt und erläutert: Der automatische Färbeapparat der Firma Eduard Esser & Co.,

Görlitz, besteht in der Hauptsache aus einem Bottich aus möglichst astfreiem Pitchpineholz, in dessen unterem Teile ein starker, verzinnter, kupferner Siebboden mit angesetztem, ebenfalls gelochtem Steigrohr aus gleichem Material derartig gelagert ist, daß sich zwischen ihm und dem Bottichboden ein Hohlraum bildet, in welchem eine kupferne Dampfschlange zur Heizung der Flotte angeordnet ist. Im Steigrohr dieses Siebbodens ist eine Bronzewelle mit unten befestigter Flügelschraube (Propeller), ebenfalls aus Bronze, vertikal gelagert. Diese Welle wird oberhalb des Apparates mittels besonders präpariertem Haarriemen von einem Vorgelege aus angetrieben, das, mit offenem und geschränktem Riemen versehen, eine Drehung des Propellers rechts und auch links herum ermöglicht. Es wird hierdurch erreicht, daß die Farbflotte ganz nach Wunsch, von oben nach unten oder umgekehrt von unten nach oben durch die Ware zirkuliert. Dieser Antrieb

Fig. 120. Färbeapparat für Packsystem, System Esser.

des Propellers bzw. der Propellerwelle ist ferner auskuppelbar und läßt sich beim Beschicken und Entleeren des Apparates bequem in die Höhe heben, da er durch Gegengewicht oder Winde ausbalanziert ist. Ein weiterer wesentlicher Bestandteil des Apparates ist ein starker, verzinnter, kupferner Siebdeckel, der mittels Messingstäben und Seil an der Decke des Färbereilokals über dem Apparat aufgehängt und zur Auf- und Niederbewegung durch Seilrollen und Gegengewichte oder Winde ausbalanziert wird. Sobald der Bottich mit dem Färbematerial beschickt ist, wird der in der Mitte offene Siebdeckel über das Steigrohr des Apparates herabgelassen und durch seine, an der Peripherie befestigten Phosphorbronzeklinken und entsprechend in der Bottich-Innenwand eingelassenen Zahnstangen aus gleichem Material gegen Abhub und Druck bei der Flottenzirkulation abgestützt. Es ermöglicht diese Sperrklinkenabstützung, daß der Siebdeckel der beim Netzen und Kochen zusammensinkenden Wolle usw. nachfolgen kann, so daß diese immer von ihm bedeckt ist, sobald das Gegengewicht angehoben wird. Man kann aber auch mit nicht auf dem Färbematerial aufliegendem Siebdeckel bzw. mit größerem oder geringerem Abstand desselben arbeiten. Der Siebdeckel ist außerdem mit einer Vorrichtung versehen, welche in bequemster Weise ein Mustern während des Betriebes gestattet. — Die Dampfzuführung wird durch ein Absperrventil und der Flottenablaß durch einen Pfannenhahn geregelt. — Eine einfache und bequeme Riemenausrückung ist ebenfalls vorgesehen.

Der Apparat in Fig. 120 verbildlicht wird in der Hauptsache zum Färben von loser Wolle, Lumpen, Abfallmaterial usw. benutzt und findet man ihn in zahlreichen Wollfärbereien im Betrieb.

Die Firma baut den Apparat in 7 verschiedenen Größen von 5 bis 250 kg Fassung pro Partie lose Wolle.

Ein dem vorgenannten sehr ähnlicher Apparat wird von der Firma Ernst Hamburger, Görlitz, gebaut und ist in Fig. 121 veranschaulicht. Der Apparat besitzt ebenfalls ein zentrales Verteilungsrohr, in dessen unterem Teil ein Propeller rotiert, um die Flotte in beiden Richtungen, d. h. von unten nach oben und wechselweise von oben nach unten durch das Material zu leiten. Der Antrieb des Propellers ist jedoch bei diesem Apparat, wie aus der Abbildung ersichtlich, von unten an-

Fig. 121. Färbeapparat für Packsystem.
Ernst Hamburger, Görlitz.

geordnet, so daß der obere Teil des Bottichs vollständig frei für die Bedienung während des Färbens und für das Hochheben und Senken des Deckels bleibt. Der Antriebriemen kommt mit dem hochsteigenden Dampf und Flottenspritzern nicht in Berührung, so daß er nicht leidet und nicht seine Spannung verliert. Es können keine Unreinigkeiten von dem Riemen und von den Schmiervorrichtungen für den Antrieb in den Bottich bzw. in das Material gelangen, auch fallen die Supportarme für die Lagerung der Antriebswelle, die ein Auf- und Umklappen erforderlich machen, fort.

Der Apparat eignet sich in der gleichen Weise wie der von der Firma Esser & Co. gebaute zum Färben von loser Wolle in allen Farben, evtl. für Stranggarn mit Säurefarbstoffen, hauptsächlich Schwarz.

Der Wollfärbeapparat der Firma H. Krantz, Aachen, ist in Fig. 122 als Doppelapparat veranschaulicht. Die Arbeitsweise mit zwei Bottichen hat gegenüber der mit einem Bottich den Vorteil, daß der bedienende Arbeiter den zweiten Bottich entleeren und wieder füllen kann, während auf dem ersten gefärbt wird.

Der einzelne Färbeapparat setzt sich in der Hauptsache zusammen aus dem Färbebottich aus Pitchpineholz, einer Kreiskolbenpumpe

Fig. 122. Wollfärbeapparat, System Krantz.

aus Phosphorbronze, den Rohrleitungen aus Kupfer und den nötigen Hähnen usw. ebenfalls aus Phosphorbronze. Ungefähr 15—20 cm über dem Boden des Apparates ist ein Lattenboden fest gelagert, auf welchem das Material aufgeschichtet wird.

In der Mitte des Färbebottichs geht ein mit der Flottenleitung in Verbindung stehendes Steigrohr in die Höhe, welches an seinem obersten Ende eine Brausevorrichtung trägt. Dieses Rohr kann evtl. so angeordnet werden, daß es möglich wird, kleine und große Materialmengen in demselben Apparat zu färben und daß sich die Höhe der Farbflotte der jeweilig zu färbenden Materialmenge anpassen läßt.

Die stark gebaute Kreiskolbenpumpe ist für Rechts- und Linksgang eingerichtet, so daß die Flotte abwechselnd von oben nach unten und von unten nach oben durch das Material getrieben und eine gleichmäßige Durchfärbung gewährleistet wird; sie ist überdies mit einer Signalvorrichtung versehen, welche dem bedienenden Arbeiter anzeigt, wann die Stromrichtung der Flotte gewechselt werden soll.

15*

Der Deckel des Färbebottichs läßt sich der Höhe des jeweilig eingepackten Materials anpassen, wodurch dieses, obwohl von oben kein großer Druck ausgeübt zu werden braucht, dennoch im Färbebottich unbeweglich festgehalten wird. Das gefärbte Material bleibt daher offen, wird nicht verfilzt und nicht verwirrt.

Die Erwärmung der Flotte geschieht durch zwei eingelegte Dampfschlangen für direkten und indirekten Dampf.

Fig. 123. Wollfärbeapparat, System Riedel.

Der Apparat eignet sich zum Färben von losem Wollmaterial aller Art, vor allem auch zum Färben feiner Wollen, deren Spinnfähigkeit vollkommen erhalten bleibt.

Fig. 123 zeigt die Konstruktion und Wirkungsweise eines zumeist zum Färben von losem Wollmaterial benutzten Färbeapparates der Firma A. Riedel, Neumünster, dessen Flottenbewegung abwechselnd in zwei Richtungen mittels kräftig wirkender Zentrifugalpumpe erfolgt, infolgedessen schnelles und gleichmäßiges Durchfärben gewährleistet, so daß auch größere Partien auf einmal gefärbt werden können.

Der Materialbehälter ist im Innern vollständig frei ohne Steigrohr und Rohrstutzen, so daß der Raum voll ausgenutzt wird. Der abschließende Siebdeckel paßt sich der jeweiligen Materialschicht an, ohne letztere fest zusammenzupressen und kann leicht abgehoben werden.

Das Ansetzen der Farbflotte erfolgt in separatem Bottich, während für kleinere Farbstoffzusätze ein besonderes Trichterrohr vorgesehen ist.

Fig. 124 a.

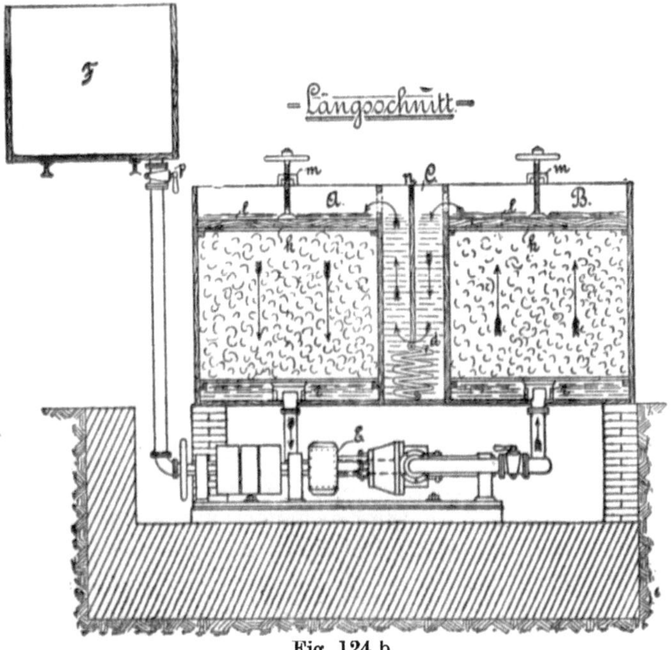

Fig. 124 b.

Wollfärbeapparat mit wechselseitiger Flottenzirkulation,
System Scholz & Mathesius.

Der Apparat ist so eingerichtet, daß auch kleinere Partien bei gleich günstigem Flottenverhältnis gefärbt werden können.

Evtl. kann der Apparat mit einer Einrichtung versehen werden, mittels welcher das periodische Umschalten des Flottenkreislaufs automatisch bewirkt wird.

Der in Fig. 124a und 124b verbildlichte Färbeapparat der Firma Scholz & Matthesius, Grimmitschau, besteht aus einem in drei Kammern geteilten Färbebottich, einem Farbstoff-Auflösebottich, beide aus Holz, einer rotierenden Kolbenpumpe, für wechselweisen Kreislauf der Flotte eingerichtet, und den nötigen Rohrleitungen, Armaturen usw., aus Phosphorbronze resp. Kupfer hergestellt.

Die Abteilungen A und B sind zur Aufnahme des Farbgutes bestimmt. Jede dieser Abteilungen ist mit einem Siebboden versehen und in der Bodenmitte jeder Abteilung befindet sich ein Flottenverteiler, um den Pumpendruck nach allen Seiten gleichmäßig zu verteilen.

In Abteilung C sind die Heizschlangen für direkten und indirekten Dampf untergebracht.

Bei der Konstruktion sind Metallteile auf ein Minimum beschänkt, so daß auch diffizile Farben gefärbt werden können.

Der Flottenkreislauf vollzieht sich derart, daß die Flotte abwechselnd durch den einen Materialbehälter gesaugt und durch den anderen gedrückt wird und auf ihrem Wege die Beheizungsabteilung durchströmt.

Der Kraftverbrauch ist verhältnismäßig gering, da die Druckwirkung der Pumpe nur immer von je einer Abteilung wechselweise beansprucht wird.

Der Apparat eignet sich zum Färben von losem Wollmaterial und Wollstranggarn, kann aber auch mit einer entsprechenden Einrichtung versehen werden, die seine Verwendung als Aufsteckapparat für Cops und Kreuzspulen getattet.

In Fig. 125 ist ein in viereckiger Form gebauter Färbeapparat der Firma J. G. Lindner, Grimmitschau, illustriert, bei dessen Konstruktion auf möglichste Vereinfachung der Färbweise unter gleichzeitiger Schonung des Wollmaterials Rücksicht genommen ist.

Das Farbgut lagert zwischen perforierten Siebböden, wovon der obere die Deckelplatte bildet. Wie aus der Abbildung ersichtlich, sind für den Verschluß des Färbebehälters Verschraubungen irgendwelcher Art und deren lästige Handhabung in Fortfall gebracht. Die perforierte Verschlußplatte ist gehalten durch angeordnete Hebefallen, welche seitlich in Zahnstangen greifen. Durch diese Anordnung erfolgt bei jedem Fassungsquantum das in richtiger Höhe zu bewirkende Einsetzen der Verschlußplatten selbsttätig, das Material erleidet also keinerlei feste Pressung, auch ist es infolge dieser Anordnung

möglich, daß auf dem Apparat auch kleinere Partien gefärbt werden
können.

Bei der Entleerung des Apparates ist von besonderem Wert, daß
die Deckelplatten durch Gegengewicht sehr rasch und leicht herausgenommen werden können. Die Bedienung des Apparates besorgt
daher ein Mann bequem bzw. kann ein Mann die Bedienung von 2—3

Fig. 125. Färbeapparat für lose Wolle, System Lindner.

Apparaten allein übernehmen. Die Spülung des Wollmaterials kann
nach stattgehabter Färbung sofort im Apparate selbst erfolgen und
die Flotte zwecks einer evtl. Wiederverwendung nach dem oberen
Behälter gepumpt werden.

Während des Färbeprozesses können jederzeit Muster dem Färbebehälter entnommen werden, da an der Deckelplatte eine Musterein-
richtung, im Momente verschließbar, angeordnet ist. Auch kann jeder
zeit die Flotte des Färbebehälters in das meist erhöht angeordnete
Flottenreservoir gepumpt werden. Die Anrichtung der Flotte kann ebenfalls in diesem Reservoir erfolgen und werden die Farbzusätze während

des Betriebes in dem Flottenheizraum gemacht, und zwar aus dem
Grunde, da hier ein gründliches Aufkochen und im Anschluß hieran
bei dem Zirkulationsweg durch die Rohrleitung und Flottenzirkulationspumpe ein intensiveres Mischen bewirkt wird. Es ist demnach ausge-

Fig. 126. Mechanischer Färbeapparat für Wollstranggarn, System Schirp.

schlossen, daß sich gemachte Farbzusätze einseitig an das Farbgut ansetzen, abgesehen davon, daß diese Art des Zusetzens für die Bedienung am bequemsten ist.

Durch Verwendung einer Kreiskolbenpumpe wird eine wechselseitige Flottenzirkulation bewirkt, so daß die Flotte das Farbgut
saugend und drückend durchströmt.

Der Apparat ist zum Färben loser Wollmaterialien einschließlich
Lumpen und Abfälle bestimmt und speziell für feine Wollen, denen
feste Pressung nachteilig ist, geeignet.

Fig. 126 veranschaulicht einen Färbeapparat der Firma H. Schirp,
Vohwinkel-Elberfeld, zu dessen Erläuterung ich folgendes bemerke:
Der Apparat besteht in der Hauptsache aus dem Warenbehälter A, dem

Flottenbehälter B, beide aus Pitchpineholz, einer Zentrifugalpumpe aus Phosphorbronze, den Rohrleitungen und Hähnen usw. aus Kupfer resp. Phosphorbronze

Die zu färbende Ware wird in verschiedenen Abteilungen in den Warenbehälter A eingepackt, dann der Deckel aufgeschraubt. Das Material wird nicht zusammengepreßt, auch ist der Flottendurchgang derart gewählt, daß hierdurch eine ganz geringe Pressung auf das Material ausgeübt wird, die jedoch vollkommen genügt, um gute Ausfärbungen zu erzielen.

Die Heizschlange befindet sich im Flottenbehälter und wird auf diese Weise vermieden, daß durch das Aufkochen ein Verfilzen des Materials eintritt.

Der Flottendurchgang durch das Material geschieht wechselweise unter Druck.

Da in der Ware viel Luft enthalten ist, läßt man zweckmäßig die Flotte zunächst das Material von unten nach oben durchdringen. Um das Entweichen der Luft zu erleichtern, ist in dem Deckel noch ein besonderer Lufthahn vorgesehen, der bei Beginn des Färbeprozesses geöffnet bleibt, bis die Flotte durch diesen Hahn ausfließt. Zum bequemen Mustern ist ein Musterstutzen vorgesehen.

Der Apparat ist speziell zum Färben von Wollstranggarn, sowohl mit Chromierungs- wie mit Säurefarbstoffen geeignet, aber auch zum Färben von Wollkreuzspulen im Packsystem sowie von losem Material aller Art verwendbar.

Die Lagerung des Farbgutes in einzelnen Schichten zwischen festangeordneten parallelen Siebböden bei wechselndem Kreislauf der Flotte durch das Material ist der Firma Colell & Beutner, Grimmitschau, patentrechtlich geschützt. Die Konstruktion des nach diesem System von genannter Firma gebauten Färbeapparates ist aus Fig. 127a und 127b ersichtlich. Zur Erläuterung möge folgendes dienen: Um das Materialfassungsvermögen ihres Apparates zu erhöhen, ohne den Umfang eines einzelnen Färbebehälters erheblich zu vergrößern, haben die Erfinder zwei durch Rohrleitung miteinander verbundene Färbebottiche nebeneinander gestellt. In dem neusten Typ dieses Apparates ist, wie aus der Abbildung ersichtlich, zwischen den beiden Färbebottichen ein kleinerer Bottich eingeschaltet, in welchem die Kochschlange untergebracht ist. Diese Anordnung bietet gegenüber der früheren, bei welcher die Kochschlangen am Boden der beiden Färbebottiche lagen, wesentliche Vorteile. Bei der früheren Einrichtung konnte es durch Unachtsamkeit des Bedienungspersonals vorkommen, daß während des Färbeprozesses zu stark gekocht wurde, wodurch die Wassersäule im Bottich emporgehoben und zum Überkochen gebracht wurde. Dadurch wird aber zeitweilig der Flottenkreislauf aufgehoben, weil die Pumpe keine

Flotte zum Transportieren hat. Dies ist durch die Neuanordnung des besonderen Kochbottichs vermieden. Die Flotte kommt von oben erwärmt bzw. kochend in das Farbgut und wird sodann durch die Pumpe gleichmäßig bewegt. Des weiteren erhält und behält dabei die Flotte leichter die jeweilig nötige und gleichmäßige Temperatur.

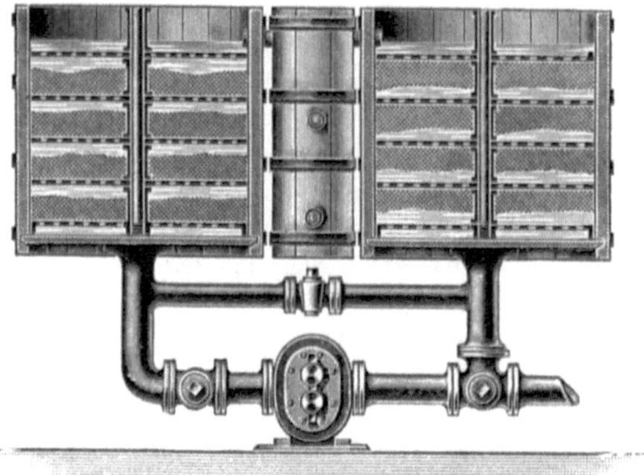

Fig. 127 a.

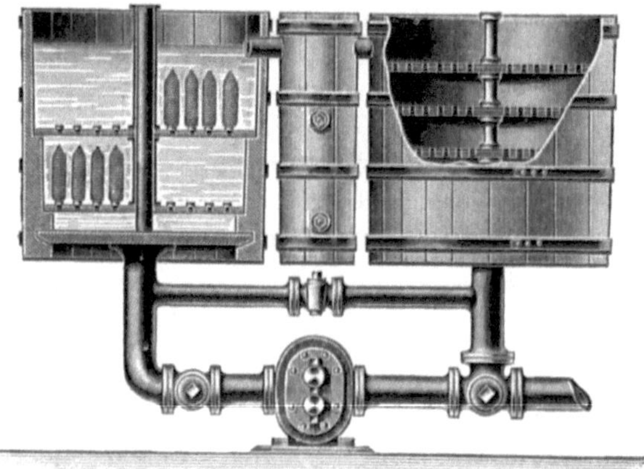

Fig. 127 b

Fig. 127 a, b. Kombinierter Färbeapparat, System Colell & Beutner.

Hatte früher die Flotte oben im offenen Farbbottich ein ziemlich großes Abkühlungsfeld, so ist dieser Übelstand jetzt bei Eintritt der Flotte von oben durch den Kochbottich gänzlich behoben. Die Flotte kann, indem sie in ihrem Kreislauf den Kochkessel passiert, ständig auf Kochtemperatur gehalten werden, ohne daß die Flottenzirkulation unterbrochen wird; die Pumpe schlägt nicht und wird durch gleichmäßigen, ruhigen Gang geschont.

Die Anordnung des Etagensystems ist aus der Abbildung deutlich zu ersehen; die einzelnen Siebböden lassen sich bequem herausnehmen und einsetzen. Das zu färbende Material lagert zwischen diesen Siebböden gleichmäßig verpackt und wird durch den Flottenstrom abwechselnd nach oben oder gegen die Siebböden gedrückt. Durch diese Bewegung der dünnen Schichten entstehen Räume, in welchen sich die Flotte immer wieder mischen kann.

Die Flottenzirkulation wird durch eine Rotationspumpe bewirkt und für wechselnden Rechts- und Linkslauf derselben ist eine automatische Umschaltvorrichtung vorgesehen.

Der Apparat ist sehr verbreitet, man findet ihn in zahlreichen Färbereibetrieben, und zwar speziell zum Färben von Kammgarnen und Cheviotgarnen mit Chromentwicklungsfarbstoffen angewendet. In gleicher Weise eignet sich der Apparat natürlich auch zum Färben von losem Wollmaterial und wird auch vielfach in seiner ebenfalls aus der Abbildung ersichtlichen Konstruktion als Aufsteckapparat für Cops und Kreuzspulen verwendet.

Hinsichtlich der Beschickung und des Betriebes von Wollfärbeapparaten im Packsystem seien noch einige allgemein gültige Richtlinien vorgezeichnet, die für den praktischen Färber von Interesse sein dürften.

Beim Einpacken von losem Wollmaterial wolle man darauf achten, daß dieses möglichst gleichmäßig im Apparat verteilt ist, auch ist ein starkes Zusammenpressen der Wolle tunlichst zu vermeiden, besonders wenn es sich um feinere Qualitäten handelt, da sich durch festes Pressen unter Einwirkung der Farbflüssigkeit ein Dekaturprozeß vollzieht, welcher die Spinnfähigkeit der Wolle beeinträchtigt. Gewaschene und geschleuderte, also in feuchtem Zustand zum Färben kommende Wollen bedürfen in der Regel keiner weiteren Pressung, trockne Wollen werden während des Einpackens schichtenweise mit kaltem Wasser überbraust und sinken dadurch genügend fest zusammen. Nur für gröbere Wollen und bei Apparaten, welche die Flotte unter Druck durch das Material pressen, wendet man ein Einstampfen bzw. Eintreten der Wolle an.

Die mit Schrauben oder sonstigen Stellvorrichtungen versehenen Deckel sollen nur soweit aufgepreßt werden, daß eine Verschiebung des Materials während des Färbeprozesses vermieden und eine gleichmäßige Flottenzirkulation ohne Gassenbildung gewährleistet wird.

Das Einpacken von Wollkreuzspulen in die Apparate geschieht in derselben Weise wie ich dies bereits im zweiten Teil dieses Buches für Baumwollkreuzspulen beschrieben habe, derart, daß man den Apparat mit feuchtem Baumwollstoff ausschlägt, die Kreuzspulen schichtweise unter möglichster Ausfüllung der entstehenden Zwischenräume einpackt und die trotzdem sich findenden Lücken mit feuchter, loser Baumwolle ausstopft, so daß ein der Flotte allseitig gleichmäßigen Widerstand entgegensetzender Block entsteht. Auf gutes Ausstopfen der Randflächen muß besonders Bedacht genommen werden, da an diesen Stellen die Flotte sich am ehesten eine Gasse sucht. Die Flottendurchströmungsrichtung muß stets senkrecht zur Achse der Kreuzspulen liegen.

Zum Färben von Kreuzspulen im Packsystem eignen sich nur die mit Pumpendruck entweder in einer Richtung oder wechselseitig arbeitenden Apparate, auch kann man, wie schon eingangs erwähnt, nur Stapelfarben, welche nicht nuanciert zu werden brauchen, mit gut egalisierenden Farbstoffen auf Wollkreuzspulen im Packsystem herstellen, hauptsächlich wird Schwarz in dieser Weise gefärbt.

Apparate in viereckiger Form eignen sich im allgemeinen des bequemeren Einpackens wegen zum Färben von Kreuzspulen im Packsystem besser als solche in runder Form. Eine wehselnde Zirkulation der Flotte dürfte für das Durchfärben der Kreuzspulen sehr förderlich sein, dabei muß die Verwendung von Metall auf das geringste notwendige Maß beschränkt bleiben. Als ein diesen Ansprüchen in jeder Weise genügender Apparat ist der auf Seite 232 u. 233 beschriebene mechanische Färbeapparat von Schirp zu bezeichnen.

Neben diesem möchte ich noch einen für den gleichen Zweck bereits bewährten Apparat von J. G. Lindner erwähnen, in welchem die Kreuzspulen ebenfalls unter beliebig verstellbarer Pressung mit Farbflotte in wechselnder Richtung behandelt werden. Der Flottenkreislauf wird durch eine mit Rechts- und Linksgang arbeitende Kreiskolbenpumpe bewirkt.

Der Apparat, welcher in Fig. 128 veranschaulicht ist, wird von der Firma J. G. Lindner auch zum Färben von Filzplatten aller Art und in jeder beliebigen Dimension empfohlen. Urteile aus der Praxis haben mir bezüglich dieses Verwendungszweckes zurzeit noch nicht vorgelegen.

Beim Färben von Wollstranggarnen im Packsystem ist dem Einpacken der Garne besondere Aufmerksamkeit zu schenken, da hiervon der gute Ausfall der Färbungen zum großen Teil abhängt. Für diffizile Farben werden der Siebboden und die Wandungen des Apparates mit entschlichtetem und gut genetztem Baumwollstoff ausgelegt, bevor man die Garne einpackt; für weniger heikle Farben begnügt man sich damit, nur den Siebboden mit einem sauber ausgekochten Rohrgeflecht und darüber gebreitetem Baumwollstoff zu belegen. Das Einlagern der Garne in den Apparat wird derart vorgenommen, daß man die Garnstränge flach, also nicht auf Köpfe gedreht, in dem Apparat ausbreitet. Die Unterbindschnuren müssen genügend weit sein, so daß sie das Ausbreiten der Stränge in keiner Weise behindern, auch müssen die Schnuren stets nach oben zu liegen kommen, um das Herausnehmen der Stränge nach dem Färben zu erleichtern.

Die Erzielung eines in allen seinen Teilen gleichmäßig dichten Materialblocks, welcher der durchströmenden Flotte keine Gelegenheit

Fig. 128. Färbeapparat für Kreuzspulen und Filzplatten, System Lindner.

zur Gassenbildung bietet, ist das Haupterfordernis beim Einpacken der Garne. Um dies zu erleichtern, legt man in runden Apparaten die Garne derart ein, daß die einzelnen übereinandergeschichteten Garnlagen verschiedenartig sich kreuzende Diagonalen zur Peripherie des Apparates bilden, wobei natürlich der Rundung des Apparates bezüglich der Lückenausfüllung entsprechend Rechnung getragen werden muß. Es ist sogar vorteilhaft, die Garnstränge an den Wandungen des Apparates etwas dichter zu legen, denn an diesen Stellen zeigt die Flotte am meisten das Bestreben, das Material beiseite zu schieben und durchzubrechen. Das Einpacken der Garne in rechteckigen Apparaten gestaltet sich etwas einfacher, natürlich werden auch hier die einzelnen Garnlagen kreuzweise übereinander geschichtet. Die gesamte Materialschicht darf nicht zu hoch bemessen sein und nicht zu fest zusammengepreßt werden, um ein Durchdringen der Farbflotte nicht unnötig zu erschweren. Die Deckel sollen nur dem Zweck dienen, den Materialblock in seiner Lage zu erhalten, nicht aber denselben fest zusammenzupressen.

Fetthaltige Garne müssen vor dem Einlegen in den Apparat auf dem Bottich gewaschen, gespült und geschleudert werden. Garne, welche vollständig oder nahezu fettfrei sind, können im Apparat mit heißem Wasser genetzt oder evtl. unter Zusatz von etwas Ammoniak gereinigt werden. Die in trockenem Zustand in den Apparat gepackten Garne sinken nach dem Netzen bedeutend zusammen, verringern also wesentlich ihr Volumen; es ist daher nötig, die Deckel nach dem Netzen dementsprechend tiefer zu stellen, um ein Aufschwimmen der Garne und eine Verschiebung des Materialblocks beim Färben zu verhüten. Diese Vorsichtsmaßregel kommt natürlich nur für Apparate in Frage, die kein Etagensystem besitzen und mit wechselndem Flottenkreislauf arbeiten.

Das Einpacken der Garne in die mit Etagensystem ausgerüsteten Apparate geschieht in derselben Weise wie in den Apparaten ohne Etagensystem, also in kreuzweisen Lagen übereinander. Die Höhe der einzelnen Garnschichten beträgt je nach Konstruktion des Apparates 10—20 cm in feuchtem Zustand. Die Garnschichten werden durch Einsetzen von losen Geflechtdeckeln oder solchen, die durch Holz oder Metallrahmen versteift sind, in ihrer Lage erhalten und gegen Verschiebung während der Flottenzirkulation gesichert. Für besonders diffizile Farben kann man die einzelnen Garnschichten auch noch in Baumwollnessel einschlagen.

Die Flottenzirkulation und damit die gleichmäßige Durchfärbung der Garne wird durch die Anordnung eines Etagensystems wesentlich erleichtert, so daß in diesen Apparaten auch ein genaues Nuancieren echter Farben nach Muster bei guter Egalität der Garne möglich ist.

Ist die Beschickung der Apparate, sei es mit losem Material oder mit Stranggarn, beendet, so möchte ich die Aufmerksamkeit noch auf folgende Momente hinlenken, deren Beachtung für ein zufriedenstellendes Gelingen der Färbungen von Bedeutung ist.

Beim Beginn des Färbens resp. beim Ingangsetzen der Flottenzirkulation ist darauf Bedacht zu nehmen, daß die im Apparat, in der Rohrleitung und der Pumpe eingeschlossene Luft durch einen an geeigneter Stelle angebrachten Hahn entweichen kann, damit im Material keine Luftflecken entstehen. Diese machen sich sehr unangenehm bemerkbar und sind dadurch kenntlich, daß das Material an diesen Stellen nahezu ungefärbt bleibt. Der Bildung von Luftflecken wird am wirksamsten dadurch vorgebeugt, daß man den Ansatz der Farbflotte in einem höher stehenden Behälter vornimmt und aus diesem mittels Rohranschlusses die Flotte von unten in den Apparat oder in die Flottenzirkulationsrohre eintreten läßt. Durch die unter mäßigem Druck einströmende Flüssigkeitssäule wird die Luft nach und nach aus den Rohrleitungen, der Pumpe und dem eingepackten Farbgut verdrängt, nur ist darauf zu achten, daß sofort nach Entleerung des höher stehenden Flottenbehälters das Verbindungsrohr durch einen Hahn abgeschlossen wird, damit nicht von neuem Luft in den Apparat gesaugt wird.

Ist ein Apparat in Tätigkeit gesetzt worden, so muß man sein Augenmerk vor allem auf richtiges Funktionieren der Flottenzirkulation richten, diese muß kontinuierlich in gleicher Stärke und darf nicht etwa unregelmäßig und stoßweise erfolgen. Bei Pumpenapparaten öffne man hin und wieder den auf der Pumpe angebrachten Hahn einen Augenblick, um sich von dem gleichmäßigen Fördern der Pumpe zu überzeugen.

Ist bei Apparaten mit wechselnder Flottenzirkulation keine selbsttätige Umschaltvorrichtung vorhanden, deren gleichmäßiges Funktionieren man übrigens auch kontrollieren muß, so achte man darauf, daß der den Apparat bedienende Arbeiter die Flottenzirkulation in regelmäßigen Zwischenräumen umschaltet.

Bei Apparaten mit nur einem Bottich und wechselnder Flotten zirkulation ist es von Vorteil, nachdem man sich vergewissert hat, daß keine Luft mehr im Apparat vorhanden, beim Beginn des Färbens eine Zeitlang (evtl. bis man die Flotte zum Kochen getrieben) in saugender Wirkung die Flottenzirkulation sich vollziehen zu lassen, damit das eingepackte Material fest zusammensinkt und einen einheitlichen Block bildet. Erst dann läßt man, nachdem die Flottenzirkulation einen Augenblick ausgeschaltet worden, den Deckel herab, stellt ihn fest und kann nun wechselseitig arbeiten.

Der Beheizung der Apparate schenke man besonders beim Färben schwer egalisierender Farbstoffe seine volle Aufmerksamkeit, damit die Erwärmung der Flotte nicht zu schnell erfolgt.

Die Beheizung der Apparate geschieht mittels kupferner Dampfschlangen, und zwar entweder mit direktem oder indirektem Dampf. Die Anwendung des letzteren ist vorzuziehen, denn durch Einströmen direkten Dampfes wird die Farbflotte verdünnt und evtl. zum Überlaufen gebracht, auch wird dadurch leicht ein Verfilzen des Wollmaterials verursacht. Zumeist liegen die Dampfschlangen in dem Flottensammelraum am Boden der Apparate, es hat dies jedoch den Übelstand im Gefolge, daß die unteren Schichten des eingepackten Materials stärker erhitzt werden als die oberen. Beim Färben losen Materials ist dies zwar ohne großen Belang, beim Färben von Garnen dagegen macht sich dieser Umstand mitunter störend und Unegalitäten im Gefolge führend bemerkbar. Man ist daher bei verschiedenen Apparatkonstruktionen bestrebt gewesen, dem beregten Übelstande dadurch abzuhelfen, daß man die Beheizung außerhalb des Materialbehälters, und zwar in den Flottenansatzbehälter verlegt hat (System **Lindner**, System **Schirp**, System **Wegel & Abbt**). Die Flottenzirkulation ist bei diesen Apparaten derart angeordnet, daß die Farbflotte bei ihrem Kreislauf immer wieder in den Flottenansatzbehälter zurückströmt und sich dort von neuem erwärmt. Auch die Unterbringung der Dampfschlangen in kleineren, mit dem Apparat in direkter Verbindung stehenden Behältern, hat sich vorzüglich bewährt (System **Scholz & Matthesius**, System **Collel & Beutner**). Alle Hähne und Ventile müssen vollständig dicht schließen, andernfalls lasse man die Schraubenmuttern sofort anziehen, denn durch längeres Rinnen einer Flansche wird, abgesehen von dem entsprechenden Flottenverlust, die Dichtungseinlage schnell zerstört. Die Stopfbüchsen der Pumpen sollen zwar nicht rinnen, dürfen aber auf keinen Fall zu fest angezogen werden, weil dadurch der Gang der Pumpe erschwert wird und die Lager warm laufen, evtl. festbrennen. Für Erneuerung der Stopfbüchsenpackungen muß ab und zu Sorge getragen werden. Des weiteren möchte ich den Rat erteilen, die Tourenzahl der Pumpe zu beobachten und hin und wieder durch Ansetzen eines Tourenzählers an die Pumpenwelle zu kontrollieren. Macht eine Pumpe, sei es durch Schlaffwerden des Antriebsriemens oder infolge langsameren Laufs der Hauptantriebswelle oder aus einem anderen Grunde die vorschriftsmäßige Tourenzahl nicht mehr, so muß schleunigst Abhilfe geschaffen werden, weil dadurch die Flottenförderung naturgemäß beeinflußt und die Egalität der Färbungen aufs äußerste gefährdet wird.

Eines Färbeapparates neueren Systems sei an dieser Stelle noch besonderer Erwähnung getan, dessen Konstruktion von den bisher beschriebenen wesentlich abweicht, obgleich er in gewissem Sinne auch zu den Packapparaten gezählt werden muß.

Es ist dies der von der Firma **Eduard Esser & Co.**, Görlitz, gebaute und in Fachkreisen als Esser-Geißler-Apparat bekannte Färbeapparat für Wollgarn im Strang.

Der Apparat ist in Fig. 129 veranschaulicht und sei zur Erläuterung seiner Beschickung, Konstruktion und Wirkungsweise folgendes bemerkt:

Auf einem geeigneten, nicht zum Apparat gehörigen Gestell oder auf Böcken werden die Garnstränge auf dreikantige Stöcke aus hartem Holz gleichmäßig nebeneinanderliegend wie bei der Bottichfärberei aufgestockt; es wird sodann auch in die nach unten hängende Seite der Garnstränge ein gleicher Stock wie oben eingeführt.

Zur Aufnahme der in beschriebener Weise hergerichteten Garnstränge dienen zwei unten und oben offene Holzkasten.

Durch die geöffnete eine Seitenwand, wie sie der eine Garnkasten in der Abbildung zeigt, wird eine Garnschicht nach der anderen in den Kasten eingeführt, indem die Stäbe in Nuten oben und unten gelagert und in horizontal und vertikal gleichem Abstande voneinander fest gehalten werden. Da Garnstränge von verschiedener Länge vorkommen, so ist diesem Umstande durch je 5 parallele, oben und unten angeordnete Lagerleisten für die Garnstäbe Rechnung getragen. Garnschicht an Garnschicht gereiht, füllen zum Schluß den Kasten vollkommen aus und hinter der letzten Garnschicht wird der Garnkasten durch eine Tür geschlossen. Die Garnstränge bilden im Garnkasten einen in allen seinen Teilen gleichmäßig dichten, zusammengehaltenen Garnblock, bestehend aus vertikalen Garn-

Fig. 129. Stranggarnfärbeapparat,
System Esser-Geißler.

schichten, deren einzelne Garnstränge auf den zwei senkrecht übereinander befindlichen Holzstäben nicht stramm, sondern mit einem gewissen Spielraum aufgehängt sind.

Die mit Garn beschickten Kasten werden nun mittels Flaschenzug und Laufkatze in einen rechteckigen Bottich von entsprechender Größe befördert, der durch eine Mittelwand in zwei gleiche Zellen geteilt ist.

Die Unterkante der Kastenwände findet auf einem mit Filz oder anderem geeigneten Material verkleideten Holzrand Auflage und die Kasten werden sodann von oben durch Anziehen einiger Überwurfschrauben nach unten abgedichtet.

Im unteren Teile der Mittelwand des Färbebottichs trägt eine horizontale Welle einen Doppelpropeller, der bei automatisch wechselnder Drehungsrichtung die Farbflotte bald links hinauf und rechts herunter und bald umgekehrt in der rechten Zelle hoch und links hinuntertreibt. Jede Zelle hat unten am Boden ihre eigene Heizschlange; demselben Umschaltmechanismus gehorchend wie die Flottenströmung, tritt der Dampf bald in die eine, bald in die andere Abteilung, und zwar so, daß er die Flottenströmung zum Heben des jeweiligen Garnblocks unterstützt.

Die Durchlässigkeit des so geschaffenen Garnblocks ist und bleibt in allen seinen Teilen eine gleiche. Ein Zusammenpressen des Garnblocks durch die Flottenströmung verhindern die in ihren Lagern festgehaltenen Stäbe. Der automatisch in bestimmten Zeitabschnitten seine Richtung wechselnde Flottenstrom durchdringt den Garnblock in der Fadenrichtung bald von unten nach oben, bald umgekehrt und bewirkt lediglich infolge des Spielraumes, der den Strängen in der Längsrichtung zu diesem Zweck gelassen ist, ein geringes Heben und Senken des ganzen Garnblocks und damit ein Abheben der Stränge bald von den oberen, bald von den unteren Stäben, so daß auch die Anliegestellen von der Farbflotte durchströmt und gleichmäßig durchgefärbt werden.

Die Qualität des Garnes leidet durch diese schonende Art des Färbens in keiner Weise und das gefärbte Garn spult sich vorzüglich; es wird eine absolute gleichmäßige Färbung selbst der schwierigsten Farben erzielt.

Zusätze von Farbstoff und Säure werden durch Trichter und Rohr zwischen dem Doppelpropeller eingeführt und damit eine Verteilung und Mischung erreicht, wie sie inniger und gleichmäßiger nicht möglich ist. Das Färben auf Muster und Nachnuancieren bereitet deshalb auf diesem Apparat nicht die geringsten Schwierigkeiten.

Hat man mehrere Einsatzkästen zur Verfügung, so können während des Färbens schon Ersatzkästen mit Garn gefüllt werden, die sofort an die Stelle der fertigen Kästen treten, evtl. unter Weiterbenutzung desselben Färbebades.

Der Flottenstrom findet bei der gleichbleibenden großen Durchlässigkeit des Garnblocks einen verhältnismäßig geringen Widerstand und nimmt der Apparat nur sehr wenig Kraft in Anspruch, zumal die Propellerwelle in Kugellagern läuft.

Der Apparat, welcher in verschiedenen Größen für 15 bis 100 kg Garn gebaut wird, hat sich speziell für die Echtfärberei von Wollgarnen aller Art sehr gut eingeführt und bewährt, aber auch in der sauren Färberei vielfach Aufnahme gefunden.

Da die Zirkulation der Flotte in der Längsrichtung des Fadens erfolgt, so wird ein Zusammenpressen der Garne gänzlich vermieden; der Apparat erweist sich daher besonders vorteilhaft für solche Garne, bei denen Fülle und Rundung des Fadens möglichst erhalten bleiben sollen.

2. Apparate mit Aufstecksystem.

Im allgemeinen haben sich Aufsteckapparate in der Wollfärberei nicht in dem Maße einzuführen vermocht, wie in der Baumwollfärberei. Die Hoffnungen und Erwartungen, welche man vor Jahren an das Färben von Wollcops, besonders in feinen Garnnummern für die Echtfärberei geknüpft hatte, — Enthusiasten sahen schon das Ende der Strangfärberei herannahen —, haben sich leider nicht erfüllt. Ich sage „leider", da es im Interesse der Fabrikanten von Wollwaren der verschiedensten Art gelegen hätte, die gefärbten Schußcops direkt verarbeiten zu können und dadurch nicht nur Umspulen und Weifen, also Arbeitslohn zu sparen, sondern auch schnell benötigte Farben eher disponibel zu haben.

Der Grund für das Mißlingen von Copsfärbungen ist wohl seltener in der Apparatkonstruktion oder in unrichtiger Färbeweise, als vielmehr in der Spinnerei zu suchen, und zwar ist es die ungleichmäßige Wickelung der Cops, welche in den weitaus meisten Fällen die Schuld an dem ungleichmäßigen Ausfall der Färbungen trägt. Es kommt sehr häufig vor, daß eine Anzahl ein und derselben Kiste entnommener Cops härter gewickelt sind als die übrigen; nicht selten tritt auch eine ungleichmäßige Wickelung im einzelnen Cop selbst zutage, indem der Fuß des Cop, also das dickere Ende, fester gewickelt ist als die Mitte und die Spitze des Cop. Derartige Differenzen in der Wickelung müssen sich unfehlbar auf die Färbungen übertragen und besonders in der Echtfärberei ist auch die sorgfältigste Färbemethode nicht imstande, diese Unregelmäßigkeiten auszugleichen.

Während nun in der Strangfärberei etwaige Unegalitäten in den gepackten Garnbündeln augenfällig zutage treten, evtl. schon im noch feuchten Garn zu erkennen sind und dementsprechend Abhilfe geschaffen werden kann, steht man in der Copsfärberei vor einer gefärbten und getrockneten Partie Cops wie vor einer Sphinx, denn von außen erscheinen die Cops natürlich gleichmäßig gefärbt. Man kann wohl als Stichproben einige besonders verdächtig erscheinende Cops abhaspeln oder aufbrechen, hat aber damit, selbst wenn diese gleichmäßig gefärbt erscheinen, absolut noch keine Garantie dafür, daß die ganze Partie durchweg gleichmäßig ist. Sind zufällig doch noch einige Cops mangelhaft und ungleichmäßig gefärbt und eine derartige Partie wird verwebt, so sind Schußstreifen in der Ware die unausbleibliche Folge, denn der die Cops zumeist im Akkordlohn verarbeitende Weber hat wenig Interesse daran, sich mit dem Herauslesen unegal gefärbter Cops zu befassen, es sei denn, daß er für diese Extraarbeit eine Prämie vom Färber erhält, wie dies an manchen Plätzen der Herrenstofffabrikation tatsächlich üblich ist.

Um sich vor Reklamationen möglichst zu schützen, sahen sich die Copsfärber bald genötigt, zu den teuren Copsfärbeapparaten auch noch eine Spulmaschine anzuschaffen, um alle härter gewickelten Cops vor dem Färben umzuspulen. Die daraus resultierende Verteuerung und Umständlichkeit des Betriebes hat natürlich auch nicht dazu beigetragen, die Copsfärberei populärer zu machen. Es kommt ferner noch hinzu, daß Wollcops, der Weichheit des Materials entsprechend, sehr empfindlich gegen Druck und Biegen sind, ein Abbrechen oder Zusammendrücken der Cops während der Behandlung in der Färberei ist daher sehr häufig, auch in den Kisten werden die Cops schon stark zusammengedrückt. Des weiteren haftet der Wollfaden infolge seiner Struktur sehr fest an den perforierten Papierhülsen, der Faden reißt an diesen Stellen beim Verweben sehr leicht, und der Cop läßt sich nicht vollständig abarbeiten. Infolge dieser Übelstände resultiert aus den Copsfärbungen verhältnismäßig viel Abfall, was in Anbetracht des teuren Materials ganz erhebliche Verluste bedeutet.

Wenn nun auch heute noch in manchen Betrieben der Echtfärberei Wollcops gefärbt werden, so geschieht dies wohl hauptsächlich, um die vorhandenen Apparate auszunutzen, viel Freude jedoch dürften die wenigsten Copsfärber an ihren Betrieben erleben. Im allgemeinen ist man auch vorsichtiger geworden und färbt Wollgarne in Copsform nur noch für weniger diffizile Ware oder speziell als Effektgarne mit besonders gut egalisierenden Nachchromierungs- oder Säurefarbstoffen.

Nachdem sich so die Copsfärberei der Wollgarne besonders in der Echtfärberei weder als besonders rentabel, noch als durchaus zuverlässig erwiesen hat, ist man in neuerer Zeit mehr und mehr dazu übergegangen, Wollgarne in Form von Kreuzspulen auf Aufsteckapparaten zu färben und hat damit recht gute Erfolge erzielt. Ihrer Form und Wickelung zufolge lassen sich Kreuzspulen viel gleichmäßiger aufspulen als Cops, der Ausfall der Färbungen ist dementsprechend auch bei Kreuzspulen weit egaler und zuverlässiger.

Gefärbt werden Cops sowohl wie Kreuzspulen auf Apparaten verschiedenster Konstruktion, und zwar kommen dafür in Betracht die für Baumwollcops und -kreuzspulen angewendeten Apparate, sofern alle Eisenteile derselben durch entsprechende Konstruktionen aus Holz, Kupfer oder Nickelin ersetzt sind, ferner die für das Färben von Wollgarnen geeigneten Etagenapparate, sofern die das Garn tragenden Einsätze gegen entsprechende, mit Spindeln versehene Platten, welche dicht abschließend eingesetzt werden, ausgewechselt werden können.

Es ist ferner Bedingung, wie bei allen Wollfärbeapparaten überhaupt, daß möglichst wenig Metall zur Konstruktion der Apparate verwendet wird und daß die Flottenzirkulation nicht unter zu starkem Druck erfolgt, weil hierdurch die Wollfaser angegriffen und verfilzt wird.

Unter Berücksichtigung der genannten Erfordernisse sei auf die entsprechenden Apparate von C. H. Weisbach, Seite 153, H. Krantz, Seite 125, J. G. Lindner, Seite 135 u. 137, Scholz & Matthesius, Seite 229, Collel & Beutner, Seite 234, als geeignet zum Färben von Wollcopsund Kreuzspulen im Aufstecksystem verwiesen.

Fig. 130. Färbeapparat für Wollkreuzspulen, System Pornitz.

Ferner möchte ich an dieser Stelle noch einen Apparat der Firma U. Pornitz & Co., erwähnen, welcher speziell für das Färben von Wollkreuzspulen von genannter Firma empfohlen wird.

Die Konstruktion des Apparates ist aus Fig. 130 ersichtlich und sei zur Erläuterung folgendes bemerkt: Der Apparat besteht in der Hauptsache aus dem offenen Flottengefäß aus Holz, in welchem sich eine Einsatzplatte aus Phosphorbronze mit den Doppelspindeln aus Nickelin zur Aufnahme von je zwei oder mehreren Kreuzspulen befindet. — Unter der Platte ist eine direktwirkende Heizschlange aus

Bronzerohr vorgesehen, zur Erwärmung der Flotte. Die Flottenzirkulation wird durch eine Zentrifugalpumpe aus Phosphorbronze bewirkt, und zwar von außen nach innen durch das Material.

Zum Ansetzen der Flotte wird ein höherstehendes Flottengefäß benutzt, welches ebenfalls mit Dampfschlange im Innern ausgestattet ist.

Am Apparat befinden sich ferner die nötigen Armaturen aus Bronze und Rohrverbindungen aus Kupfer.

Der Apparat dient, wie gesagt, vor allem zum Färben von Kreuzspulen, doch können auf demselben auch Cops oder ev. Stranggarn ausgefärbt werden, unter Anwendung passender Einsätze.

Es lassen sich auf dem Apparat sowohl nachchromierte als auch saure Farben färben.

Das Beschicken der Aufsteckapparate mit Cops oder Kreuzspulen geschieht in derselben Weise, wie ich dies im zweiten Teil für die gleichen Baumwollmaterialien beschrieben habe. Dem diffizileren, weicheren Wollmaterial muß insofern Rechnung getragen werden, als man beim Aufstecken und Abnehmen der Cops noch größere Vorsicht anwenden muß, als bei dem widerstandsfähigeren härteren, Baumwollcops.

Die Flottenzirkulation der Aufsteckapparate wird mittels Zentrifugal- oder Kreiskolbenpumpe bewirkt und geschieht entweder nur mittels Durchsaugens der Flotte von außen nach innen, oder mittels wechselseitigen Durchganges der Flotte in beiden Richtungen. Im letzteren Falle ist jedoch besonders beim Färben von Cops darauf zu achten, daß die Flotte, sofern die Konstruktion des Apparates es zuläßt, beim Beginn des Färbens zunächst eine Zeitlang durchgesaugt wird, damit die Cops sich gewissermaßen an die Metallspindeln festsaugen, und daß dann erst der Flottenkreislauf gewechselt wird.

Andernfalls passiert es leicht, daß eine Anzahl Cops durch den Druck der Flotte von den Metallspindeln ganz oder teilweise abgestreift werden, wodurch nicht allein Materialverlust entsteht, sondern auch die Flottenzirkulation in den übrigen Cops durch den zum Teil aufgehobenen Widerstand vermindert wird und daraus ungleichmäßige Färbungen resultieren.

Die Beheizung der Apparate geschieht zweckmäßig mittels indirektem Dampf.

Cops sowohl wie Kreuzspulen lassen sich im Aufstecksystem vor dem Färben mit heißem Wasser netzen, oder falls sie fetthaltig sind, auch mittels Ammoniak oder Soda und Ammoniak entfetten. Das zum Waschen verwendete Wasser muß jedoch kalkfrei sein, um Ablagerungen von Kalk auf dem Material zu vermeiden, welche die Flottenzirkulation erschweren und Fleckenbildung hervorrufen würden. Nach dem Waschen wird das Material zunächst mit warmem, möglichst kalkfreiem, dann mit kaltem Wasser gründlich gespült, um das verseifte Fett vollständig zu entfernen.

Außer für Cops und Kreuzspulen dienen Aufsteckapparate zum Färben von Kammzug in Bobinenform und erfreuen sich besonders in Kammgarnspinnereien einer ausgedehnten Verwendung, da hier das Färben auf Apparaten nicht allein in ökonomischer Hinsicht wesentliche Vorteile bietet, sondern vor allem für das diffizile Material eine außerordentlich schonende Behandlung im Färbeprozeß gewährleistet. Die sich mit Apparaten befassenden Maschinenfabriken haben zum Färben dieses Vorgespinstes eine Reihe verschiedener Konstruktionen auf den Markt gebracht.

Als besonders geeignet möchte ich diejenigen bezeichnen, welche auf dem Prinzip basieren, die auf perforierten Rohren aufgesteckten Kammzugbobinen entweder in einer Richtung oder wechselseitig mit Farbflotte zu durchdringen, und zwar erscheint mir bei dieser Beurteilung der Umstand maßgebend, daß die Flottendurchströmung stets im rechten Winkel zur Längsachse der Bobinen erfolgt, nie aber parallel zu derselben, da im letzteren Falle die Faserbänder des Kammzuges ineinandergeschoben und verwirrt werden. Überhaupt ist neben gutem Durchfärbevermögen die Erhaltung der Kammzugfaser in ihrer ursprünglichen Lage sowie in ihrer Weichheit und Geschmeidigkeit das Haupterfordernis für einen idealen Kammzugfärbeapparat. Die Flottenzirkulation darf daher gerade bei diesen Apparaten auch nicht unter zu starkem Druck erfolgen; ja für besonders feinen Kammzug, welcher zum Spinnen hoher Garnnummern bestimmt ist, ist es sogar vorteilhafter, wenn die Flottenströmung möglichst nur unter Saugwirkung der Pumpe von außen nach innen bewirkt wird, evtl. nur für kurze Zeit gewechselt wird, um auch bei etwas schwerer egalisierenden Farbstoffen ein vollkommen gleichmäßiges Durchfärben zu erzielen.

Aus der Reihe der für das Färben von Kammzug in Bobinen im Gebrauch befindlichen Apparaten will ich folgende erwähnen:

Fig. 131 zeigt einen Färbeapparat für Kammzug in Bobinen, „System Robert Hampe", dessen Einrichtung wie folgt beschrieben sei:

Auf einem T-Trägergestell steht ein Bottich aus bestem 70 mm starken Pitchpineholz, der gegen Wärmeverluste durch einen Holzdeckel verschlossen ist. An der Vorderseite dieses Flottenbehälters sitzen auf einem gemeinsamen Bronzeschilde zwei Ventile; das kleinere dient als Dampfventil, an welches im Bottichinnern ein kräftiges Rührgebläse angeschlossen ist. Der einströmende Dampf wird also zur Erhitzung und zur innigen Vermischung der Flotte mit Farbstoffen benutzt. Aus dem größeren Ventile fließen die Farbwässer durch den Flottenregler in den Aufnahmebehälter für die Kammzugbobinen, durchdringen diese, passieren den Flottenregler und werden der Pumpe zugeführt, um in den Holzbottich zurückbefördert zu werden. Dieses Spiel wiederholt sich alle Minuten, mit anderen Worten, es findet eine so lebhafte Flottenzirkulation statt, daß der Bottichinhalt während einer Ausfärbung zirka 100 mal die Kammzugbobinen gleichmäßig durchdringt.

Fig. 131. Färbeapparat für Kammzug in Bobinen, System Rob. Hampe.

Wie die Abbildung zeigt, besteht der Bobinenaufnahmebehälter aus einem starken schmiedeeisernen Tragegestelle, welches nach dem Zusammenpassen in einem Stück feuerverzinkt wird. Das Gestell nimmt die obere kupferne Flottenkammer auf, aus welcher die Töpfe nach unten durchhängen, diese werden wieder durch ein gemeinschaftliches Rohr verbunden.

Ein kupferner Deckel, durch Längsrippen verstärkt und durch Gegengewichte ausbalanziert, verschließt den Apparat und hält die Spulen in ihrer ursprünglichen Lage fest. Die Abkühlung der Flotte wird so verhindert und die Färberei bleibt frei von Wasserdampf. Bei der Beschickung des Apparates und beim Mustern wird der Deckel geöffnet und sämtliche Spulen liegen frei vor dem Beschauer. Mit dem Spulenaufnahmeapparat ist der Flottenregler fest verschraubt. Dieser ersetzt vier Ventile und ändert man durch ihn mit einem Handgriff die Richtung der Farbflotte.

Man kann also beliebig von oben oder unten die Flotten eintreten lassen und werden die Bobinen stets von zwei Seiten befärbt.

Zur Flottenhebung wird eine langsamlaufende Rotationspumpe aus Phosphorbronze benutzt. Die Pumpe wird nur durch einen Riemen angetrieben, erhält lange Bronzelager mit Ringschmierung und ist mit Metallstopfbüchsen ausgerüstet.

Um die Produktion zu erhöhen und den Betrieb zu vereinfachen, empfiehlt es sich, zu einem Färbeapparat mehrere Bottiche aufzustellen, um in ununterbrochener Reihenfolge färben, chromieren, spülen usw. zu können.

Jede Färbemaschine erhält in der Zuführungsleitung ein Wasserventil und in dem unteren Verteilungsrohre einen Ablaßhahn zum Spülen nach dem Färben und zum Reinigen nach Beendigung der Partien. Jeder Kammzugfärbeapparat dieses Systems kann auch zum Färben von losen Materialien und Garnen benutzt werden.

Fig. 132. Spezialfärbeapparat für Kammzugbobinen, System Lindner.

Die Konstruktion eines Spezialfärbeapparates für Kammzugbobinen, welcher von der Firma J. G. Lindner, Krimmitschau, gebaut wird, ist in Fig. 132 veranschaulicht. Zur Erläuterung diene folgendes: Die Flotte wird in dem etwas erhöht angeordneten Flottenbehälter, der mit Heizvorrichtung versehen ist, angerichtet und dann vermittelst der Pumpe durch die Wechselventil-Einrichtung dem eigentlichen Färbebottich zugeführt, in welchem die Färbung durch die zirkulierende Flottenbewegung erfolgt. Zum Zwecke des Musterns wird die Flotte nach dem Flottenbehälter zurückgepumpt. In kürzester Zeit ist der Färbebottich frei von Flotte, so daß bequem beliebige Muster entnommen werden können. Nach Beendigung des Färbeprozesses wird die Flotte im Färbebottich entweder abgelassen oder für spätere Verwendungszwecke im Flottenbehälter weiter aufbewahrt. Das Beschicken des Apparates erfolgt in der Weise, daß die Kammzugbobinen im Färbebottich auf die eingeschraubten, perforierten Rohre gesteckt werden, ohne daß letztere zum Zwecke des Aufsteckens der Bobinen aus dem Färbebottich genommen und dann wieder dort eingesetzt werden müßten.

Auf einem Bobinenrohr werden, je nach Verhältnis und Größe der Bobinen, 2, 3 und auch 4 Bobinen übereinander gefärbt. Es sind zu jedem Rohre eine Verschluß-Deckelhaube und eine Festspannspindel mit Momentbefestigungseinrichtung vorgesehen.

Auf Wunsch wird zu jedem Bobinenrohre eine perforierte Topfumhüllung aus Nickelin geliefert und im Färbebottich eingesetzt, die die aufgesteckten Kammzugbobinen in vollem Umfange umschließt. Diese Einrichtung hat den Zweck, die bisher zum Schutze der Kammzugbobinen verwendeten Netze und deren lästige Handhabung gänzlich zu beseitigen. Gleichzeitig ist damit erreicht, daß die Bobinen nicht deformiert werden und das Zugmaterial so verbleibt wie im rohen Zustande. Bei Einsetzen der ersten Bobine an jedem Rohre wird gleichzeitig ein Ring mit Zugschnur eingesetzt, vermittels welcher Einrichtung das Herausnehmen der Kammzugbobinen für den Arbeiter äußerst bequem geschieht. Auch kann die Bobine auf diese Weise niemals beschädigt werden.

Die Zirkulation der Flotte geschieht durch eine rotierende Kolbenpumpe, deren Tourenzahl eine relativ sehr geringe ist — nur ca. 120 pro Minute. Der Kraftbedarf ist daher äußerst minimal — $\frac{1}{2}$ bis 2 PS., je nach Größe.

Die weitere Ausstattung der Flottenzirkulationspumpe mit einer automatischen Umschaltung gestattet eine wechselseitige Flottenzirkulation, indem die Flotte wechselweise durchgesaugt und dann durchgedrückt wird. Die Umschaltung ist hinsichtlich Zeitdauer der Abstände genau einstellbar.

Jedes Bobinenrohr steht in direkter Verbindung mit der Flottenzirkulationspumpe, so daß jeder einzelnen Bobine direkter Flottenstrom zugeführt wird.

Die in Fig. 133 abgebildete Maschine ist ein Röhren-Apparat der Firma Obermaier & Co., Lambrecht, zum Färben von Kammzugbobinen.

Als Material für den Bau der Maschine wird ausschließlich Holz, Phosphorbronze und Nickelin verwendet. Kupfer ist ganz ausgeschaltet worden, um alle Farben, auch kupferempfindliche auf dem Apparat färben zu können.

Die Färbemaschine besteht im wesentlichen aus:

1. Einer langsam laufenden Rotationspumpe. Die Pumpe befördert die Färbeflotte abwechselnd von innen nach außen oder von außen nach innen durch die Bobinen, wodurch eine vollständig gleichmäßige Durchfärbung der Bobinen erzielt wird.

Die Umschaltung der Pumpe, die mit 3 Riemenscheiben und 2 Riemen (einem offenen und einem geschränkten) versehen ist, geschieht mittels Ausrücker von Hand oder automatischer Umschaltevorrichtung, die den Wechsel der Flottenrichtung selbständig bewerkstelligt und zwar in beliebigen Zeiträumen.

-Fig. 133. Röhren-Färbeapparat für Kammzugbobinen, System Obermaier.

2. Aus einem starken Holzbottich aus Pitchsine-Holz, zusammengehalten durch solide, dauerhafte Traversen.

3. Mehreren perforierten Röhren (je nach Größe des Apparates 1 bis 20 Stück in einem Bottich) aus Nickelin oder Phosphorbronze. Die Röhren haben unten horizontale Teller, auf die sich die untersten Bobinen aufsetzen.

Jede Röhre ist bequem abnehmbar, so daß man z. B. in einem Apparat mit 10 Röhren auch ohne weiteres nur mit 8, 6 oder 4 Röhren färben kann.

Die bei Abnahme der Röhren entstehenden Öffnungen werden durch Flanschen verschlossen. Sind die Röhren mit Kammzugbobinen gefüllt, dann wird auf die oberste Bobine jeder Röhre ein Bronzedeckel gesetzt.

Diese Deckel sind so ausgeführt, daß sie nicht wie früher eingeschraubt werden, sondern sie werden nur aufgesetzt und leicht angedrückt. Jede weitere Beschäftigung mit den Deckeln fällt dann weg. Während man diese Deckel früher beim Zusammensinken der Bobinen von Hand nachschrauben mußte, sinken sie jetzt ganz selbsttätig nach und bleiben in jeder Stellung stehen. Zu diesem Zwecke sind sie mit einer einfachen und sinnreichen Vorrichtung versehen, die keine Federn und kein Gewinde besitzt und ebenso lange hält als der Deckel selbst.

Diese Deckel haben weiter den Vorteil, daß sie oben vollständig geschlossen sind, sie brauchen daher beim Saugen der Pumpe nicht unter Wasser zu stehen. Bei Deckeln mit Gewindespindeln saugt dagegen die Pumpe Luft oben zwischen Gewinde und Deckel ein und die erstere arbeitet nicht so wie sie sollte. Auch das lästige Spritzen beim Drücken der Pumpe fällt vollständig weg. Zum Schutze der Kammzugbobinen gegen Verfilzen werden diese mit Hülsen aus Nickelin umkleidet. Die Schonung des Kammzugs ist auf diese Weise die größtmöglichste.

Die Beheizung geschieht in der Regel mittels indirektem Dampf.

Zum Ablassen der Flotte dient ein Ablaßhahn oder Ventil. Will man die Flotte nach dem Färben aufbewahren, so schaltet man zwischen Pumpe und Bottich einen Dreiweghahn, mittels dessen die Flotte in ein höher stehendes Reservoir gepumpt werden kann.

Zum Zusetzen von Säuren oder kleiner Farbstoffmengen dient ein Säurezusatzbehälter. Zwei säurebeständige Röhrchen führen in die Saug- bzw. Druckleitung der Pumpe und befördern so die Chemikalien in die Bobinen.

Kammzugfärbeapparate nach dem Röhren-Aufstecksystem werden außerdem noch von den Firmen H. Schirp, Vohwinkel-Elberfeld und H. Krantz, Aachen, gebaut. Die Konstruktion dieser Apparate ist eine den vorgenannten sehr ähnliche, es erübrigt sich daher auf dieselbe näher einzugehen.

Fig. 134. Revolververfärbeapparat für Kammzugbobinen, System Obermaier.

Außer dem Röhrenapparat der Firma Obermaier & Co. sei noch eine ältere Konstruktion eines Kammzugfärbeapparates, der Revolverapparat der gleichen Firma, beschrieben, welcher in Fig. 134 veranschaulicht ist.

Die maschinelle Einrichtung des Apparates besteht im wesentlichen aus einem Reservoir zur Aufnahme der Färbeflotte nebst zugehörigen Röhren und Hähnen, einem Revolverfärbezylinder als Beschickungsraum für die Bobinen, einer Spezialpumpe, welche den Kreislauf der Flotte bewirkt, und einer Vorrichtung zur Rückgewinnung der Flotte und zur schnellen Spülung.

Die Handhabung des Apparates geschieht derart, daß der Färbezylinder mit den ca. 5 kg wiegenden Bobinen beschickt wird, die einzelnen Behälter mittels perforierter Deckel geschlossen werden und der ganze Zylinder in den Färbebottich eingesetzt wird. Durch Inbetriebsetzung der Pumpe vollzieht sich das Färben von selbst, und braucht der Apparat bis zur Beendigung der Operation keine Wartung. Eine Dampfschlange dient zur Erhitzung des Bades.

Es lassen sich alle Färbeoperationen fortlaufend auf dem Apparat vornehmen.

Im Vergleich zu dem Röhrenapparat hat der Revolverapparat den Nachteil, daß die Bobinen eine bestimmte Größe haben müssen, und daß zu seiner Bedienung ein Flaschenzug erforderlich ist. Dagegen besitzt er dem Röhrenapparat gegenüber den Vorzug, daß der Flottendruck auf die einzelnen Bobinen viel gleichmäßiger ist als bei diesem.

Infolge der absoluten Festlegung während des Färbeprozesses wird der Kammzug weder zerzaust noch verzogen und die Parallellage der Wolle in keiner Weise verändert.

Der Apparat wird vorwiegend zum Färben mit Chromentwicklungsfarbstoffen benützt, hat sich aber auch zum Färben von Indigo auf Kammzugbobinen in der Praxis bewährt.

In jüngster Zeit ist die Reihe der Wollfärbeapparate durch einen weiteren Typ der Firma Obermaier & Co. vermehrt worden, welchen ich der Vielseitigkeit seiner Verwendungsmöglichkeit wegen nicht unerwähnt lassen möchte. Dieser als „Universalfärbeapparat" bezeichnete Färbeapparat, Fig. 135, besteht im wesentlichen aus dem Färbebottich, der Pumpe mit Rohrleitung und dem Flottenreservoir. Das Material, aus welchem der Apparat hergestellt wird, ist ausschließlich Holz, Phosphorbronze und Kupfer. Der Färbebottich, aus Pitchpineholz angefertigt, ist durch eine Zwischenwand in eine Materialkammer und eine Heizkammer geteilt. Durch diese Abtrennung der Heizkammer wird erreicht, daß nur gleichmäßig erwärmte Flotte die Materialkammer durchströmen kann.

Die Flottenzirkulation vollzieht sich einseitig oder doppelseitig, indem sich die Flotte über die Zwischenwand der Heizkammer auf das Material ergießt und in einseitiger oder wechselseitiger Richtung kreist. Bewirkt wird die Zirkulation durch eine Spezialdrehkolbenpumpe, durch welche ein besonders energischer Saug- und Druckeffekt erzielt wird. Die Tourenzahl der Pumpe ist bei einer großen Förderungsmenge sehr niedrig bemessen, so daß eine geringe Abnutzung und ein ruhiger, stoßfreier Gang der Pumpe gewährleistet ist.

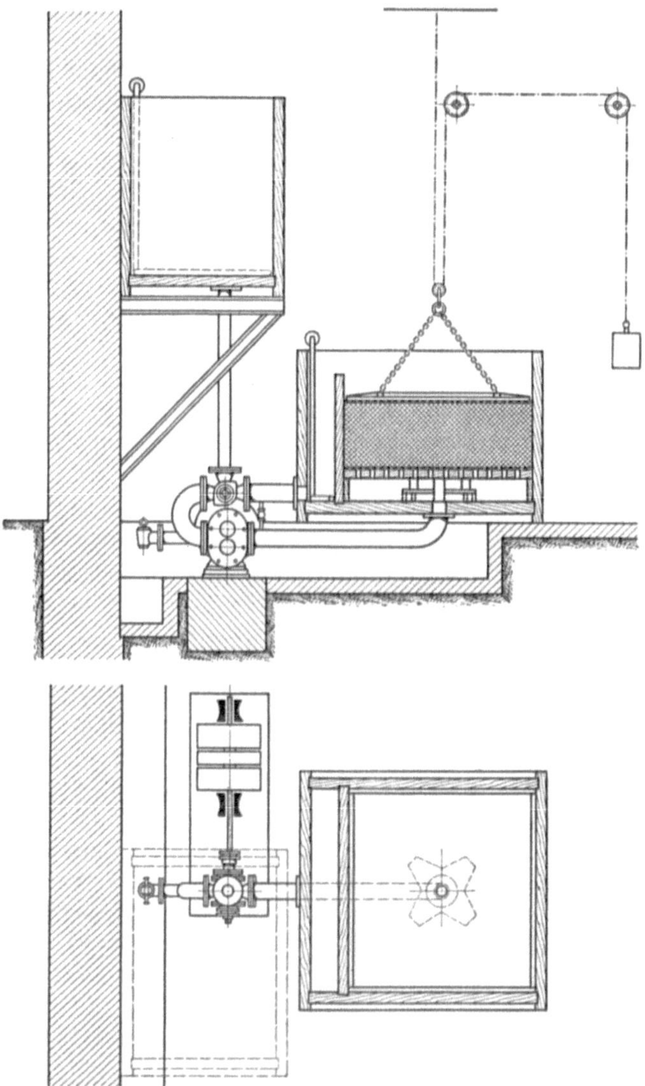

Fig. 135. Universalfärbeapparat, System Obermaier.

Durch Einschalten von verschließbaren Zirkulationslöchern in die Zwischenwand der Heizkammer und eines speziellen Umlaufventils in die Pumpenleitung wird erreicht, daß nicht nur die Länge der Flotte den kleinsten Partien entsprechend eingestellt, sondern auch gleichzeitig die Zirkulation und Fördermenge der Pumpe auf einfache Weise reguliert werden kann.

Die Flotte kann durch Umstellen der Hähne in ein hochgestelltes Flottenreservoir gedrückt werden, oder es kann auch der Färbebottich mittels der Pumpe nach dem Färben und Spülen rasch entleert werden.

Der Färbeapparat kann durch entsprechende Vorrichtungen für die folgenden Färbemethoden eingerichtet werden:

a) Färben der losen Wolle, Lumpen usw. nach dem Packsystem ohne jede Pressung.
b) Etagensystem für Wollgarne.
c) Färbungen in hängenden Strähnen für Garne, die keine Pressung vertragen.
d) Färben von Cops und Kreuzspulen nach dem Aufstecksystem auf vertikalen Materialträgerplatten.
e) Färben von weichen Kreuzspulen nach dem Packsystem in übereinandergestellten Materialkästen.

Zu a). Die Wolle wird in den beiden Materialkammern leicht eingepackt und mittels der perforierten Metalldeckel abgedeckt. Die letzteren drücken nicht auf die Wolle, sondern sind mit Gegengewichten ausbalanciert und verriegeln sich selbsttätig gegen eine Verschiebung nach oben. Durch die automatisch wechselnde Flottenzirkulation wird das leicht gelagerte Material stets aufgelockert, so daß eine Dekatur der Wolle vermieden wird. Am Boden der Materialkammern befinden sich unter dem perforierten Doppelboden Flottenverteiler, durch welche ein gleichmäßiges Durchdringen des Materials erzielt wird.

Der Apparat wird für 25—250 kg lose Wolle gebaut, und können auf einem Apparat, welcher für 250 kg Beschickung eingerichtet ist, infolge der eingangs erwähnten Vorrichtungen noch Partien von 50 kg gefärbt werden.

Zu b) und c). Das Färben von Wollstrang kann in diesem Apparat je nach der Beschaffenheit des Garnes und des Egalisierungsvermögens der verwendeten Farbstoffe auf dreierlei Arten ausgeführt werden. Schwarz und leicht egalisierende Farben lassen sich in der gleichen Packweise wie lose Wolle färben. Heikle Nuancen werden nach dem Etagensystem gefärbt. Zu diesem Zweck werden in den Apparat mehrere übereinandergelagerte Korbdeckel eingesetzt, welche durch ein Bronzegestell versteift werden. Die Zirkulation geht von oben nach unten vor sich, so daß sich die einzelnen Garnlagen gleichmäßig abdichtend anlegen und vollkommen homogene Schichten bilden, wodurch eine einwandfreie Egalität erzielt wird. Für das Färben von Garnen, die keine Pressung vertragen, ist eine Vorrichtung vorgesehen, die es ermöglicht, diese Garne in aufgehängtem Zustand zu färben.

Zu d). Um Cops und Kreuzspulen auf dem Apparat nach dem Aufstecksystem zu färben, werden vertikale Materialträgerplatten in den Färbebottich eingesetzt; diese werden für Beschickungsmengen von 15—50 kg gebaut. Vermöge der bereits beschriebenen Zirkulationseinrichtungen kann auch hier die Partiegröße sehr klein gehalten werden unter Aufrechterhaltung der entsprechenden Flottenlänge und Stärke der Zirkulation.

Zu e). Weiche Wollkreuzspulen können auf dem Apparat im Packsystem gefärbt werden, indem sie unter Zuhilfenahme von Baumwolle als Packmaterial in Materialkästen gepackt werden, welche in den Apparat abdichtend übereinander festgelegt werden. Die Zirkulation geht hierbei wie bei dem losen Material doppelseitig vor sich. Flottenlänge und Stärke der Zirkulation ist bei diesem Material ebenfalls regulierbar.

Der Apparat dürfte, falls er die von den Konstrukteuren in ihn gesetzten Erwartungen erfüllt und sich in seiner Vielseitigkeit auch in der Praxis bewährt, als einer der vollkommensten Wollfärbeapparate angesprochen werden.

B. Färbeweise der verschiedenen Farbstoffe auf Apparaten.

Es lassen sich in der Wollfärberei drei große Gruppen von Farbstoffen unterscheiden, welche für das Färben auf Apparaten in Frage kommen, und zwar: die Säurefarbstoffe, die Chromierungsfarbstoffe und die Küpenfarbstoffe. Die letztgenannten haben bis jetzt noch keine große Bedeutung für die Apparatfärberei erlangt, weshalb die wenigen für Küpenfarbstoffe geeigneten Apparate bei der Besprechung dieser Farbstoffgruppe erwähnt sind.

1. Säurefarbstoffe.

Das Färben im sauren Bade findet Anwendung in der Apparatfärberei hauptsächlich für Wollgarne im Strang, und zwar speziell für Cheviot-, Streich- und Kunstwollgarne, also beispielsweise in der Teppich-, Posamenten-, Portieren-, Strickgarnbranche usw. Die Apparatfärberei hat aber auch für Kammgarne, Zephir- und Moosgarne usw. in der Tücher-, Trikot-, Handschuh- und Strumpffabrikation Eingang gefunden, wo gleichfalls mit sauer ziehenden Farbstoffen gearbeitet wird.

Mit wenigen Ausnahmen sind wohl alle eingangs für das Färben von Wollgarnen aufgeführten Apparate in der „sauren Färberei" im Gebrauch, es mögen jedoch kurz die Gesichtspunkte erörtert werden, welche für die Anschaffung eines bestimmten Typs ausschlagend sind.

Für die Beurteilung der Verwendbarkeit eines Apparates ist zunächst maßgebend die Beschaffenheit des zu färbenden Garnmaterials und die Ansprüche, welche in bezug auf Gleichmäßigkeit der Färbungen jeweilig gestellt werden. Es kommt dafür fernerhin in Frage, ob lediglich Stapelfarben, in der Hauptsache Schwarz gefärbt werden sollen, oder ob der Apparat auch zur Herstellung von Garnfärbungen, die ein Nuancieren nach Muster bedingen, dienen soll. Des weiteren ist die Leistungsfähigkeit des Apparates hinsichtlich der Produktion in Betracht zu ziehen und schließlich spielt auch der Anschaffungspreis des Apparates eine große Rolle, besonders für den Lohnfärber, da die Farblöhne für saure Farben zum Teil auf einem recht niedrigen Niveau angekommen sind.

Man wird daher da, wo es sich beispielsweise nur um das Färben von saurem Schwarz in großer Menge und zu niedrigem Preise handelt, mit den verhältnismäßig billigen und keine mechanische Antriebskraft benötigenden Injektor- oder Dampfstrahlgebläse-Apparaten auskommen, während man da, wo Garne auch in bunten Farben gefärbt werden sollen, einen Übergußapparat mit Pumpe, ohne oder mit Etagensystem wählen muß. Ein Nuancieren nach Muster ist im allgemeinen in den Apparaten mit Etagensystem leichter ausführbar als in denen, die diese Einrichtung nicht besitzen, jedenfalls erfordert es in letzteren ein vorsichtigeres Arbeiten und ein eventuelles Umpacken der Garne.

Grobe Garne aus ordinären Wollen gesponnen, ebenso Kunstwollgarne egalisieren leichter im Apparat als feine Kammgarne, da sie keinen so festen Block bilden und daher leichter durchlässig für die Farbflotten sind; auch hierauf ist bei der Wahl des Apparates Rücksicht zu nehmen.

Wenn es sich daher um das Färben besserer Garnqualitäten und gleichzeitig um ein Nuancieren nach Muster handelt, wird man Apparate bevorzugen müssen, die ein Etagensystem besitzen und entweder eine sehr gleichmäßig regulierte einseitige oder eine wechselseitige Flottenzirkulation aufweisen. Auch der Esser - Geißler -Apparat kommt für diesen Zweck ganz besonders in Frage.

Im allgemeinen bietet das Färben der Wollgarne mit sauer ziehenden Farbstoffen auf Apparaten keine allzugroßen Schwierigkeiten, da es aber immerhin mit einiger Vorsicht gehandhabt werden muß, so sei auf einige Umstände hingewiesen, die der Beachtung wert erscheinen.

Das zum Färben benötigte Wasser soll tunlichst frei von mechanischen Verunreinigungen und möglichst kalkfrei sein. Steht Kondenswasser nicht in genügender Menge zur Verfügung, so bietet Flußwasser einen hinreichenden Ersatz, wenn es durch eine entsprechende Filteranlage geklärt ist. Stark kalkhaltiges Wasser muß vor der Benutzung enthärtet werden.

Saure Wollfarbstoffe lösen sich im allgemeinen gut, man löst sie zweckmäßig durch Aufkochen mit Kondenswasser in einem Holz- oder Metalleimer. Die Zugabe des gut gelösten Farbstoffes zum Färbebade geschieht am besten durch ein feines Haarsieb, um jeder Farbfleckenbildung auf dem eingepackten Material vorzubeugen. Man verwende, gleich wie in der Baumwollfärberei, nur leicht lösliche Produkte zum Färben der Wollgarne auf Apparaten.

Dem Färbebad wird, wie in der Bottichfärberei üblich, 20 % Glaubersalz auf Ansatzbad und 10 % Glaubersalz auf laufenden Bädern zugesetzt.

Die Menge der zuzugebenden Schwefelsäure bzw. des Weinsteinpräparates richtet sich in der Hauptsache nach der besseren oder minder guten Egalisierungsfähigkeit der angewendeten Farbstoffe. Im allgemeinen tut man gut, mit der Zugabe des sauren Agens vorsichtig zu sein und dem Färbebad im Anfang nur bis zu 2 % Schwefelsäure oder bis 5 % Weinsteinpräparat zuzusetzen. Der weitere Zusatz von Säure oder Weinsteinpräparat zum Färbebad muß in stark verdünnter Form und in mehreren Portionen erfolgen.

Die Temperatur der Farbbäder hält man beim Eingehen auf 60 bis 70 ° C., läßt bei dieser Temperatur die Farbflotte eine Viertelstunde durch das Material zirkulieren, erwärmt dann bis zur Kochtemperatur und kocht ca. Dreiviertelstunde.

Für Farbstoffe, welche von der Wollfaser sehr leicht aufgenommen werden, daher schwer egalisieren, beispielsweise die Ponceau und Echtrot, sowie andere der gleichen Farbstoffklasse angehörende Rotmarken erscheint das Färben in essigsaurem Bade ratsam. Man beschickt das Färbebad mit dem nötigen gut gelösten Farbstoff, 20 % Glaubersalz und 2—3 % Essigsäure, geht bei 50—60 ° C. ein, treibt zum Kochen und läßt eine halbe Stunde kochen. Zur Erschöpfung des Bades gibt man dann weitere 3—5 % Essigsäure oder 1—2 % Schwefelsäure gut verdünnt in mehreren Portionen dem Färbebad zu.

Will man die Verwendung von Essigsäure der Kosten wegen vermeiden, so empfiehlt sich ein Zusatz von Ammoniak zum schwefelsauren Bade, die Flotte muß jedoch immer noch schwachsauer reagieren.

Bei einer Eingangstemperatur von 50—60 ° C., langsamem zum Kochen treiben und einem halbstündigen Kochen erzielt man auch mit diesem Verfahren recht gute Resultate, da die Säure nach und nach infolge allmählichen Verflüchtigens des Ammoniaks zur Wirkung kommt und der Farbstoff infolgedessen langsam aufzieht.

Es ist bekanntlich eine alte Erfahrung, die jeder praktische Färber bestätigen wird, obwohl eine wissenschaftliche Erklärung dieser Tatsache noch nicht gefunden wurde, daß Säurefarbstoffe in alten Farbbädern bedeutend gleichmäßiger auf die Wolle aufziehen als in frisch

angesetzten Bädern. Diesem Umstand muß auch in der Apparatfärberei Rechnung getragen werden, sofern mit sauer ziehenden Farbstoffen gearbeitet wird. Es ist daher zweckmäßig, solche Apparate
zu verwenden, deren Konstruktion es gestattet, die benutzten Farbflotten behufs Wiederverwendung aufzubewahren, sei es, daß man sie
in einen tiefer als der Färbeapparat stehenden Behälter ablassen oder
in einen höher stehenden Bottich hinauf pumpen kann. Das Vorhandensein dieser Einrichtung ist außerdem wichtig, wenn die Garne
auf dem Apparat nuanciert werden sollen, denn nicht nur der Ansatz
der Farbbäder, sondern auch die behufs Nuancierung zu machenden
Farbstoffzusätze müssen zweckmäßig in einem separaten Behälter vorgenommen werden, welcher mit dem Bottich durch Rohrleitung und
Pumpe in Verbindung steht. Nur so läßt sich eine durchaus gleichmäßige Verteilung des Farbstoffes in der Farbflotte erzielen, auch bietet
diese Arbeitsweise am ehesten die Gewähr, daß das eingepackte Material
von dem durch Farbstoffnachsatz verstärkten Färbebade allseitig durchdrungen und gleichmäßig gefärbt wird.

Das Spülen der Garne, welches in der sauren Färberei nur von kurzer
Dauer zu sein braucht, kann ebenfalls auf dem Apparat vorgenommen
werden, nachdem die Farbflotte in den Flottenbehälter zwecks Aufbewahrung zurückgepumpt wurde.

Das Färben von Cops und Kreuzspulen hat in der sauren Färberei
bislang noch wenig Bedeutung erlangt. Da, wo das Färben von Wickeln
mit Säurefarbstoffen in Frage kommt, wird es zweckmäßig sein, dies
in Aufsteckapparaten mit einseitig saugender oder mit wechselseitiger
Flottenzirkulation unter Einhaltung der für Garne gegebenen Vorsichtsmaßregeln auszuführen.

2. Chromierungsfarbstoffe.

Wohl in keinem Zweige des vielseitigen Färberei-Betriebes haben
Färbeapparate so überraschend schnell Eingang gefunden als in der
Echtfärberei der Wolle mit Chromierungsfarbstoffen. Das Bedürfnis,
das Material auf Apparaten färben zu können, ist aber auch wohl nirgends
ausgeprägter vorhanden gewesen als bei dieser Arbeitsweise. Die Ursache hierfür ist vor allem in der schonenden Behandlung zu suchen,
welche das Wollmaterial in der Apparatfärberei erhält und welche
in der Echtfärberei mit Chromierungsfarbstoffen um so mehr ins Gewicht
fällt, als bei dieser Färbemethode das Material eine ziemlich langdauernde
Behandlung in der Farbflotte erfahren muß, sowohl wegen Erzielung
der nötigen Gleichmäßigkeit wie der Echtheit.

Das Färben auf Apparaten findet daher Anwendung in der Echtfärberei für fast alle Wollmaterialien, sei es lose Wolle, Kammzug, Cops,
Kreuzspulen oder Stranggarne.

Zum Färben loser Wolle bedient man sich in der Regel der Packapparate ohne Etagensystem. Kammzug wird zumeist in Form von
Bobinen auf Spezialapparaten gefärbt, Cops und Kreuzspulen auf eigens
dafür konstruierten Aufsteckapparaten und für Stranggarne sind Etagenapparate sowie der Esser-Geißler-Apparate am besten geeignet.

Ehe ich auf das Färben näher eingehe, möchte ich bei dieser Gelegenheit einer Ansicht entgegentreten, welcher ich in Fabrikanten-
kreisen verschiedentlich begegnet bin, daß nämlich der Färber imstande sein müsse, auf dem Apparat schneller zu arbeiten, also mehr zu
schaffen als auf dem Bottich. Dies ist ein zwar verzeihlicher aber großer
Irrtum. Zeitersparnis bringt die Echtfärberei der Wolle auf Apparaten
nur in den wenigsten Fällen mit sich, und zwar nur dann, wenn es sich
um die Herstellung von Stapelfarben, beispielsweise Schwarz auf loser
Wolle handelt und Apparate mit auswechselbaren Materialträgern
zur Verfügung stehen. Kommen jedoch Kombinationsfärbungen und
eine Nuancierung nach Muster speziell auf Stranggarn in Frage, so
wird das Färben auf Apparaten in der Regel längere Zeit beanspruchen
als die Bottichfärberei. Für den einsichtsvollen Fabrikanten wird jedoch die durch die Apparatfärberei erzielte unbedingte Schonung des
Materials von ganz erheblich größerem Werte sein, als der verursachte
Zeitverlust, zumal der letztere durch die Ersparnis an Arbeitslohn
reichlich aufgewogen wird, denn bei großem Betrieb sind zwei Mann
wohl in der Lage, 3—4 Apparate bedienen zu können, in welchen je
50—100 kg Material gefärbt werden. Das gleiche gilt auch für das
Färben von Cops und Kreuzspulen im Aufstecksystem.

Als Farbstoffe für die Echtfärberei auf Apparaten kommen die
Nachchromierungsfarbstoffe sowie die Auto-, Meta- und Monochrom-
farbstoffe in Frage. Unter diesen muß der Färber die geeignete Auswahl treffen, wobei ihm die Angaben der Farbenfabriken als Richtschnur
dienen können.

Immerhin wird es sich empfehlen, diese Angaben von Fall zu
Fall nachzuprüfen und festzustellen, ob die zu verwendenden Farbstoffe hinsichtlich ihrer Löslichkeit und ihres Egalisierungsvermögens
den jeweiligen Erfordernissen entsprechen.

Die in der Echtfärberei mit Chromierungsfarbstoffen auf Apparaten
anzuwendenden Vorsichtsmaßregeln richten sich in erster Linie nach
dem zu färbenden Material und sodann nach den in Anwendung gebrachten Farbstoffen.

Lose Wolle erfordert naturgemäß nicht die subtile Behandlung
wie beispielsweise Cops, Kreuzspulen oder Stranggarn, welche möglichst fadengleich ausfallen sollen; ebenso ist z. B. für das Färben
von Schwarz nicht die gleiche Vorsicht notwendig wie für eine aus mehreren Farbstoffen kombinierte Modefarbe. Es lassen sich also all-

gemein gültige Normen für die einzuschlagende Färbeweise nicht aufstellen.

Dagegen läßt sich eine gewisse Gruppierung nach Nuancen vornehmen. Die die meiste Vorsicht erheischende Gruppe vorwegnehmend, sei daher zunächst die Färbemethode besprochen, welche zur Erzielung einer Modefarbe, beispielsweise eines Braun-, Oliv- oder Grautones, und zwar auf Cops, Kreuzspulen oder Stranggarn notwendig ist, um eine gleichmäßige Färbung nach Muster, und zwar mit Chromentwicklungsfarbstoffen zu erzielen. Die genannten Farbtöne werden zumeist durch eine Kombination von 3—4 Farbstoffen hergestellt. Bei Auswahl derselben muß man neben guter Löslichkeit die Kombinationsfähigkeit der einzelnen Farbstoffe in Betracht ziehen. Den Ansatz der Farbflotte nimmt man in einem gesonderten, mit dem Apparat durch Rohrleitung verbundenen Behälter vor. Die Benutzung durchaus kalk- und schlammfreien Wassers ist dringend anzuraten. Jeder einzelne Farbstoff wird zweckmäßig für sich in kochendem Kondenswasser gut gelöst und durch ein feines Haarsieb dem Ansatzbad zugegeben. Das nötige krist. Glaubersalz — 10—20 % vom Gewicht des zu färbenden Materials — muß gleichfalls mit kochendem Kondenswasser gut gelöst zugesetzt werden. Es ist nicht ratsam, das Glaubersalz in ungelöster Form dem bei niederer Temperatur angesetzten Farbbade zuzufügen, da es sich darin nur sehr langsam löst und entweder zum Teil ungenutzt am Boden des Flottenansatzbehälters liegen bleibt, oder wenn es wirklich in den Färbeapparat gelangt, dort nur nach und nach bei der Erwärmung der Flotte zur Wirkung kommt. Da Glaubersalz jedoch ein zu schnelles Aufziehen der Farbstoffe verhindern und egalisierend wirken soll, so ist es zweckdienlich, wenn es von vornherein in gleichmäßiger Verteilung im Farbbade enthalten ist. Des weiteren gibt man dem Ansatzbad je nach Tiefe der Färbung 3—6 % essigsaures Ammon vom Gewicht des zu färbenden Materials zu, um ein möglichst gleichmäßiges und langsames Aufziehen der Farbstoffe zu erreichen. Man kann sich das essigsaure Ammon sehr leicht durch Mischen von Essigsäure und Ammoniak bereiten, indem man z. B. zu 105 Teilen Ammoniak (25 proz.) 150 Teile Essigsäure (50 proz.) hinzufügt. Diese Lösung muß stets schwach alkalisch reagieren. Als weiteres Egalisierungsmittel kommt ev. noch ein Zusatz von Türkonöl oder Monopolseife in Betracht, welche in Mengen von ½—1 % dem Farbbade zugesetzt, besonders bei helleren Färbungen eine günstige Wirkung auf die Egalität ausüben. Das fertig angesetzte Färbebad soll für vorgenannte diffizile Farben und Materialien eine Temperatur von 30 ⁰ C nicht überschreiten und wird nach gutem Umrühren dem mit dem vorher genetzten oder gewaschenen Material beschickten Färbeapparat zugeführt. Man läßt die Farbflotte zunächst unter

öfterem Wechseln der Durchströmungsrichtung eine Viertelstunde ohne
Dampf durch das Material zirkulieren, treibt die Flotte sodann während
Dreiviertelstunde durch möglichst gleichmäßige Erwärmung mittels
indirektem Dampf langsam zum Kochen und läßt sie, wenn die Kochtemperatur erreicht ist, noch eine Dreiviertelstunde schwach kochen.
Während der Erwärmung sowie besonders beim Sieden der Farbflotte
verflüchtigt sich der Ammoniak nach und nach, und in dem gleichen
Maße kommt die Säure zur Wirkung. Der Zusatz von Ammoniak
als Regulierungsmittel für ein langsames und gleichmäßiges Aufziehen
der Farbstoffe ist auch dann zu empfehlen, wenn Farbstoffe verwendet
werden, die zum Aufziehen größere Säuremengen ev. den Zusatz von etwas
Schwefesäure benötigen. So kann man z. B. dem Ansatzbad

$$
\begin{array}{lll}
5\ \%\ \text{Essigsäure} & & 3\ \%\ \text{Essigsäure} \\
+\ 2\ \%\ \text{Ammoniak} \quad \text{oder} & & +\ 2\ \%\ \text{Ameisensäure} \\
& & +\ 2\ \%\ \text{Ammoniak}
\end{array}
$$

zusetzen, ebenso hat sich ein Zusatz zum Ansatzbad von:

$$
\begin{array}{l}
4\ ^0/_0\ \text{Essigsäure} \\
+\ 2\ ^0/_0\ \text{Schwefelsäure} \\
+\ 2\ ^0/_0\ \text{Ammoniak}
\end{array}
$$

bewährt, um bei dunkleren Färbungen die Farbflotte möglichst auszu-
ziehen.

Jedenfalls erhält man nach dieser Methode, die voll benötigte
Säure unter Abstumpfung mit Ammoniak von vornherein der Farbflotte zuzusetzen, bedeutend gleichmäßigere Färbungen, als wenn man
die zum Ausziehen nötige Säure nach und nach dem Färbebade zugibt, da hierbei selbst bei entsprechender Verdünnung der Säurezugabe eine gleichmäßige Verteilung durch das eingepackte Material
kaum zu erzielen ist.

Bei erhöhter Säurezugabe im Ansatzbad ist es jedoch von Wichtigkeit, daß die Farbflotte bei Beginn des Färbeprozesses auf möglichst
niederer Temperatur gehalten und nur ganz langsam erwärmt und zum
Kochen gebracht wird.

Nach beendeter Kochdauer wird die Farbflotte abgelassen und
mittels Durchpumpen von kaltem, möglichst weichem Wasser das
Material so lange gespült, bis man sicher sein kann, daß auch die
inneren Schichten des Materials vollständig abgekühlt sind. Auch
für den Fall, daß man darauf verzichten zu können glaubt, das Material
durchgängig auszukühlen, so muß doch selbst bei nur einmaliger Auf-
füllung des Apparates mit kaltem Wasser dieses so lange zirkulieren,
bis man annehmen kann, daß die inneren und äußeren Schichten des
Materials die gleiche Temperatur angenommen haben. Dies erste Spül-

wasser wird noch immer eine Temperatur von ca. 40 ⁰ C. aufweisen; man pumpt es zweckmäßig, um Wasser zu sparen, in den Flottenansatzbehälter zurück und verwendet es zum Ansatz der Chromierungsflotte.

Eine ungleichmäßige Abkühlung des Materials würde zur Folge haben, daß die heißeren Stellen das Chrom schneller aufnehmen würden als die kälteren, sich daher voller entwickeln würden als jene. Sehr häufing sind Unegalitäten in der Färbung auf Nichtbeachtung dieses Umstandes zurückzuführen.

Der Ansatz der Nachchromierungsflotte erfolgt für diffizile Farben und Materialien stets im Flottenansatzbehälter. Das anzuwendende Chromkali oder Chromnatron muß mit kochendem Kondenswasser vollständig aufgelöst dem Bade zugesetzt werden; am zweckmäßigsten erfolgt der Zusatz durch ein Haarsieb, um sicher zu sein, daß keine ungelösten Teile wirkungslos zurückbleiben.

Für die Berechnung der zu verwendenden Mengen Chromsalze ist sowohl die Tiefe der Färbung bzw. der Prozentsatz der angewendeten Farbstoffe, als auch die Entwickelungsfähigkeit derselben maßgebend, andererseits ist aber auch das jeweilige Flottenverhältnis in Betracht zu ziehen.

Nach gutem Umrühren läßt man die Chromierungsflotte zunächst 10 Minuten bei niederer Temperatur durch das Material zirkulieren, treibt dann innerhalb einer halben Stunde zum Kochen und kocht eine halbe Stunde, womit dann in der Regel der Zweck der Nachchromierung, d. h. die echte Fixierung und Entwicklung der Farbstoffe auf der Faser erreicht ist. Durch weiteres Kochen kann man, falls dies erforderlich erscheint, den Farbton noch etwas nach der gelben Seite hin nuancieren. Nach beendigtem Chromieren wird die Farbflotte abgelassen und das Material mit kaltem möglichst weichem Wasser gut gespült.

Das hierauf erfolgende Abmustern geschieht entweder durch Abhaspeln eines Fadens von den Wickeln, oder wenn es sich um gefärbtes Stranggarn handelt, durch Öffnen des Verschlußdeckels des Apparates und Herausnehmen eines Garnstranges, sofern nicht Vorkehrungen getroffen sind, die es ermöglichen, durch Öffnen einer im oberen Siebboden des Apparates angebrachten Klappe ein Mustersträhnchen zu entnehmen. Zu verwerfen ist jedoch das bloße Einhängen eines Mustersträhnchens in den Apparat behufs Abmusterns, da dieses Verfahren absolut unzuverlässig ist, indem das frei in der Farbflotte hängende Mustersträhnchen fast stets einen von der eingepackten Partie abweichenden, meist dunkleren Farbton zeigt.

Ist die gewünschte Nuance im Ansatzbad noch nicht erreicht, was bei Modenuancen, die genau nach Muster passen sollen, wohl in den seltensten Fällen gelingen dürfte, so wird im Flottenbehälter ein entsprechendes Zusatzbad hergerichtet. Die Zusammensetzung und Anwendungsweise desselben richtet sich wesentlich danach, ob zur Erreichung des Musters noch größere oder nur geringe Mengen Farbstoff notwendig sind.

Im ersteren Falle wird man, besonders wenn noch viel Gelb oder Braun fehlt, die Verwendung von Nachchromierungsfarbstoffen zwecks Erzielung der notwendigen Echtheit nicht entbehren können. Die Anwendungsweise des Zusatzbades erfolgt in diesem Falle unter den gleichen Bedingungen wie die des Ansatzbades, ev. muß nochmals nachchromiert werden, wobei ein vorhergehendes, gleichmäßiges Abkühlen des Materials nicht unterlassen werden darf. Diese Manipulationen sind natürlich zeitraubend, man tut daher gut, auf Apparaten möglichst nach vorher festgelegten Rezepten zu arbeiten, sei es, daß man die Rezeptur früher auf dem Bottich gefärbter Partien benutzt, wobei man dem kürzeren Flottenverhältnis entsprechend $\frac{1}{5}$ bis $\frac{1}{6}$ an Farbstoff abbrechen kann, sei es, daß man die herzustellenden Nuancen zuvor in kleinem Maßstabe auf dem Becher vorprobiert, was bei einiger Übung zu recht zuverlässigen Resultaten führt. Die geringen Kosten für Anschaffung der nötigen Apparatur und die unerhebliche Mehraufwendung an Arbeitslohn für dieses Vorprobieren machen sich durch rascheres Arbeiten und dementsprechend gesteigerte Produktion auf dem Apparat bald bezahlt. Ist bei Anwendung der geschilderten Arbeitsweise die gewünschte Nuance nach dem Chromieren des ersten Farbstoffzusatzes und darauf erfolgtem Spülen so ziemlich erreicht, sodaß nur noch ein geringfügiges Nuancieren notwendig ist, so setzt man im Flottenansatzbehälter ein frisches Farbbad mit den nötigen Farbstoffen und ca. 2—3 % Essigsäure an. Als Nuancierfarbstoffe kommen chrombeständige und die nötige Walkechtheit besitzende Säurefarbstoffe in Frage, auch Nachchromierungsfarbstoffe von gutem Egalisierungsvermögen lassen sich in geringen Mengen ohne nochmaliges Nachchromieren auffärben. Die Anfangstemperatur des Nuancierbades kann in diesem Falle ca. 50—60 ⁰ C. betragen. Man läßt das Bad bei dieser Temperatur kurze Zeit zirkulieren, erwärmt es zur Kochhitze und läßt es noch ca. eine Viertelstunde kochen, worauf erneut gemustert werden kann. Stellt sich die Notwendigkeit nochmaliger Farbstoffzugabe heraus, so wird die Farbflotte abgelassen, das Material durch Spülen mit kaltem Wasser abgekühlt, ein frisches Nuancierbad angesetzt und in der gleichen Weise wie oben verfahren. Ein Abkühlen des Materials ist vor erneuter Farbstoffzugabe stets anzuraten, sofern man bei diffizilen Nuancen auf vollkommene Egalität der Färbungen rechnen will.

Bei Anwendung von Auto-, Mono- und Metachromfarbstoffen wird, wenn es sich um Herstellung kombinierter Modetöne handelt, in derselben Weise verfahren, d. h. unter Berücksichtigung der gleichen Vorsichtsmaßregeln wie bei Nachchromierungsfarbstoffen. Der Unterschied besteht lediglich darin, daß bei den Auto- und Monochromfarbstoffen das Chromkali, bei den Metachromfarbstoffen die Metachrombeize dem Färbebade von Anfang an zugesetzt wird. Der Vorteil dieser Färbeweise besteht also darin, daß man das Abkühlen nach dem Ankochen und den frischen Ansatz des Chromierungsbades erspart; andererseits benötigen die genannten Farbstoffgruppen zu ihrer vollen Entwicklung eine wesentlich längere Färbedauer, so daß die Zeitersparnis nicht sonderlich ins Gewicht fällt, auch eignet sich diese Färbemethode nach meiner Erfahrung nur für helle bis mittlere Farbtöne, da in dunklen Nuancen die Farbbäder selbst bei längerer Kochdauer nur unvollkommen ausziehen. Es bleibt infolgedessen zu viel Farbstoff ungenutzt im Bade, und die Anwendung gestaltet sich unrationell.

Eine weitere Gruppe von Nuancen, zu deren Herstellung nur ein oder höchstens zwei Nachchromierungsfarbstoffe notwendig sind, erfordern, die Anwendung leicht egalisierender Produkte vorausgesetzt, weniger umfassende Vorsichtsmaßregeln beim Färben von Stranggarn, Cops oder Kreuzspulen auf Apparaten. Vor allem läßt sich die Färbedauer insofern abkürzen, als man die Anfangstemperatur des Ansatzbades erhöhen und die Farbflotte schneller zum Kochen treiben kann. Der Zusatz von Ammoniak zum Ansatzbad wird in den meisten Fällen beizubehalten sein, ebenso ein, wenn auch nicht so starkes Abkühlen des Materials vor dem Chromieren. Dem Chromentwicklungsbad kann man eine Anfangstemperatur von 50—60 ^{0} C. geben. Ich rechne zu der genannten Gruppe beispielsweise dunkelblaue und dunkelbraune Stapelnuancen sowie lebhafte Effektfarben, sofern letztere entweder ganz oder zum Teil mit gut egalisierenden, chrombeständigen und walkechten Säurefarbstoffen hergestellt werden.

Die wenigsten Umstände erfordert naturgemäß das Färben von Nachchromierungsschwarz. Der Zusatz von Ammoniak, ja selbst von Glaubersalz kann bei den meisten derartigen Schwarz unterbleiben. Das Ansatzbad wird mit dem nötigen Farbstoff und 3 % Essigsäure beschickt. Man beginnt mit dem Färben bei ca. 60 ^{0} C., treibt zum Kochen und gibt nach einhalbstündigem Kochen noch 2 $^0/_0$ Ameisen- oder Schwefelsäure nach, indem man die Säure gut verdünnt dem Flottensammelraum des Apparates durch ein Trichterrohr zuführt. Nach dem Ausziehen des Farbstoffes braucht die Farbflotte nur mäßig abgekühlt einigemale durch das Material gepumpt zu werden, worauf der Chromkalizusatz in derselben Weise wie die Säurezugabe erfolgt.

Um nicht mißverstanden zu werden, will ich noch ausdrücklich bemerken, daß die von mir vorgenommene Klassifizierung der Nuancen und der für diese anzuwendenden Vorsichtsmaßregeln nur ganz allgemein gehalten ist. Abweichungen nach der einen oder anderen Richtung ergeben sich naturgemäß je nach dem Egalisierungsvermögen der verwendeten Farbstoffe sowie nach den jeweilig an Egalität gestellten Ansprüchen. Auch die Konstruktion und Wirkungsweise des zum Färben benutzten Apparates spielt eine wesentliche Rolle hierbei, und wird der geübte Färber sehr bald selsbt herausgefunden haben, wieviel er seinem Apnarat zumuten kann. Meine Ausführungen sollen daher lediglich den Zweck haben, die ungefähre Richtung des Weges anzugeben, auf welchem sich Mißerfolgen tunlichst vorbeugen läßt. Ungeübteren Kollegen empfehle ich im einzelnen Falle, lieber etwas mehr als zu wenig Vorsicht anzuwenden, zumal in Lohnfärbereien, wo die Beschaffung von Ersatzpartien immer eine mißliche Sache ist.

Das Färben von losem Material auf Apparaten mit Nachchromierungs- usw. Farbstoffen gestaltet sich natürlich weit einfacher und erfordert weniger Vorsichtsmaßregeln, da Ungleichmäßigkeiten in der Farbe, sofern sie nicht außergewöhnlich stark hervortreten, durch die nachfolgende Bearbeitung auf den Krempeln usw. ausgeglichen werden. Auch ein genaues Färben nach Muster ist nur in speziellen Fällen erforderlich, wo es sich um Musterpartien handelt. Zumeist werden mehrere Farbpartien zu einer Spinnpartie vereinigt, und es läßt sich durch entsprechendes Heller- oder Dunklerhalten der einen oder anderen Farbpartie der gewünschte Farbton melieren.

Für bunte, aus verschiedenen Farbstoffkomponenten zusammengesetzte Töne empfiehlt es sich, auch beim Färben loser Wolle, die Anfangstemperatur des Farbbades möglichst niedrig zu halten. Das Färbeverfahren ist im allgemeinen folgendes: man läßt durch das eingepackte Material das nötige Quantum möglichst weichen, kalten Wassers zirkulieren und fügt während der Zirkulation den in mehreren Eimern mit kochendem Kondenswasser gut gelösten Farbstoff, sowie Glaubersalz und Essigsäure in dieser Reihenfolge zu. Die Zugabe geschieht entweder mittels Dampfdüse durch ein seitlich an dem Apparat angebrachtes Trichterrohr, welches in den Flottensammelraum des Apparates einmündet, oder von oben direkt in den Apparat. Das letztere ist jedoch nur anzuraten bei Apparaten mit wechselseitiger Flottenzirkulation, und zwar wählt man für den Zusatz die Zeit, in welcher die Flotte von unten nach oben durch das Material gedrückt wird. Man treibt sodann langsam zum Kochen, kocht eine halbe Stunde und fügt in derselben Weise wie beim Farbstoffzusatz die nötige Menge Ameisen- oder Schwefelsäure zur völligen Erschöpfung des Farbbades zu. Hierauf kühlt man das Bad mit wenig kaltem Wasser etwas ab, gibt das nötige Quantum Chromkali oder Chromnatron gut aufgelöst und möglichst reichlich verdünnt zu und läßt noch ca. Dreiviertelstunde bis zur vollständigen Entwicklung des Farbtones kochen. Ist ein größerer Farbstoffnachsatz erforderlich, so ist es ratsam, diesen in der gleichen Weise wie im Ansatzbad nach vorherigem Abkühlen des Materials zu bewirken. Kleinere Farbstoffzusätze zum Nuancieren können jedoch auch im Chromierungsbade nach einiger Abkühlung desselben mit chrombeständigen, walkechten Säurefarbstoffen vorgenommen werden. Für einige dunkle Stapelnuancen sowie für Schwarz auf loser Wolle gefärbt läßt sich die Anfangstemperatur des Färbebades noch erhöhen und somit eine schnellere Färbeweise erzielen, ohne grobe Unegalitäten befürchten zu müssen.

3. Küpenfarbstoffe.

Der Senior dieser Farbstoffklasse, der Indigo, hat seine Bedeutung für die Wollfärberei nicht in dem Maße aufrechterhalten können, wie er sie für die Baumwollfärberei unstreitig noch heute besitzt. Verdrängt wurde der Indigo aus seiner Position durch eine Reihe blauer Alizarin- und Nachchromierungsfarbstoffe, deren Echtheitseigenschaften beispielsweise in der Kammgarnstrangfärberei vollständig genügen und deren einfache Färbeweise zur Herstellung von Mischfarben vorteilhaft ins Gewicht fällt gegenüber dem zeitraubenden Anblauen mit Indigo und darauf folgendem Überfärben.

Die Verwendung des Indigo in der Wollfärberei hat sich daher lange Zeit hindurch in der Hauptsache auf das Färben von loser Wolle und Kammzug für Militärtuche und ähnliche Waren beschränkt, für welche man ihn seiner Nuance und seiner vorzüglichen Wetterechtheit wegen nicht entbehren konnte.

Erst in neuerer Zeit haben die Derivate des Indigo sowie eine Reihe anderer echter Küpenfarbstoffe, unter welchen vor allen die Helindonfarbstoffe der Farbwerke Höchst sowie einzelne Thioindigofarbstoffe von Kalle zu nennen sind, für auf der Küpe zu färbende Mischfarben erhöhte Bedeutung in der Wollfärberei erlangt.

Aber auch diese Farbstoffe haben vorläufig nur in der losen Woll- und Kammzugfärberei Eingang gefunden und sind es besonders die Helindonfarbstoffe, welche zur Einmelierung der neuen Armee Feldgrau-, Graugrün- und Khaki-Nuancen, sowie für Litzen- und Fezfärberei und zum Teil auch schon in der Haarhut-Industrie sich ein größeres Anwendungsgebiet eroberten.

Für die Kammgarnfärberei im Strang und auf Wickeln sind die Küpenfarbstoffe, bei dem heutigen Stand der Küpenfärberei kaum verwendbar, weil ein genaues Färben nach Muster durch die vorher bedingte Oxydation sehr erschwert wird.

Der Apparatebau hat sich bislang noch wenig mit Spezial-Konstruktionen für diese Farbstoffgruppe befaßt. Der bekannteste und verbreiteste Apparat für Indigo-Färbungen auf lose Wolle ist der Küpenapparat mit aufkippbarem Siebeinsatz und anmontierter oder fahrbarer Quetsche. Als eigentlichen Färbeapparat kann man zwar diese höchst einfache Einrichtung zum Färben streng genommen kaum bezeichnen, da sie keinerlei Flotten-Zirkulation besitzt, immerhin erfüllt sie ihren Zweck und möge ihr der Name deshalb belassen sein. Küpenapparate der vorbezeichneten Art werden unter anderem von den Firmen Ernst Hamburger, Görlitz, H. Krantz, Aachen und J. G. Lindner, Krimmitschau in ziemlich übereinstimmender Konstruktion gebaut.

Die Abbildung der Fig. 136 zeigt einen Küpenapparat mit fahrbarer Quetsche der Firma Ernst Hamburger, Görlitz.

Eine starke Pression der Quetschwalzen ist das wesentlichste Erfordernis bei diesem Küpenapparat. Um den Druck elastischer zu gestalten, umwickelt man die Walzen mit Kammzug; noch besser sind Tuchleisten für die Umwicklung geeignet. Die Wolle passiert nach beendigtem Färbeprozeß unter einem Druck von 5000—10 000 kg das Quetschwalzenpaar und wird dadurch möglichst vollständig von der überschüssigen Küpenflüssigkeit befreit, wobei die letztere in den Färbeapparat zurückfließt.

Fig. 136. Küpenapparat mit fahrbarer Quetsche.
Ernst Hamburger, Görlitz.

Besonders für Indigofärbungen ist ein Abquetschen unter möglichst hohem Druck empfehlenswert, um einem Abreiben und Ausbluten der Färbungen tunlichst vorzubeugen.

Auch für die neueren, bereits genannten Küpenfarbstoffe wird dieser Apparat zumeist verwendet, da er den Ansprüchen, welche an lose Wollfärbungen gemeinhin gestellt werden, genügt und seine Anschaffung des billigen Preises wegen sich rentabel gestaltet, obschon sich die Handarbeit durchaus nicht völlig ausschalten läßt.

Der verhältnismäßig hohe Anschaffungspreis und die sich daraus ergebende geringe Rentabilität mögen wohl auch die Ursache gewesen sein, daß sich der schon vor einer Reihe von Jahren nach System Gruhne von der Firma C. G. Haubold, Chemnitz, auf den Markt gebrachte Indigo-färbeapparat für Wolle nicht in dem Maße einzuführen vermochte, wie er es seiner den Anforderungen entsprechenden Konstruktion nach wohlverdiente.

Da dieser Apparat jedoch mit der Einführung der neueren Küpenfarbstoffe in der Wollfärberei erhöhte Bedeutung erlangt hat, so möchte ich nicht verfehlen, auf denselben besonders zu verweisen. Der Apparat

Fig. 137. Indigo-Färbeapparat für Wolle, System Gruhne.

hat neuerdinsg einige Verbesserungen erfahren und wird jetzt von der Firma Oswald Gruhne, Görlitz, selbst gebaut und vertrieben. Der Apparat ist in Fig. 137 veranschaulicht und besteht im wesentlichen aus einer Zentrifuge, einem Flottenbehälter, einer Rotationspumpe und den erforderlichen Verbindungsrohren und Armaturen.

Die Zentrifuge ist derart konstruiert, daß die Schleudertrommel durch eine geeignete Vorrichtung in bequemer Weise um ein geringes gehoben und gesenkt werden kann, so daß diese während des Färbens mit ihrem Boden auf dem Untergestell der Zentrifuge aufruht, wobei für eine zuverlässige Abdichtung durch einen Gummiring Sorge getragen ist. Zentrisch in der Schleudertrommel befindet sich ein eng perforierter Einsatz, mit welchem ein in dem Flottenbehälter stehendes Rohr durch eine Verschraubung verbunden werden kann. Durch einen starken hängenden, durch Gegengewicht ausbalanzierten Deckel kann die Zentrifuge luftdicht geschlossen werden. Der äußere Mantel bzw. das Untergestell der Zentrifuge ist ebenfalls durch eine Rohrleitung, in welche ein Dreiweghahn eingebaut ist, mit der Pumpe und durch diese mit dem Flottenbehälter verbunden, so daß ein durch das Material führender Kreislauf der Flotten stattfinden kann.

Beim Färben wird in folgender Weise verfahren: Das trockene Material wird fest und gleichmäßig in die Schleudertrommel gebracht, worauf diese so weit gesenkt wird, daß sie auf dem Untergestell der Zentrifuge abdichtend aufruht. Hierauf wird die Zentrifuge mit dem oben erwähnten hängend angeordneten Deckel luftdicht geschlossen und der Einsatz in der Schleudertrommel mit dem im Flottenbehälter stehenden Rohr verbunden. In einfacher Weise wird nunmehr die Zentrifuge und das eingelegte Material evakuiert, worauf die Flotte durch das obere Rohr in die Schleudertrommel eintritt und die Zentrifuge vollständig anfüllt, hierbei das Material kräftig durchströmend. Nach Umschaltung des Dreiweghahnes wird dann die Pumpe eingerückt, welche nunmehr die Flotte in entgegengesetzter Richtung durch das Material treibt. Am Deckel ist eine kleine verschließbare Öffnung angebracht, durch welche Muster entnommen werden können.

Nach Beendigung des Färbeprozesses wird die Pumpe außer Betrieb gesetzt, das obere Verbindungsrohr und der Deckel der Zentrifuge entfernt und die Flotte durch Umschaltung des Dreiweghahnes in den Flottenbehälter zurückgeleitet. Mittels der dafür vorgesehenen Vorrichtung wird die Schleudertrommel um ein geringes gehoben, so daß sie von dem Untergestell frei wird und nunmehr sofort als Zentrifuge verwendet werden kann. Die ausgeschleuderte Flüssigkeit fließt in den Flottenbehälter ohne jeden Verlust zurück und die gefärbte Wolle wird während des Ausschleuderns oxydiert, so daß sie aus der Zentrifuge sogleich in Körbe gebracht werden kann.

Außer dem vorerwähnten Apparat möchte ich für den gleichen Zweck geeignet noch auf die im zweiten Teil dieses Buches beschriebenen Apparate von C. G. Haubold jr., Fig. 58, G. Wörner, Fig. 92, und Wilh. Schiffers, Fig. 103, welche gleichfalls mit Schleudereinrichtung versehen sind, aufmerksam machen, von denen sich der Apparat von W. Schiffers zum Färben mit Helindonfarbstoffen auf Wolle bereits recht gut bewährt hat.

In Anbetracht der tadellosen Kombinationsfähigkeit der oben genannten Küpenfarbstoffe auf Wolle und ihrer hervorragenden Echtheitseigenschaften ist wohl mit Recht zu erwarten, daß sie in absehbarer Zeit den ersten Rang in der Echtfärberei für lose Wolle einnehmen werden. Zu gunsten ihrer Verwendung spricht ferner noch das Färben bei relativ niedriger Temperatur, der dadurch bedingte geringe Dampfverbrauch und die größtmöglichste Schonung des Materials; außerdem dürfte auch die Kürze der Färbedauer und die dadurch erhöhte Produktions-Möglichkeit bei der Kalkulation in Betracht kommen.

Aufgabe der fortschreitenden Technik im Apparatebau wird es daher sein, mit dieser Entwicklung gleichen Schritt zu halten und einen Küpenfärbeapparat für Wolle zu schaffen, welcher unter Berücksichtigung der Färbeweise und der nötigen Schonung des Materials auch ein Färben größerer Wollpartien mit Küpenfarbstoffen gestattet.

Vierter Teil.

Trockeneinrichtungen.

Dem Bleichen und Färben des losen Materials oder der entsprechenden Spinnprodukte muß unmittelbar ein schnelles und doch nicht zu heißes Trocknen folgen, bevor das Material seiner weiteren Verarbeitung in der Spinnerei bzw. Weberei zugeführt werden kann. Es seien daher an Hand von Abbildungen eine Reihe neuzeitiger Einrichtungen beschrieben, die dem genannten Zwecke dienen.

Zunächst ist die Grundbedingung für ein rationelles Trocknen ein möglichst vollständiges Entwässern des gebleichten oder gefärbten Materials.

Im Aufstecksystem gefärbte Cops werden zweckmäßig mittels der den betreffenden Apparaten angegliederten Vakuumeinrichtungen entwässert, ebenso Kettenbäume. Ein für das Trocknen genügendes Entwässern von Kreuzspulen ist jedoch mittels Evakuierung nicht ausführbar, da, wie bereits in dem Kapitel über Baumwollfärberei erwähnt, die Durchlässigkeit dieser Wickel für Luft zu groß ist und infolgedessen beim Absaugen zu wenig Flüssigkeit mitgerissen wird. Es ist daher angebracht, auch die im Aufstecksystem gefärbten Kreuzspulen vor dem Trocknen zu schleudern. Desgleichen bedient man sich zum Entwässern aller im Packsystem gebleichten oder gefärbten Materialien der Zentrifuge.

Die früher gebräuchliche und auch jetzt noch hier und da anzutreffende Konstruktion der Zentrifugen beruhte in der Hauptsache auf dem System des Betriebes von oben. Hierzu bedarf man eines soliden Fundaments, welches die Beschaffung einer solchen Zentrifuge mit Oberbetrieb sehr kostspielig macht.

Als weiterer Übelstand stellte sich bei dem System des Oberbetriebes heraus, daß durch das Einölen der über dem Kessel gehenden Lager oft Ölflecken in den Inhalt des rotierenden Kessels kommen, wie auch durch den, den Kessel überspannenden Bügel die Bedienung der Maschine wesentlich erschwert wird.

Um diese Übelstände zu vermeiden, ist man fast ausschließlich in neuerer Zeit dazu übergegangen, Zentrifugen mit Betrieb von unten zu bauen.

Die Firma C. G. Haubold jr., Chemnitz, war eine der ersten, die den Bau von Unterbetriebszentrifugen aufgenommen hat. Es seien daher

Fig. 138.

von den zahlreichen Typen, welche diese Fabrik für alle Zentrifugen benötigenden Industrien baut, einige für Färbereizwecke besonders geeignete durch Abbildung veranschaulicht.

Fig. 138 zeigt die gebräuchlichste und einfachste Färbereizentrifuge
mit Riemenantrieb von der Transmission aus auf langem Holzrahmen
montiert.

Fig. 139.

Fig. 139 eine ebenfalls von der Transmission her angetriebene Zentrifuge mit direkt angebautem Vorgelege auf kurzem Holzrahmen montiert,
so daß die Maschine wenig Raum beansprucht. Diese Zentrifuge besitzt
außerdem eine selbsttätig wirkende Deckel-Verschlußsicherung, welche
zwangsläufig auf die Ausrück- bzw. Abstellvorrichtung wirkt, so daß der
Deckel erst geschlossen werden muß, bevor eine Inbetriebsetzung der
Zentrifuge möglich ist, und durch welche eine Entsicherung des Deckels
erst bei ungefährlicher Geschwindigkeit der Zentrifuge eintritt.

Fig. 140 verbildlicht eine Zentrifuge mit schmiedeeisernem, abnehm-
baren Panzermantel mit direkt wirkender Dampfmaschine und daran
befindlichem Regulator auf einem gemeinschaftlichen hölzernen Funda-
mentrahmen montiert.

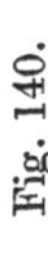

Fig. 140.

Die Kessel dieser Zentrifugen sind innen und von oben vollständig frei, sämtliche Lagerungen befinden sich unterhalb desselben und können infolgedessen niemals Öl- oder Rostflecken und andere Verunreinigungen in die Ware kommen; außerdem ist die Bedienung, d. h. das Ein- und Ausladen des Kessels von allen Seiten der Maschine möglich und leichter zu bewerkstelligen, als dieses bei einer Zentrifuge, welche von oben betrieben wird, der Fall ist.

Das Fundament besteht aus einem Holzschwellenrahmen, der einfach in den Fußboden eingelassen wird, ein gemauertes Fundament ist also nicht nötig.

Zentrifugen ähnlicher Konstruktion mit Unterbetrieb werden unter anderen von den Firmen C. H. Weisbach, Chemnitz, Gebr. Heine, Viersen, U. Pornitz, Chemnitz und Ernst Hamburger, Görlitz, gebaut.

Fig. 141.

Die Abbildung Fig. 141 stellt eine Zentrifuge der letztgenannten Firma dar in Hängekonstruktion mit direkt auf der Zentrifugenwelle gekuppeltem Elektromotor, der Antrieb dieser Zentrifuge erfolgt also ohne jeden Riemen.

Zum Zentrifugieren von im Packsystem gefärbten oder gebleichten Cops werden diese in entsprechend geformte, an der Außenseite perforierte Kästen eingeschichtet, welche in den Zentrifugenkessel eingesetzt werden.

Zum Schleudern des im Obermaier-Apparat gefärbten Materials kann, wie bereits auf Seite 102 erwähnt, eine Zentrifuge Verwendung finden, in welche die Materialbehälter des Apparates ohne Umpacken

des Farbgutes eingesetzt werden können. Diese Einrichtung ist
sehr praktisch und sollte eigentlich bei keinem Obermaier-Apparat
fehlen.

Noch einfacher und zweckdienlicher gestaltet sich das Zentrifugieren in den auf Seite 111, 157 und 169 beschriebenen Apparaten von
Haubold, Wörner und Schiffers, sowie in dem Küpenapparat von
Gruhne Seite 270, welche eine Vorrichtung besitzen, direkt im Apparat
ohne Herausheben der Materialbehälter schleudern zu können.

Als weitere Vorbereitungsmaschine für das Trocknen sei noch die
Zupfmaschine erwähnt, welche dazu dient, lose Baumwolle, die beim
Färben in Apparaten zu einem ungemein festen Block zusammengepreßt
wird, aufzulockern. Diese Maschine erspart nicht nur die für das Auf-
reißen der oft steinharten Baumwollbrocken aufgewendeten Arbeits-
kräfte, sondern liefert auch ein viel gleichmäßigeres und vollkommener
geöffnetes Material, das viel schneller und gleichmäßiger durchtrocknet
werden kann.

Fig. 142 veranschaulicht eine Zupfmaschine der Firma H. Schirp,
Vohwinkel-Elberfeld.

Fig. 142. Zupfmaschine, System Schirp.

Die Maschine ist ganz aus Eisen und sehr stabil gebaut.

Mit der Entwicklung der Färbeapparate hat auch die technische
Vervollkommnung der Trockenapparate gleichen Schritt gehalten. Man
ist darauf bedacht gewesen, die Einrichtung der Trockenapparate so zu
gestalten, daß ihre Verwendbarkeit eine möglichst vielseitige ist, daß
also sowohl loses Material, als auch Garne im Strang und auf Wickeln
auf dem gleichen Apparat getrocknet werden können.

Ferner hat die Art der Lufterhitzung und der Ventilation wesentliche Verbesserungen erfahren und man hat vor allem der wirtschaftlichen Ausnützung der Wärme die größte Beachtung geschenkt.

Es sind besonders zwei Systeme, die auf dem Gebiete der modernen Trocknung Bedeutung erlangt haben und deshalb hier näher erörtert werden sollen.

Das erste System umfaßt die Hordentrockenapparate, welche nach dem Prinzip der Trocknung im Gegenstrom arbeiten, derart, daß das nasse Material zunächst mit der kälteren Luft in Berührung kommt und dann allmählich in höher temperierte Zonen eintritt. Schließlich wird es der Höchststemperatur erst dann ausgesetzt, wenn es schon ziemlich trocken ist und deshalb seine restliche Feuchtigkeit nur noch schwer abgibt. Die Wärmeausnützung ist dabei eine möglichst vollständige, da die heiße Luft erst die trockene Ware erreicht, sich dann langsam mit Feuchtigkeit sättigt und erst den Apparat verläßt, nachdem sie ihren Zweck vollkommen erfüllt hat.

Einer der verbreitetsten Apparate dieses Systems ist der Hordentrockenapparat der Firma Benno Schilde, Hersfeld, dessen Konstruktion in neuerer Zeit durch den Typ „Simplextrockner System Schilde" einige wesentliche Verbesserungen gegenüber dem älteren System erfahren hat.

Der Verlauf des Trockenprozesses im Simplextrockner ist aus Fig. 143 ersichtlich, und möge zur Erläuterung noch folgendes dienen:

In dem Trockenschacht a wandern die in entsprechender Anzahl aufeinander gestapelten Horden gemeinsam abwärts. Immer die unterste Horde verläßt zu gegebener Zeit den Trockenschacht durch die Tür b, tritt auf den Fahrstuhl c, der sie nach ihrer Ent- und Neubeladung mit Trockengut so weit in die Höhe fördert, daß sie durch Tür d wieder in den Trockenschacht a einfahren kann. Die Horden beschreiben also den durch die kräftig gezeichnete Pfeillinie markierten Kreislauf.

Der Ventilator fördert die Trockenluft in der schwach ausgezogenen Pfeillinie durch den Apparat. Entsprechend dieser Markierung durchstreicht der Trockenluftstrom zuerst die hinter dem Schacht a angeordnete Heizfläche e, tritt dann unten in den Schacht a ein, durchdringt die in diesem befindlichen Horden bzw. Materialschichten und nimmt schließlich seinen Weg durch ein Abzugsrohr ins Freie.

Auf diesem Wege durch den Trockenschacht nimmt der Luftstrom, unter gleichzeitiger Abkühlung bis zu einem gewissen Grade, Feuchtigkeit auf, während umgekehrt das Trockengut sich allmählich erwärmt und Feuchtigkeit abgibt. Mit fortschreitender Trocknung kommt das Material in immer trocknere und wärmere Luft, bis es

schließlich in der untersten Horde von der wärmsten und noch ganz
trocknen Luft fertig getrocknet wird.

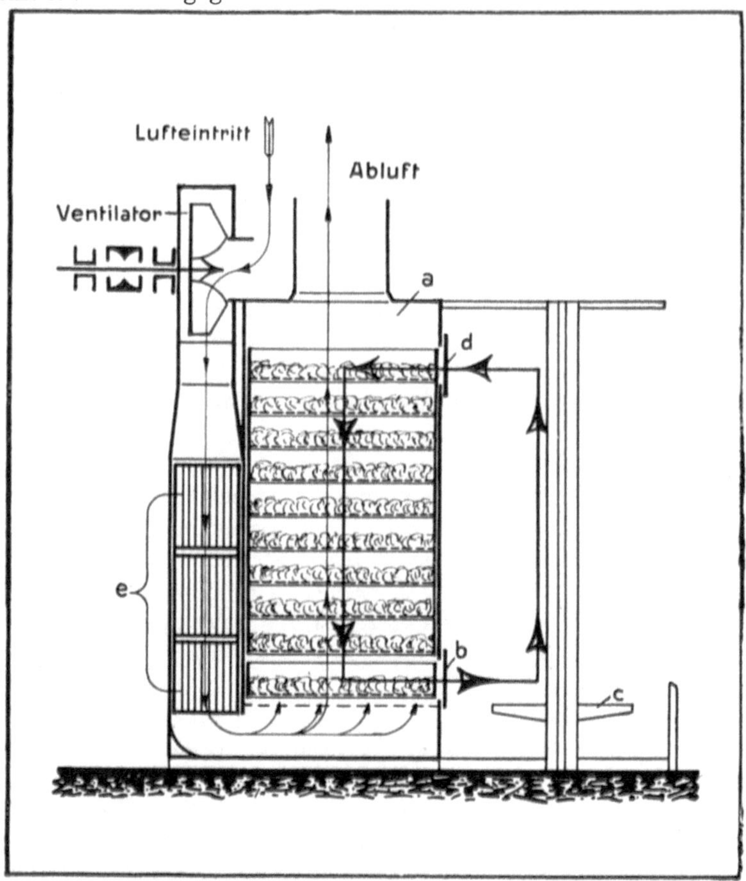

Fig. 143. Simplextrockner, System Schilde.   Schnittzeichnung.

Bau und Handhabung des Simplextrockners sind in Fig. 143 a
veranschaulicht. Der Apparat besteht aus einem ganz aus Schmiedeeisen hergestellten Trockenschacht. Dieser bildet mit einer an seiner
Rückwand angebauten Heizkammer und den vier mit Armen für die
Führung der Hubvorrichtung versehenen Säulen eine gemeinsame
stabile Eisenkonstruktion. Der ganze Mechanismus ist außerhalb des
Schachtes überall bequem zugängig angeordnet. Komplizierte Übersetzungsgetriebe, ohne die man seither nicht auskommen zu können
glaubte, sind gänzlich beseitigt, und an ihre Stelle tritt auf jeder Seite
des Apparates je eine Gallsche Treibkette, die an ihrem einen Ende
an dem Trockenschacht selbst befestigt ist. Die flaschenzugartige

Führung dieser Ketten bewirkt den Hub- und Lastausgleich bei der Auf- und Abwärtsbewegung der Horden vor und in dem Schacht, ohne daß irgendwelche sonstige Übersetzungsgetriebe eingeschaltet werden müssen.

Der Apparat besitzt nur eine einzige Welle, von der aus der Antrieb des kompletten Mechanismus erfolgt.

Fig. 143 a. Simplextrockner, System Schilde. Gesamtansicht.

Hand in Hand mit der Vereinfachung der Konstruktion geht eine Vereinfachung der Arbeitsweise im Vergleich zu derjenigen der seitherigen Hordentrockner. Während bei den bisherigen Gegenstromtrocknern zu einem Hordenwechsel mindestens 4 Handgriffe erforderlich waren, nämlich zweimalige Betätigung eines Einrückers sowie Öffnung und Schließung einer Schiebetür, genügt bei dem Simplextrockner ein einziger Handgriff, nämlich ein einmaliges Ziehen an einem Hebel, um den Vollzug eines kompletten Hordenwechsels, also das Ausfahren einer Horde, das Hochheben derselben vor dem Schacht,

den Niedergang der Horden im Schacht und das Einfahren einer Horde
in den Schacht zu bewirken.

Gegenüber Gegenstromtrocknern älteren Systems wird durch die
Gleichzeitigkeit dieser 3 Bewegungen, die früher nacheinander erfolgen
mußten, sowohl Trockenzeit als auch Zeit für die Füllung und Entleerung der Horden mit Material gewonnen. Entsprechend der gleichzeitigen Ein- und Ausfahrt der Trockenhorden, öffnen sich die Schiebe-
türen beim Simplextrockner auch gleichzeitig. Infolgedessen ist nur
eine einmalige Abstellung des Trockenluftstromes erforderlich,
während er bei älteren Systemen zweimal, nämlich während der
Hordeneinfahrt und während der Hordenausfahrt, gedrosselt werden
mußte.

In die an der Rückseite des Apparates angeordnete Heizkammer
ist eine den Wärmeaustausch zwischen Dampf und Luft, also die Lufterwärmung vermittelnde Spezialheizfläche aus verzinktem Schmiedeeisen eingebaut. Die Verlegung der Heizkammer dicht an den Trockenapparat unter Benutzung einer Wand desselben erspart die besondere
Anordnung von Rohrleitungen und verhindert Wärmeverluste.

Außerdem bietet die speziell für ihren Verwendungszweck konstruierte Heizfläche dem Trockenluftstrom bei weitem nicht den großen
Widerstand wie die seither zur Lufterwärmung üblichen Röhrenkessel;
der Kraftverbrauch des den Trockenluftstrom erzeugenden Ventilators
wird dadurch stark reduziert.

Analog dem Schildeschen System sind eine ganze Reihe Trockenapparate anderer Firmen gebaut, die zwar in einzelnen Konstruktions-
anordnungen abweichen, aber das Prinzip der Gegenstromtrocknung in
etagenweise übereinander liegenden Horden beibehalten haben. Zu
nennen wären hier die Trockenapparate von De Keukelaere, Obermaier & Co., U. Pornitz & Co. und B. Cohnen.

Das Prinzip der Gegenstromtrocknung ist vielfach angefeindet
worden, vor allem bemängelt man daran, daß das trockenste Gut der
trockensten und heißesten Luft ausgesetzt wird, und infolge dieses
Umstandes die Faser sowie die Farbe durch Übertrocknung leiden.
Dies trifft jedoch nur dann zu, wenn die Bemessung der Heizfläche
eine übernormale ist, und die Trockentemperatur infolgedessen die zulässige Höhe übersteigt. Bei Lufterwärmung mittels Abdampfes sind
Temperaturen, die beim Gegenstromverfahren ohne Beschädigungs-
gefahr für das Trockengut angewandt werden können, sehr leicht zu
erzielen; dagegen sind höhere Temperaturen bei Verwendung von
Abdampf nur unter Benutzung sehr großer Heizflächen, deren Herstellungskosten einen Trockenapparat außerordentlich verteuern würden,
zu erreichen. Es ist daher logisch, sich bei Abdampftrocknung die
Vorteile des Gegenstromprinzips, welches an sich einen äußerst rationellen

Feuchtigkeitsaustausch zwischen Luft und Trockengut gewährleistet, zunutze zu machen.

Steht zur Erwärmung der Trockenluft nur Frischdampf zur Verfügung, so ist die Anwendung einer höheren Trockentemperatur, als sie das Gegenstromverfahren zuläßt, aus ökonomischen Gründen sehr wünschenswert, weil bei höheren Temperaturen der Feuchtigkeitsaus-

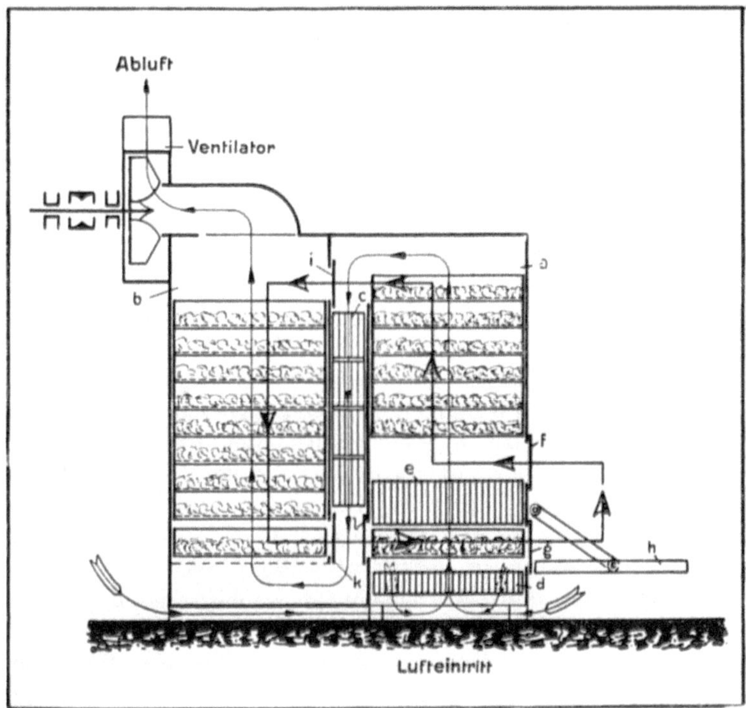

Fig. 144. Triotrockner, System Schilde. Schnittzeichnung.

tausch zwischen Trockengut und Trockenluft ein günstigerer ist und infolgedessen zu einer günstigeren Verdunstungsziffer, also auch zu geringerem Dampfverbrauch führt.

Die Firma Benno Schilde, Hersfeld, hat diesen Erwägungen insofern Rechnung getragen, als sie den oben beschriebenen „Simplextrockener" nur für das Trocknen unter Verwendung von Abdampf empfiehlt.

Für die Trocknung unter Benutzung direkten Dampfes hat die genannte Firma neuerdings einen Apparat auf den Markt gebracht, der in seiner Konstruktion von dem ausschließlichen Gegenstromprinzip abweicht und gewissermaßen ein Zwischending zwischen diesem und dem weiter unten beschriebenen System der stufenförmigen Trocknung darstellt. Das bei diesem, als „Triotrockner" bezeichneten Apparat, zur Anwendung gebrachte Trockenverfahren, welches die Ausnutzung hoher Trockenlufttemperaturen ohne Schädigung des Trockengutes zuläßt, ist aus Fig. 144 ersichtlich. Zur Erläuterung möge folgendes dienen:

Durch die nebeneinander angeordneten Trockenschächte a und b wandern die Horden teils in vertikaler, teils in horizontaler Richtung, wie durch die kräftig gezeichnete Pfeillinie markiert. Sie fahren durch Tür g aus dem Schachte a heraus auf die Hubvorrichtung h' und werden auf dieser entladen und von neuem beladen, um von hier aus ihren Weg durch die Trockenschächte anzutreten. Die horizontalen Bewegungen der Horden erfolgen immer der Reihe nach von jeder Horde einzeln, während die vertikalen Bewegungen, mit Ausnahme derjenigen durch die Hubvorrichtung h, jeweils von einer entsprechenden Anzahl aufeinanderstehender Horden gemeinschaftlich ausgeführt werden. Alle diese Bewegungen und auch ferner das Öffnen und Schließen der Türen g, i, k und l erfolgen selbsttätig.

Der Ventilator wird mit seiner Saugöffnung an dem an der Decke des Trockenschachtes b befindlichen Stutzen angeschlossen und fördert die Trockenluft nach der schwach gezeichneten Pfeillinie durch den Apparat. Die Temperatur ist am höchsten in der Mitte des Trockenschachtes a, gleich hinter Tür f. Hier ist der Luftstrom durch eine kleinere und eine größere Heizfläche, also durch eine sehr große Gesamtheizfläche sehr stark erwärmt. Die hohe Temperatur der Trockenluft in diesem Teile des Schachtes a kann aber selbst das empfindlichste Material nicht beschädigen und auch die diffizilste Farbe nicht verändern, da das noch vollständig nasse und kalte Material, welches diesen Schacht zuerst passiert, sich einerseits durch die intensiv einsetzende Verdunstung nur langsam erwärmt, und sich andererseits die Trockenluft auf dem kurzen Wege bis in den oberen Teil des Schachtes a sehr stark abkühlt.

Auch die immer noch verhältnismäßig hohe Temperatur der Trockenluft in Schacht b hat keinen Nachteil für das Trockengut; denn auch dieser ist es nur so lange ausgesetzt, als es noch Feuchtigkeit enthält, solange also noch eine Verdunstung stattfindet. Bekanntlich kann aber ein Trockenmaterial erst die Temperatur des Trockenluftstromes annehmen, wenn es vollständig trocken ist, und die Verdunstung völlig aufgehört hat. Längst vor Eintritt dieses Momentes, also zu einer Zeit, zu der das Trockengut noch wesentlich kühler ist als die Luft in Schacht b, wandert es hinüber in den unteren Teil des Schachtes a und wird hier von dem erst mäßig erwärmten Luftstrom fertig getrocknet.

Bau und Handhabung des „Triotrockners" ist in Fig. 144 a illustriert, und sei darüber kurz noch folgendes bemerkt: Die Trockenschächte und Heizkammern bilden ein gemeinsames Ganzes und sind aus Schmiedeeisen hergestellt. Die Spezialheizflächen sind im Apparat

Fig. 144 a. Triotrockner, System Schilde. Gesamtansicht.

selbst angeordnet, so daß neben Erzielung größerer Raumersparnis Verluste durch Wärmeausstrahlung vermieden werden. Der Mechanismus für die Bewegung der Horden ist annähernd der gleiche automatische wie bei dem „Simplextrockner", dagegen erfordert die Betätigung dieses Mechanismus bei dem Triotrockner mehrere Handgriffe; es ist jedoch dafür gesorgt, daß keine Störungen durch Einrücken der Hebel in falscher Reihenfolge vorkommen können.

Die Spezialheizflächen können in bestimmten Größen beliebig vergrößert oder verkleinert werden, so daß jeder Dampfspannung und

Trockenlufttemperatur Rechnung getragen werden kann. Wenn auch, wie vorhin bereits ausgeführt, der Triotrockner ausschließlich für Verwendung von direktem Dampf geschaffen worden ist, und für Abdampf normal der Simplextrockner in Betracht kommt, so kann doch der Fall eintreten, daß die für die Trocknung einer großen Produktion erforderliche Menge Abdampf nur teilweise vorhanden ist, und in diesem Falle ist der Triotrockner am Platze. Es muß dann die Heizfläche, welche die hohe Temperatur für die Vortrocknungsstufe erzeugen soll, mit direktem Dampf beschickt werden, während eine oder die beiden anderen Heizflächen mit Abdampf gespeist werden können, je nach der Menge Abdampf, die zur Verfügung steht.

Das zweite System moderner Trockenapparate beruht auf dem Prinzip der Trocknung mit stufenmäßig abnehmenden Wärmegraden im Verhältnis zur stufenmäßig fortschreitenden Trocknung. Hier wird also, im Gegensatz zu der vorbeschriebenen Trockenmethode im Gegenstrom, dem nassesten und gegen Hitzeschäden widerstandsfähigsten Material die größte Wärmemenge, dem stufenmäßig trockneren Material geringere Wärmemengen und dem fast ganz trockenen und daher gegen Hitzeschäden empfindlichsten Material die geringste Wärmemenge zugeführt.

Die konstruktive Einrichtung dieser Apparate sieht nicht übereinander liegende bewegliche Horden, sondern nebeneinander angeordnete Kammern vor, durch welche die Heizluft in regulierbarer Weise zirkuliert.

Besonders typisch für dieses System ist der Universal-Trocken-Apparat der Firma Friedr. Haas, Lennep, dessen verschiedenartigste Verwendbarkeit zum Trocknen von losem Material, Cops Kreuzspulen und Stranggarn durch die Abbildungen (Fig. 145 und 145 a) illustriert ist, während die Schnittzeichnung (Fig. 145 b) zur Erläuterung des dem Apparat zugrunde liegenden Trockenprinzipes beitragen soll.

Der Apparat ist ganz aus Stahl und Eisen durchaus dauerhaft gebaut und wird mit Dampf geheizt. Der Dampfverbrauch ist gering. Der Apparat ist eingeteilt in 5 Trockenkammern und 5 Heizkammern. In den Heizkammern (e, a, b, c, d) streicht die Luft an den Heizkörpern vorbei und nimmt deren Temperatur an. In den Trockenkammern (A, B, C, D, E) geht die Luft auf genau geregeltem Wege von unten nach oben durch das Trockenmaterial, absorbiert die Feuchtigkeit und nimmt sie mit fort.

Die Trockenluft, welche mittels Exhaustors am Ende des Rohres P abgesogen wird, durchstreicht alle Trockenkammern und Heizkammern in einem vollkommenen Kreislauf.

Der Lufteintritt ist abwechselnd bei einer der Heizkammern durch eins der Ventile S (e, a, b, c, d), der Luftaustritt abwechselnd aus

Fig. 145. Universal-Trockenapparat, System Friedr. Haas.

Fig. 145 a. Universal-Trockenapparat, System Friedr. Haas.

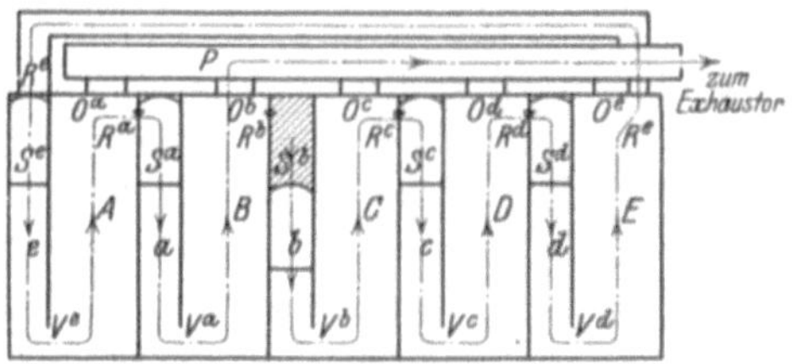

Fig. 145 b.

einer der Trockenkammern durch eins der Ventile O (a, b, c, d, e,
reguliert. Diese beiden Ventile und dasjenige zwischen ihnen R (a, b, c,
d, e) sind miteinander verbunden und arbeiten automatisch mittels eines
einzigen Handgriffes. Wird z. B. Sb geöffnet für den Eintritt der Luft,
so öffnet sich Ob automatisch für den Austritt der Luft und Rb schließt
die Verbindung zwischen B und b. Der Weg, den die Luft bei diesem
Vorgange durcheilt, ist durch eine punktierte Linie bezeichnet.

Der Trockenprozeß ist genau stufenweise geregelt, so daß das
nasseste Material stets die ganze Wärme, also hier von 5 Heizkammern,
das etwas trockenere die von 4, das noch etwas trockenere die von 3,
das folgende die von 2 und das fast ganz trockene die Wärme von einer
Heizkammer erhält.

In Fig. 145b ist Kammer C die trockenste. Sie erhält die Warm-
trockenluft, welche durch das Ventil Sb in die Heizkammer b eintritt
und also nur einmal erwärmt ist. Ehe die Trockenluft in die Kammer D
eintritt, wird sie nochmals erwärmt, so daß jetzt 2 Heizkörper auf das
Material, das relativ nasser ist, einwirken usw. Kammer E erhält die
Wärme von 3 Heizkammern, A die von 4, und B, die gerade gefüllt
worden ist und das nasseste Material enthält, erhält die Wärme von
5 Heizkammern. Das trockene Material wird nun herausgenommen und
durch nasses ersetzt. Jetzt hat Kammer D das trockenste und C das
nasseste Material.

Um dieselbe stufenmäßige Trockenweise aufrecht zu erhalten,
schließt der Arbeiter Sb und öffnet Sc. Mit Sb schließt sich Ob und
öffnet sich Rb automatisch und mit Sc öffnet sich Oc und schließt sich
Rc automatisch. Die Luft tritt bei Sc ein und verläßt die Maschine bei
Oc. Kammer D, die jetzt die trockene ist, erhält jetzt die Wärme von
nur 1 Kammer, während Kammer C, die jetzt die nasseste ist, die Wärme
von allen 5 Heizkammern erhält.

Dem Trockenapparat kann ein Befeuchtungsapparat für Garne,
Kreuzspulen, Cops usw. angegliedert werden.

Ferner sei eine Spezial-Garn-Trockenmaschine der Firma Friedrich Gebauer, Berlin, erwähnt, deren Prinzip auf einer kontinuierlichen Durchführung der Garnstränge durch einen mit Ventilation versehenen Trockenkasten beruht.

Diese Maschine, in Fig. 146 veranschaulicht, besteht in ihren Haupt-
teilen aus einem eisernen, mit Blech verkleideten und aus mehreren
Feldern zusammengesetzten Rahmenwerk, wodurch ein abgeschlossenes
Trockengehäuse gebildet wird. In diesem Gehäuse laufen auf- und nieder-
steigend zwei Ketten, welche zur Aufnahme der die feuchten Garnstränge
tragenden Trockenstäbe dienen.

Die Heizung der Maschine erfolgt vermittelst Luft, die in einem
Röhrenheizkessel erwärmt und durch einen großen Spezial-Hochdruck-

Ventilator in die Maschine geblasen wird. Die Verteilung der ange-
wärmten Luft geschieht durch ein Düsensystem; die Vorrichtung ist zur
Regulierung mit verstellbaren Klappen ausgerüstet.

Fig. 146. Spezial-Garntrockenmaschine. Fr. Gebauer, Berlin.

Auf diese Weise wird sowohl eine Regulierung der erwärmten Luft
wie auch eine gleichmäßige Verteilung derselben im Innern der Maschine erreicht.

Das Garn passiert freihängend die stark bewegte und erwärmte Luft,
wodurch die Trocknung im Freien möglichst imitiert wird.

Die Maschine eignet sich in gleicher Weise zum Trocknen von Woll-
Baumwoll-Leinen- und Jutegarnen.

Genau nach dem gleichen Prinzip und in ähnlicher Konstruktion
sind der Universal-Trocken-Apparat der Zittauer Maschinenfabrik A.-G.,
Zittau i. S. und die Garn-Trockenmaschine von Rich. Hartmann,
Chemnitz, gebaut, es erübrigt sich daher auf diese näher einzugehen.

Dagegen sei eine neuere Konstruktion, der sogen. Rapid-Trockenapparat der Zittauer Maschinenfabrik beschrieben, welcher in Fig. 147
veranschaulicht ist.

Wie aus der Abbildung ersichtlich, wird das Trockengut in entsprechenden mit Rädern versehenen, auf Schienen laufenden Ge-
stellen untergebracht und mechanisch durch den Apparat hindurchgeführt.

Die Beheizung des Apparates wird durch Rippenrohre vermittelt und die Anordnung derselben ist so getroffen, daß die Zahl der Heizröhren gegen den Eingang zu wächst, die Temperatur daher tiefer beim Ausgang und höher beim Eingang des Trockengutes ist.

Fig. 147. Rapid-Trockenapparat, System Zittauer Maschinenfabrik.

Es ist also auch bei diesem Apparat das Prinzip zur Anwendung gebracht, dem nassen Material die stärkste Hitze zuzuführen, dem fast trockenen Material dagegen die geringste Wärme. Man vermeidet so die unangenehme Erscheinung, daß bei Farben, die hitzeempfindlich sind, die Intensität zurückgeht oder gebleichtes Material ein Nachgilben erfährt.

Das Absaugen der feuchten Luft geschieht unabhängig von der Zirkulation der Luft im Innern des Apparates. Jede Kammer ist daher mit zwei Ventilatoren versehen, die über dem Apparat angebracht sind. Diese Ventilatoren bewegen die Luft in vertikaler Richtung durch das Trockengut aufwärts und durch die Heitzkammer abwärts, wodurch eine intensive Wärme-Übertragung von den Heitzkörpern an das Trockenmaterial gewährleistet wird.

Je nach Konstruktion der Materialträger kann der Apparat zum Trocknen von losem Material, Stranggarn, Cops und Kreuzspulen benutzt werden.

Das Prinzip, das Trockengut, speziell lose Wolle kontinuierlich durch einen mit Heißluftzirkulation versehenen Trockenraum zu führen, ist auch in der Woll-Trockenmaschine der gleichen Firma durchgeführt.

Diese Maschine, im Querschnitt in Fig. 148 veranschaulicht, besteht aus einem solide konstruierten Eisengestell, dessen Seiten und Decke mit Korkstein abgedeckt sind und in dem sich übereinander angebrachte Horden aus verzinntem Drahtgeflecht befinden. Die Einführung des zu trocknenden Materials geschieht vermittelst eines automatischen Aufgebe-Apparates und sind die Horden so eingerichtet, daß sie untereinander eine entgegengesetzte Laufrichtung haben, so daß das Material

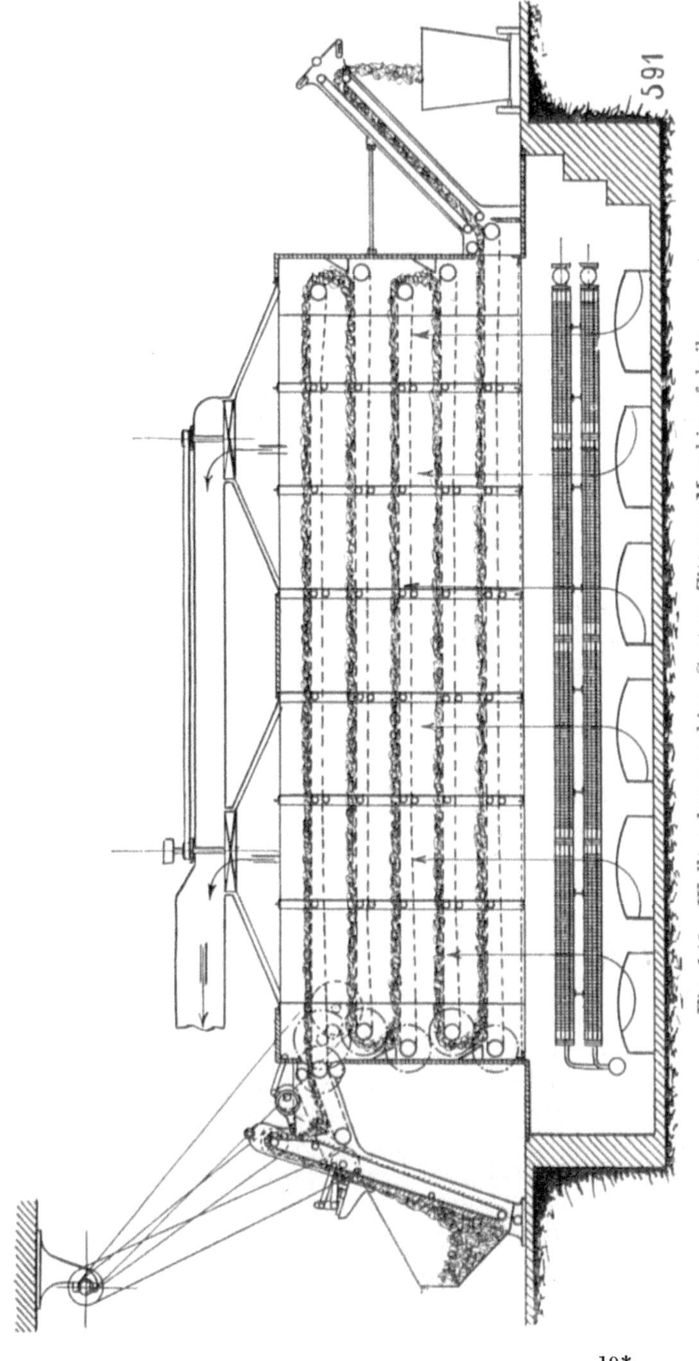

Fig. 148. Wolltrockenmaschine, System Zittauer Maschinenfabrik.

während der Passage durch die Maschine stets bewegt und gewendet wird; dasselbe fällt von der oberen Horde auf die zweite, von dieser auf die dritte und wird am Ende der Maschine durch eine Abschlagwalze herausbefördert.

Besonderer Wert ist bei dieser Maschine auf die Luftzu- und abführung gelegt. Um einen möglichst hohen Trocken-Effekt zu erzielen, befinden sich unterhalb der Horden, der Größe der Maschine entsprechend gehaltene Heizkörper, die die warme aufsteigende Luft im Gegenstrom durch das zu trocknende Material hindurchsaugen.

Am Auslaß der Maschine befinden sich zwei endlose Lattentische, die das getrocknete Material nach oben führen, um es bequem weiter transportieren zu können.

Einer neuzeitlichen Trockeneinrichtung sei noch Erwähnung getan, welche von der Firma Gebr. Sucker, Grünberg i. Schl., ausgeführt wird und auf dem Prinzip basiert, erhitzte Luft mittels eines in den Trockenapparat eingebauten Propellers anzusaugen und nach beiden Seiten durch das Trockengut zu drücken.

Die betreffende Einrichtung, welche durch die Schnittzeichnungen (Fig. 149a und b) illustriert wird, ist folgende:

In einem durch Fenster und Türen abgeschlossenen und überall zugänglichen Gehäuse sind durch mit Drahtgeweben a bespannte Rahmen drei Abteilungen A, B und C gebildet.

Die Seitenabteilungen A und C sind zur Aufnahme des zu trocknenden Materials—Kötzer, Kreuzspulen oder losen Materialien — mit herausnehmbaren Lattenrosten b versehen und können nach Entfernung dieser in die Tragbalken c der Roste auch Stäbe d mit hängenden Garnsträhnen e eingelegt werden, wie die linke Ansicht der Abbildungen ersehen läßt.

In der mittleren Abteilung B bewegt sich ein Ventilator D, welcher die von am Boden gelagerten Heizkörpern f erhitzte Luft durch seitliche Kanäle g ansaugt und vermöge seiner besonderen Konstruktion nach beiden Seiten und durch die in den Seitenabteilungen A und C befindlichen Materialien schleudert.

Durch an den Endseiten der mittleren Abteilungen B eingebaute Wände h werden hinter diesen mit den Außenwänden Kanäle i gebildet, deren Fortsetzung k nach einem Exhaustor E oder ins Freie führen.

Die Flügel e des Ventilators D sind winkelförmig gebildet und außerdem noch mit schräggerichteten Rippen m versehen, an denen die Luft abstreicht und kräftig nach den Seiten getrieben wird.

Die vom Ventilator D angesaugte, an den Heizkörpern f erwärmte frische Luft muß demnach die seitlichen Trockenräume kräftig durchdringen und kann erst nach vollständiger Ausnützung um die Wände h herum mit Feuchtigkeit gesättigt durch die Kanäle i und k abgesogen werden.

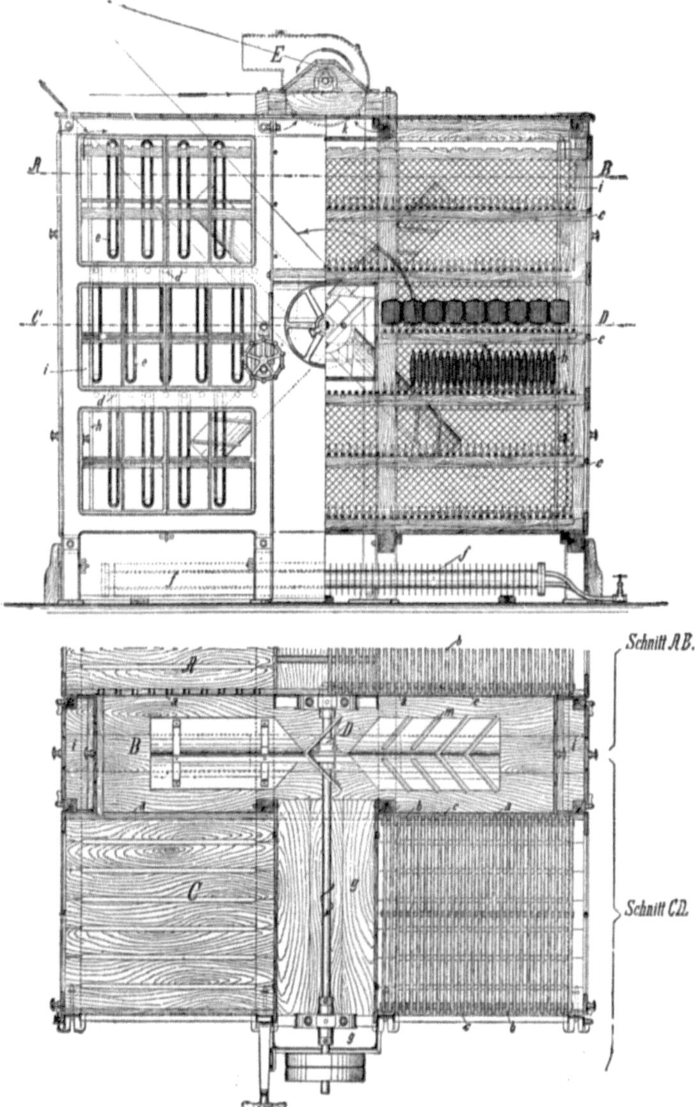

Fig. 149 a und b. Trockenmaschine, Gebr. Sucker, Grünberg i. Schl.

Der Apparat ist zum Trocknen von losem Material, Stranggarn, Cops und Kreuzspulen vorzüglich geeignet, ist bequem zu bedienen und weist eine ziemlich große Leistung auf verhältnismäßig kleinem Raum

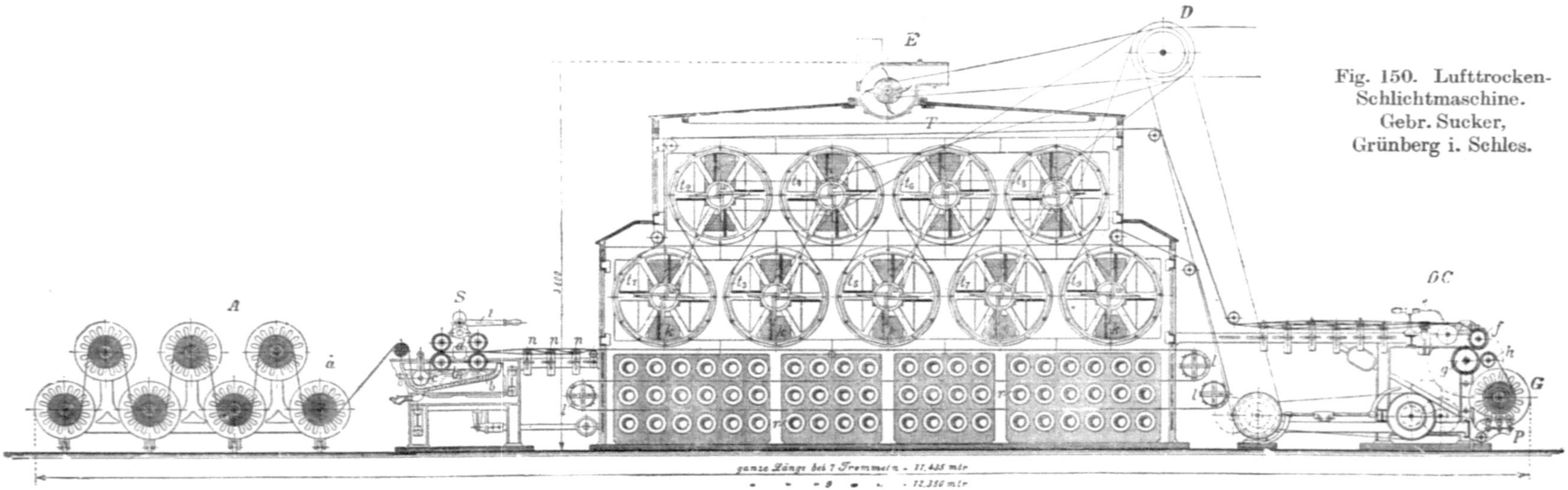

Fig. 150. Lufttrocken-Schlichtmaschine. Gebr. Sucker, Grünberg i. Schles.

Fig. 151. Lufttrocken-Schlichtmaschine. Elsässische Maschinenbau-Gesellschaft, Mühlhausen i Els.

auf; indem auf 9 qm Grundfläche bis zu 1000 kg Kreuzspulen oder 750 kg Stranggarn pro Tag getrocknet werden können.

Da fortwährend frische Luft zugeführt wird, so ist einem dem Bleich- sowie dem Färbegut schädlichen Übertrocknen tunlichst vorgebeugt.

Auf Bäumen gebleichte oder gefärbte, gezettelte Ketten werden in der Regel nach Passieren eines Schlichttroges auf einer Lufttrockenmaschine getrocknet, wie solche beispielsweise von der Firma Gebr. Sucker, Grünberg i. Schl., gebaut wird. Konstruktion und Wirkungsweise dieser Maschine ist aus der Schnittzeichnung (Fig. 150) ersichtlich.

Zur Erwärmung der Luft dienen 3 Lagen Rippenheizrohre mit insgesamt 60 Heizkörpern. Die Ketten werden über Skelett-Trommeln geführt und ist die Kettenführung allen Garnsorten angepaßt. Neun Ventilatoren sorgen bei rationeller Ausnutzung der Wärme für einen lebhaften Luftwechsel, die feuchte Luft wird durch einen Exhaustor abgeführt.

Eine dem gleichenZweck dienende Maschine wird von der Elsässischen Maschinenfabrik A.-G., Mülhausen i. Els., gebaut, besitzt ähnliche Konstruktion und ist in Fig. 151 verbildlicht.

Alphabetisches Namen- und Sachregister.

Firma	Apparat	Figur	Seite
Le Saché, Virvaire & Co., Paris	Färbeapparat für Packsystem	—	171
Lindner, J. G., Crimmitschau	Färbeapparat für Packsystem	76	134 u. 135
do.	Färbeapparat für Kreuzspulen	77 u. 78	135—137
do.	Kettenbaumfärbeapparat	79 a, b, c	138 u. 139
do.	Färbeapparat für lose Wolle	125	230 u. 231
do.	Färbeapparat für Wollgarn i. Strang	118	219—223
do.	Färbeapparat für Wollkreuzspulen und Filzplatten	128	236 u. 237
do.	Spezialfärbeapparat für Kammzugbobinen	132	249
do.	Küpenapparat m. Quetsche	—	269
Matteï, Diego, Ingenieur, Genua	Maschine zum Färben von Kardenband im Continuesystem	—	173
Noll, Wilh., Düsseldorf	Bleichapparat	—	57
Obermaier & Co., Lambrecht	Bleichapparat	—	69
do.	Färbeapparat nur für Packsystem	53	102 u. 103
do.	Färbeapparat für Pack- und Aufstecksystem	54	102 u. 104
do.	Kettenbaumfärbeappar.	55	105 u. 106
do.	Apparat zum Färben mit oxydationsempfindlichen Farbstoffen im Aufstecksystem	56	107 u. 108
do.	Wollfärbereianlage	114	214 u. 215
do.	Röhrenapparat für Kammzugbobinen	133	250 u. 251
do.	Revolverapparat für Kammzugbobinen	134	253 u. 254
do.	Universalfärbeapparat	135	254—257
do.	Hordentrockenapparat	—	282
Papst, Ernst, Aue i. Sa.	Copsspindeln u. Kreuzspulenhülsen	—	94 u. 95
Permutit-Filter Co., Berlin	Permutit-Filterapparat	21a u. b	35—38
do.	Permutit-Enteisenungsapparat	22	38 u. 39
Planella & Co., Barcelona	Maschine z. Färben von Indigo auf Baumwollstranggarn	106, 107, 108, 109, 110	178—180

Firma	Apparate	Figur	Seite
Weißbach, C. H., Chemnitz	Hochdruckkochkessel f. Cops- u. Kreuzspulen	37	61
do.	Bleichapparat für Cops u. Kreuzspulen	38	62
do.	Färbeapparat System Kirchhoff	90	152 u. 153
do.	Zentrifugen	—	277
Woerner, G., Calw i. Württ.	Färbeapparat mit Schleudervorrichtung	92	156 u. 157
Wolf, Carl, Schweinsburg	Färbeapparat i. Aufstecksystem	—	156
Zittauer Maschinenfabrik A. G., Zittau i. Sa.	Bleichapparat	34	58
do.	Spindeleinführmaschine	39	64
do.	Chlorapparat	40	65
do.	Zirkulationsapparat für Bleichflüssigkeiten	41	66
do.	Horizontaler Kochkessel f. Cops	43	69
do.	Maschine z. Waschen u. Egalisieren der Cops	42	68
do.	Bleichapparat mit Spezialzentrifuge	47	80
do.	Bleichapparat aus Holz	48	81
do.	Apparat z. Bleichen im Aufstecksystem	49	82
do.	Bleichapparat f. Kettenbäume	50	84
do.	Färbeapparat System Schubert	59	112 u. 113
do.	Geschlossener Kettenbaum-Färbeapparat	60	114—116
do.	Garnfärbemaschine für Türkischrot	111	181 u. 182
do.	Rapid-Trockenapparat	147	290
do.	Wolltrockenmaschine	148	291